天问叶班

数学问题征解100题 (I)

2016—2018

哈爾濱工業大學出版社
HITP HARBIN INSTITUTE OF TECHNOLOGY PRESS

内 容 简 介

本书介绍了湖南长沙天问教育旗下一支优秀的数学学习团队 2016 届"天问叶班"在学习过程中所积累的丰硕成果,包括数学竞赛中常见的 100 题,并且给出了优秀的原创解答,有些题目还给出了多种解法.

本书适合中学生及数学爱好者参考阅读.

图书在版编目(CIP)数据

天问叶班数学问题征解 100 题.Ⅰ,2016—2018/叶军,石方梦圆主编.—哈尔滨:哈尔滨工业大学出版社,2019.6(2020.7 重印)

ISBN 978-7-5603-8123-7

Ⅰ.①天… Ⅱ.①叶… ②石… Ⅲ.①数学-竞赛题-题解 Ⅳ.①O1-44

中国版本图书馆 CIP 数据核字(2019)第 073102 号

策划编辑 刘培杰 张永芹
责任编辑 张永芹 刘家琳
封面设计 孙茵艾
出版发行 哈尔滨工业大学出版社
社 址 哈尔滨市南岗区复华四道街 10 号 邮编 150006
传 真 0451-86414749
网 址 http://hitpress.hit.edu.cn
印 刷 哈尔滨市工大节能印刷厂
开 本 787mm×1092mm 1/16 印张 19.25 字数 480 千字
版 次 2019 年 6 月第 1 版 2020 年 7 月第 2 次印刷
书 号 ISBN 978-7-5603-8123-7
定 价 88.00 元

(如因印装质量问题影响阅读,我社负责调换)

《天问叶班数学问题征解100题.I,2016—2018》

编 委 会

主　编　叶　军　石方梦圆

编　委　（按姓氏音序排列）

陈露曦　黄　君　李月梅　刘　伟

刘珠伊　彭　霞　任香羽　唐佳媚

徐　斌　徐丽颖　叶志文

作者简介

叶军,1963 年 4 月出生,湖南益阳人.从事大学、中小学数学教育教学研究 30 多年,全国奥数江湖风云人物,天问数学创始人.湖南师范大学数学课程教学论、竞赛数学方向硕士研究生导师,第 21 届"华杯赛"主试委员会特邀委员,曾担任湖南省高中数学竞赛省队总领队,湖南省教委主办的高中理科实验班总教练.

在《数学通报》等省级刊物上发表论文 100 余篇,已经出版的专著有《数学奥林匹克教程》《初中数学奥林匹克实用教程》(共四册)等十多部.1994 年被中国数学会奥林匹克委员会授予首批"中国数学奥林匹克高级教练员"称号,同年 7 月被省政府破格提升为数学副教授,2014 年获教育部授予"第四届全国教育硕士研究生优秀导师"称号.

◎ 序 言

　　"不积跬步,无以至千里;不积小流,无以成江海."著名思想家荀子用两个日常的比喻,生动形象地诠释了积累和坚持在学习中的重要作用.本书将介绍湖南长沙天问教育旗下一支优秀的数学学习团队"天问叶班"在学习过程中所积累的丰硕成果.

　　2016届"天问叶班"是天问教育面向湖南全省选拔招生的首届六年级牛娃班级,全班共60人,平均年龄12岁,经过长达两年的坚持学习和艰苦锤炼,这一届的学员们已如期顺利学完叶班所有课程内容,该班学员中绝大部分将进入长沙四大高中名校理科实验班学习.

　　考虑到本书是2016届"天问叶班"数学问题征解100题集锦,是"天问叶班"学员们日积月累的一份实打实的学习成果,所以我们有必要好好地了解一下"天问叶班".

　　1. 什么是"天问叶班"?

　　"天问叶班"是由湖南师范大学竞赛数学方向的硕士研究生导师叶军教授带领天问数学奥数团队经过长期的课堂教学实践和不断的创新探索而最终开设的一个班型,这是天问数学所有奥数班级中的一个明星班级.

　　"天问叶班"从每届初一开始,放眼六年,提前长远规划,备战中考和高考,这是"天问叶班"的培养目标.

　　"天问叶班"有着他人不可复制的独一无二的三大教学特色:独特的数学课程体系、专业的数学写作训练、新颖的数学问题征解.

　　2. 什么是数学写作?

　　数学写作是对中学生数学语言、数学思想方法、数学学习行为习惯等多方面的考察,是学生数学学习情况的一个综合展示.数学写作能使学生对已有的数学认知结构进行回顾,对问题进行解释、反省,并产生组织和整合等一系列数学活动,它让学生重新梳理和总结,加深认识,提供自我质疑和自我反思的机会,促进学生全面发展.书写解答就是把打通的解题思路用文字表达出来说服自己和别人.数学作业和数学考试答题是它在中学数学中的两种常见表现形式.

"天问叶班"主要教学内容之一是进行数学写作训练,学会数学写作不仅是小升初学生学好奥数的必备素质,也是初、高中生在中考、高考中取得高分的必备能力,而这正是"天问叶班"积极倡导、追求并付诸实践的教学目标.

3. 什么是"天问叶班"数学问题征解?

"天问叶班"数学问题征解这一栏目是"天问叶班"数学教学的重要辅助手段,其目的是培养孩子们的数学阅读能力、探究能力、分析能力、理解能力、写作能力、反思能力,提升孩子们的学习竞争力和数学成就感,加深孩子们对数学写作的认识和理解,增加孩子们对数学学习的兴趣和动力,点燃孩子们对数学解题的信心与热情.

目前,2016届"天问叶班"已发布100道题,2017届"天问叶班"已发布近80道题,2018届"天问叶班"已发布近20道题.

4. 2016届"天问叶班"取得了哪些成绩?

(1)"天问叶班"初一段学员参加2017年"迎春杯"比赛,7人获得一等奖;"天问叶班"初一段学员参加2017年初二组"学用杯"比赛,11人获得一等奖;在第二十二届"华杯赛"初一组决赛中取得优异的成绩,湖南地区前十名"天问叶班"学员占9人、前二十名占17人、前五十名占28人.

(2)2016届优秀学员代表温玟杰同学在2018年暑假"清华飞测"中表现优异,取得非常突出的成绩,成功签约清华省——本.

(3)2016届优秀学员代表刘家瑜同学在北京大学数学"金秋营"中取得优异成绩,获得北京大学高考降一本录取自主招生协议,成功签约北京大学.

(4)2016届线上优秀学员代表叶丰硕同学以满分获得澳洲数学竞赛AMC的最高奖,更以优异的成绩入选澳洲国家夏令营(全澳洲12年级以下共46人).

本书凝聚了叶军数学工作站《数学爱好者通讯》编辑部所有成员的不懈努力与辛勤付出,同时也得到了全国各地许多名师学者们的大力支持,在此谨表示衷心的感谢.

本书中的不当和疏失之处,我们真诚地欢迎各位专家和同仁批评指正及讨论商榷.

交流邮箱:yejunshuxue@163.com.

叶军数学工作站
《数学爱好者通讯》编辑部
2018年10月

目 录
CONTENTS

目录 CONTENTS

目　录
CONTENTS

不等式中的最值问题
——2016 届叶班数学问题征解 001 解析

1. 问题征解 001

设实数 a 满足 $5a \leqslant 2a^3 - 3a \leqslant |a|$，求实数 a 的最大值和最小值.

(《数学爱好者通讯》编辑部提供，2016 年 9 月 17 日.)

2. 问题 001 解析

解　(1) 先求最大值.
因为

$$5a \leqslant |a|$$

所以

$$a \leqslant 0$$

当 $a = 0$ 时，代入原不等式，得 $0 \leqslant 0 \leqslant 0$，成立.
所以

$$a_{\max} = 0$$

(2) 再求最小值.
因为

$$a \leqslant 0$$

所以原不等式可化为

$$5a \leqslant 2a^3 - 3a \leqslant -a$$

即

$$\begin{cases} 5 \geqslant 2a^2 - 3 \\ 2a^2 - 3 \geqslant -1 \\ a \leqslant 0 \end{cases}$$

所以

$$-2 \leqslant a \leqslant -1$$

当 $a = -2$ 时，代入原不等式，得 $-10 \leqslant -10 \leqslant 2$，成立.
所以

$$a_{\min} = -2$$

综上所述，$a_{\max} = 0$，$a_{\min} = -2$.

(此解法由温玫杰提供.)

3. 叶军教授点评

(1) 本题中实数 a 的取值范围是 $[-2, -1] \cup \{0\}$.

(2) 本题的背景是 2016 年高中联赛一试第一题：

设实数 a 满足 $a < 9a^3 - 11a < |a|$，则 a 的取值范围是_____.

解　由 $a < |a|$ 知 $a < 0$，故原不等式化为

$$1 > \frac{9a^3 - 11a}{a} > \frac{|a|}{a} = -1$$

所以

$$-1 < 9a^2 - 11 < 1$$

所以

$$\frac{10}{9} < a^2 < \frac{4}{3}$$

所以

$$-\frac{2\sqrt{3}}{3} < a < -\frac{\sqrt{10}}{3}$$

观察分析，分类讨论
——2016届叶班数学问题征解 002 解析

1. 问题征解 002

已知 n 为正整数，解关于 x 的方程 $|1-|2-\cdots|(n-1)-|n-x||\cdots||=x$.

（《数学爱好者通讯》编辑部提供，2016 年 9 月 24 日.）

2. 问题 002 解析

解　设 x 是方程的解，则 $x \geqslant 0$，下面证明 $x \leqslant 1$，有

$$\text{方程左边} \leqslant \max\{1,|2-\cdots|(n-1)-|n-x||\cdots|\} \leqslant$$
$$\max\{1,2,\cdots,(n-1),|n-x|\}=$$
$$\max\{(n-1),|n-x|\}$$

若 $x \geqslant n$，则 $|n-x|=x-n<x$.

所以方程左边小于 x，矛盾. 故 $x<n$. 于是 $0 \leqslant |n-x| \leqslant n$.

利用性质：若 $0 \leqslant x \leqslant k$，则

$$|k-1-x| \leqslant k-1 \quad (k>1)$$

故

$$0 \leqslant |(n-1)-|n-x|| \leqslant n-1$$

所以

$$0 \leqslant |(n-2)-|(n-1)-|n-x||| \leqslant n-2$$
$$\vdots$$

所以

$$0 \leqslant |1-|2-\cdots|(n-1)-|n-x||\cdots|| \leqslant 1$$

故方程的解满足 $0 \leqslant x \leqslant 1$.

利用性质：若 $0 \leqslant x \leqslant 1, k>0$，则 $|k-|k+1-|k+2-|k+3-x|||| = x$.

于是可做如下讨论：

（1）当 $n=4m+1$ 时

$$|1-\cdots|(n-1)-|n-x||\cdots|=x$$

故方程化为

$$\begin{cases} |1-x|=x \\ 0 \leqslant x \leqslant 1 \end{cases} \Rightarrow x=\frac{1}{2}$$

（2）当 $n=4m+2$ 时，方程化为

$$\begin{cases} |1-|2-x||=x \\ 0 \leqslant x \leqslant 1 \end{cases} \Rightarrow x=\frac{1}{2}$$

（3）当 $n=4m+3$ 时，方程化为

$$\begin{cases} \big|1-|2-|3-x|\,|\big|=x \\ 0\leqslant x\leqslant 1 \end{cases} \Rightarrow 0\leqslant x\leqslant 1$$

(4) 当 $n=4m+4$ 时,方程化为

$$\begin{cases} \big|1-|2-|3-|4-x|\,|\,|\big|=x \\ 0\leqslant x\leqslant 1 \end{cases} \Rightarrow 0\leqslant x\leqslant 1$$

综上所述,设方程的解集为 A,则 $A=\begin{cases} \left\{\dfrac{1}{2}\right\},n\equiv 1,2\pmod 4 \\ [0,1],n\equiv 0,3\pmod 4 \end{cases}$.

(此解法由刘家瑜提供.)

3. 叶军教授点评

(1) 本题的主要方法是不等式分析法,充分地利用非负实数 x,y 的性质 $|x-y|\leqslant \max\{x,y\}$ 加以运算.

(2) 刘家瑜同学的解答堪称完美,思路清晰,逻辑严谨,对于一个初一的学生而言,能够写出这样漂亮的数学作文,实属不易,值得所有人学习.

求解集合元素个数问题
——2016 届叶班数学问题征解 003 解析

1. 问题征解 003

设 $\overline{abc}$ 是三位数，$A = \{x \mid x^2 - 2\,999x - 3\,\overline{abc} = 0, x \in \mathbf{N}^*\}$，求 $|A|$.

（《数学爱好者通讯》编辑部提供，2016 年 10 月 1 日.）

2. 问题 003 解析

分析　原问题等价于求方程 $x^2 - 2\,999x - 3\,\overline{abc} = 0$ 的正整数解.

解法一　因为 $\overline{abc}$ 是三位数，所以

$$\overline{abc} < 1\,000$$

所以

$$x^2 - 2\,999x - 3\,000 < 0$$
$$\Leftrightarrow (x - 3\,000)(x + 1) < 0$$
$$\Leftrightarrow -1 < x < 3\,000$$

因为

$$x \in \mathbf{N}^*$$

所以

$$1 \leqslant x \leqslant 2\,999$$

所以

$$3\,\overline{abc} = x(x - 2\,999) \leqslant 0$$

这与 $\overline{abc}$ 是三位数矛盾.

所以 x 无正整数解，因此

$$|A| = 0$$

（此解法由李岩提供.）

解法二　原方程可化为

$$(x - 3\,000)(x + 1) = 3\,\overline{abc} - 3\,000$$

因为

$$\overline{abc} < 1\,000$$

又 $x \in \mathbf{N}^*$，所以

$$x + 1 > 0$$

所以

$$x - 3\,000 < 0$$

所以

$$x \leqslant 2\,999$$

所以

$$3\,\overline{abc}=x(x-2\,999)\leqslant 0$$

所以 $\overline{abc}\leqslant 0$，矛盾.

所以

$$|A|=0$$

（此解法由温玟杰提供.）

解法三　设原方程有两个根 x_1,x_2. x_1 为正整数,由韦达定理有

$$\begin{cases} x_1+x_2=2\,999 & ① \\ x_1\cdot x_2=-3\,\overline{abc} & ② \end{cases}$$

由 ① 知 x_2 是整数,由 ② 知 $x_2<0$,故 x_2 为负整数,所以

$$x_2+1\leqslant 0$$

①+② 得

$$x_1x_2+x_1+x_2=2\,999-3\,\overline{abc}$$

因为

$$(x_1+1)(x_2+1)\leqslant 0$$

又

$$(x_1+1)(x_2+1)=3\,000-3\,\overline{abc}$$

所以

$$3\,000-3\,\overline{abc}\leqslant 0$$

所以 $\overline{abc}\geqslant 1\,000$,矛盾,所以原方程无正整数解.

所以

$$|A|=0$$

（此解法由刘家瑜提供.）

解法四　假设关于 x 的方程 $x^2-2\,999x-3\,\overline{abc}=0$ 有正整数解,则判别式 $\Delta=2\,999^2+12\,\overline{abc}$ 是奇完全平方数.

故

$$\Delta\geqslant 3\,001^2$$

则

$$12\,\overline{abc}\geqslant 3\,001^2-2\,999^2\geqslant 12\,000$$

这说明 Δ 不可能是奇完全平方数.

故原方程无正整数解.

所以

$$|A|=0$$

（此解法由龙飞雨提供.）

3. 叶军教授点评

（1）李岩同学采用不等式分析法,温玟杰同学利用局部因式分解法,刘家瑜同学使用韦达定理法,龙飞雨同学则巧用判别式法,四位同学各有千秋.

（2）拓展延伸,此题可进一步转化为:

求证:方程 $|x^2-2\,999x|=3\,\overline{abc}$ 无整数解.

证明　若方程有整数解,则 $x^2-2\,999x=3\,\overline{abc}$ 已证矛盾.

当 $x^2-2\,999x=-3\,\overline{abc}$ 时

$$\Rightarrow x^2-2\,999x<0\Rightarrow 0<x<2\,999$$
$$\Rightarrow 1\leqslant x\leqslant 2\,998\Rightarrow (x-1)(x-2\,998)\leqslant 0$$

即

$$x^2-2\,999x+2\,998\leqslant 0$$
$$\Rightarrow -3\,\overline{abc}+2\,998\leqslant 0$$
$$\Rightarrow 3\,\overline{abc}\geqslant 2\,998>2\,997=3\times 999$$
$$\Rightarrow \overline{abc}>999\Rightarrow abc\geqslant 1\,000$$

矛盾.

所以原方程无整数解.

列举法表示集合问题
——2016 届叶班数学问题征解 004 解析

1. 问题征解 004

用列举法表示下列集合

$$A = \left\{ (a,b) \mid \frac{ab^2 + b + 7}{|b^2 - 7a|} = \frac{1}{m}, a,b,m \in \mathbf{N}^* \right\}$$

(《数学爱好者通讯》编辑部提供,2016 年 10 月 8 日.)

2. 问题 004 解析

解　因为 $a,b \in \mathbf{N}^*$,有

$$\frac{ab^2 + b + 7}{|b^2 - 7a|} = \frac{1}{m} \quad (m \in \mathbf{N}^*)$$

所以

$$|b^2 - 7a| \geqslant ab^2 + b + 7 > 0$$

若 $b^2 \geqslant 7a$,则由 $a \in \mathbf{N}^*, b \in \mathbf{N}^*$ 有

$$ab^2 + b + 7 \leqslant b^2 - 7a$$

所以

$$ab^2 \leqslant b^2 - 7a - b - 7 < b^2$$

即

$$b^2(1 - a) > 0$$

所以 $a < 1$,这与 $a \in \mathbf{N}^*$ 矛盾.

故 $b^2 < 7a$,于是有

$$ab^2 + b + 7 \leqslant 7a - b^2$$

所以

$$ab^2 \leqslant 7a - b^2 - b - 7 < 7a$$

即

$$a(7 - b^2) > 0$$

所以

$$b^2 < 7$$

所以

$$b = 1,2$$

(1) 当 $b = 1$ 时

$$m = \frac{7a - 1}{a + 8} = 7 - \frac{57}{a + 8} \in \mathbf{N}^*, 57 = 3 \times 19 = 1 \times 57$$

所以

$$a + 8 = 19, 57$$

所以

$$a = 11, 49, m = 4, 6$$

(2) 当 $b = 2$ 时

$$m = \frac{7a - 4}{4a + 9} = \frac{2(4a + 9) - (a + 22)}{4a + 9} = 2 - \frac{a + 22}{4a + 9}$$

所以 $4m = 8 - \frac{4a + 88}{4a + 9} = 8 - (1 + \frac{79}{4a + 9}) = 7 - \frac{79}{4a + 9}$ 是正整数.

又 79 是质数,所以

$$4a + 9 = 79$$

所以

$$a = \frac{35}{2} \notin \mathbf{N}^* \quad （舍去）$$

综上所述,$(a, b) = (11, 1), (49, 1)$.

故

$$A = \{(11, 1), (49, 1)\}$$

（此解法由周瀚森提供.）

3. 叶军教授点评

(1) 本题主要的思想方法是不等式分析法,由于给出的表达式 $\frac{ab^2 + b + 7}{|b^2 - 7a|} = \frac{1}{m}$ 略显复杂,因此我们需要借助绝对值的性质以及 $a, b, m \in \mathbf{N}^*$ 进行相应的化简处理.

(2) 本题综合性较强,对处理细节的能力要求也比较高,显示了周瀚森同学扎实的数学功底以及优秀的解题能力,值得大家学习.

对称性的应用
——2016 届叶班数学问题征解 005 解析

1. 问题征解 005

用列举法表示集合 $A = \left\{ (m,n) \mid \dfrac{n^3+1}{mn-1} \in \mathbf{N}^*, m,n \in \mathbf{N}^* \right\}$.

（《数学爱好者通讯》编辑部提供，2016 年 10 月 15 日.）

2. 问题 005 解析

解 先证

$$\frac{n^3+1}{mn-1} \in \mathbf{N}^* \Leftrightarrow \frac{m^3+1}{mn-1} \in \mathbf{N}^* \qquad \text{①}$$

事实上

$$\frac{n^3+1}{mn-1} \in \mathbf{N}^* \Rightarrow mn-1 \mid m^3(n^3+1)$$

且

$$mn-1 \mid (mn)^3 - 1$$
$$\Rightarrow mn-1 \mid m^3(n^3+1) - (mn)^3 + 1$$
$$\Rightarrow mn-1 \mid m^3 + 1$$

故

$$\frac{n^3+1}{mn-1} \in \mathbf{N}^* \Rightarrow \frac{m^3+1}{mn-1} \in \mathbf{N}^*$$

$$\frac{m^3+1}{mn-1} \in \mathbf{N}^* \Rightarrow mn-1 \mid n^3(m^3+1), \text{且 } mn-1 \mid (mn)^3 - 1$$
$$\Rightarrow mn-1 \mid n^3(m^3+1) - (mn)^3 + 1$$
$$\Rightarrow mn-1 \mid n^3 + 1$$

故

$$\frac{m^3+1}{mn-1} \in \mathbf{N}^* \Rightarrow \frac{n^3+1}{mn-1} \in \mathbf{N}^*$$

由 ① 体现的对称性，可不妨设 $m \geqslant n \geqslant 1$.

当 $n=1$ 时，$\dfrac{2}{m-1} \in \mathbf{N}^*$，所以 $m=2,3$，$(m,n)=(2,1),(3,1)$.

当 $n \geqslant 2$ 时，令 $k = \dfrac{n^3+1}{mn-1} \in \mathbf{N}^*$.

若 $m=n$，则

$$k = \frac{n^3+1}{n^2-1} = n + \frac{1}{n-1}$$

所以
$$n-1=1, n=2, (m,n)=(2,2)$$

若 $m>n$,则
$$n^3+1=k(mn-1)=kmn-k$$

所以
$$k=(km-n^2)n-1$$

令 $r=km-n^2$,则
$$r>0$$

且
$$k=rn-1=\frac{n^3+1}{mn-1}<\frac{n^3+1}{n^2-1}=n+\frac{1}{n-1}\leqslant n+1$$

所以
$$rn<n+2\leqslant 2n$$

所以
$$0<r<2$$

所以
$$r=1$$

故
$$k=n-1, m=\frac{n^2+1}{n-1}=n+1+\frac{2}{n-1}\in \mathbf{N}^*$$

所以
$$n-1=1,2; n=2,3$$

对应的 $m=5$.

所以
$$(m,n)=(5,2),(5,3)$$

取消不妨设,得集合 A 的列举法表示为
$$A=\{(2,2),(1,2),(2,1),(1,3),(3,1),(2,5),(5,2),(3,5),(5,3)\}$$

（此解法由刘家瑜、温玟杰提供.）

3. 叶军教授点评

本题又是一道用列举法表示集合的问题,与征解 004 题的不同之处在于本题只给出了一个分式,没有等式,因此难度有所提高.但是仔细推敲,经过观察分析不难发现对称性,在对称的条件下我们就可以不妨设 $m\geqslant n\geqslant 1$,接下来分类讨论即可.

巧用费马小定理
——2016 届叶班数学问题征解 006 解析

1. 问题征解 006

记十进制数 $r_n = \underbrace{22\cdots2}_{n\text{个}2}\underbrace{00\cdots0}_{n\text{个}0}\underbrace{11\cdots1}_{n\text{个}1}\underbrace{77\cdots7}_{n\text{个}7}(n \in \mathbf{N}^*)$. 求证：2017 整除 $(r_{2\,016}, r_{2\,017})$.

（《数学爱好者通讯》编辑部提供，2016 年 10 月 22 日.）

2. 问题 006 解析

证明 要证 $2\,017 \mid (r_{2\,016}, r_{2\,017})$，即证 $2\,017 \mid r_{2\,016}$ 且 $2\,017 \mid r_{2\,017}$.

(1) 先证 $2\,017 \mid r_{2\,016}$.

令 $I_n = \underbrace{11\cdots1}_{2\,016\text{个}1}$，则

$$r_{2\,016} = 2 \cdot I_n \cdot 10^{3 \cdot 2\,016} + I_n \cdot 10^{2\,016} + 7I_n =$$
$$I_n \cdot (2 \cdot 10^{3 \cdot 2\,016} + 10^{2\,016} + 7)$$

因为 $(10, 2\,017) = 1$，又 2017 为质数，所以由费马小定理可知

$$10^{2\,016} \equiv 1(\mathrm{mod}\ 2\,017)$$

因为

$$10^{2\,016} = 9I_n + 1$$

所以

$$9I_n + 1 \equiv 1(\mathrm{mod}\ 2\,017)$$

所以

$$9I_n \equiv 0(\mathrm{mod}\ 2\,017)$$

所以

$$I_n \equiv 0(\mathrm{mod}\ 2\,017)$$

所以

$$2\,017 \mid r_{2\,016}$$

(2) 再证 $2\,017 \mid r_{2\,017}$.

令 $I_{n+1} = \underbrace{11\cdots1}_{2017\text{个}1}$，则

$$r_{2\,017} = 2 \cdot I_{n+1} \cdot 10^{3 \cdot 2\,017} + I_{n+1} \cdot 10^{2\,017} + 7I_{n+1} =$$
$$I_{n+1} \cdot (2 \cdot 10^{3 \cdot 2\,017} + 10^{2\,017} + 7)$$
$$2 \cdot 10^{3 \cdot 2\,017} + 10^{2\,017} + 7 =$$
$$2 \cdot 10^{3 \cdot (2\,016+1)} + 10 \cdot 10^{2\,016} + 7 =$$
$$2\,000 \cdot (9I_n + 1)^3 + 10(9I_n + 1) + 7 \equiv$$

$$2\,000 + 10 + 7 \pmod{I_n} \equiv$$
$$2\,017 \pmod{I_n}$$

令

$$2 \cdot 10^{3 \cdot 2\,017} + 10^{2\,017} + 7 \equiv I_n \cdot t + 2\,017$$

所以

$$r_{2\,017} = I_{n+1} \cdot (I_n \cdot t + 2\,017)$$

因为

$$2\,017 \mid I_n,\ 2\,017 \mid 2\,017$$

所以

$$2\,017 \mid r_{2\,017}$$

综上所述 $2\,017 \mid (r_{2\,016}, r_{2\,017})$.

（此证法由刘衍提供.）

3. 叶军教授点评

刘衍同学灵活运用费马小定理,巧妙解决了本题,值得点赞.

赋值求解,逐个证明
——2016 届叶班数学问题征解 007 解析

1. 问题征解 007

求所有的四元实数对 (a,b,c,d),使得对于任意的实数 x,y,z,w,下面等式成立

$$|ax+by+cz+dw|+|bx+cy+dz+aw|+$$
$$|cx+dy+az+bw|+|dx+ay+bz+cw|=$$
$$|x|+|y|+|z|+|w|$$

(《数学爱好者通讯》编辑部提供,2016 年 10 月 29 日.)

2. 问题 007 解析

解　令 $(x,y,z,w)=(1,0,0,0),(1,1,1,1)$,则有

$$\begin{cases} |a|+|b|+|c|+|d|=1 \\ 4|a+b+c+d|=4 \end{cases}$$

又

$$|a+b+c+d| \geqslant |a|+|b|+|c|+|d|=1$$

等号成立当且仅当 a,b,c,d 同号,则

$$ab \geqslant 0, ac \geqslant 0, ad \geqslant 0, bc \geqslant 0, bd \geqslant 0, cd \geqslant 0$$

再令

$$(x,y,z,w)=(1,-1,0,0), |a-b|+|b-c|+|c-d|+|d-a|=2$$

又

$$|a-b|+|b-c|+|c-d|+|d-a| \leqslant 2(|a|+|b|+|c|+|d|)=2$$

等号成立当且仅当 $ab \leqslant 0, bc \leqslant 0, cd \leqslant 0, ad \leqslant 0$. 故

$$ab=bc=cd=ad=0$$

同理,再令 $(x,y,z,w)=(1,0,-1,0)$,可得 $ac \leqslant 0, bd \leqslant 0$,则

$$ac=bd=0$$

故

$$ab=bc=cd=ad=ac=bd=0$$

则 a,b,c,d 中至少有三个为零,又 $|a+b+c+d|=1$,则非零数为 ± 1.

所以

$$(a,b,c,d)=(\pm 1,0,0,0),(0,\pm 1,0,0),(0,0,\pm 1,0),(0,0,0,\pm 1)$$

(此解法由蒋鑫邦提供.)

3. 叶军教授点评

(1)关于这类对于任意的实数 x,y,z,w 等式恒成立的问题,我们往往是采用特殊值代

入即赋值法,再针对这个绝对值等式的特点,利用绝对值不等式等号成立的条件进一步得出 a,b,c,d 的值.

(2)蒋鑫邦同学通过赋多个特殊值先求出可能满足条件的解,再一一证明其解符合题意,严谨地解决了本题,做得漂亮.

巧构抽屉
——2016 届叶班数学问题征解 008 解析

1. 问题征解 008

在 10×10 的方格表中,若其中两个方格至少有一个公共顶点,则称这两个方格是"友好的",在这个方格表中的每个方格内各填入一个不超过 10 的正整数,使得互相友好的两个方格中的每个方格中的两个数互质.记 a_k 为数字 $k(1 \leqslant k \leqslant 10)$ 在表中出现的次数,$M = \max\{a_1, a_2, \cdots, a_n\}$,求 M 的最小值.

（《数学爱好者通讯》编辑部提供,2016 年 11 月 5 日.）

2. 问题 008 解析

解 按每两行每两列依次从上到下、从左到右将方格进行分块,可将方块表分成互不重叠的 $5 \times 5 = 25$ 块,每块中的四个方格互相友好.

在 1 到 10 的奇数中,除了 3 与 9 不互质,其他任意两个奇数都互质.考虑 3 与 9(因为 $(3,9)=3$).依题意,故每块中的四个方格中至多有一个 3 的倍数,因此 3 与 9 的总的个数不超过 $5 \times 5 = 25$ 个.在 10×10 的表格中,数字 1,2,3,4,5,6,7,8,9,10 的总个数为 100,且每块中的四个方格中至多有一个偶数,所以偶数的个数不超过 $5 \times 5 = 25$ 个.

所以 1,5,7 的总个数不少于 $100 - 25 - 25 = 50$ 个.

根据抽屉原理,1,5,7 中必有一个数字出现的个数不少于 17 个,$M \geqslant 17$.

构造等号成立的条件

$$2943294329$$
$$7157157157$$
$$4329432943$$
$$1571571571$$
$$2943294329$$
$$5715715715$$
$$4329432943$$
$$7157157157$$
$$2943294329$$
$$1571571571$$

综上所述,$M_{\min} = 17$.

（此解法由黄云轲提供.）

3. 叶军教授点评

(1) 由于任意两个偶数是不互质的,因此填偶数的方格的互为友好的几个方格中填的必是奇数.

（2）黄云轲同学运用抽屉原理灵活解决了本题，寻找等号成立条件是不可缺少的重要步骤，解题思路清晰，思维活跃，值得学习.

不等式的妙用
——2016 届叶班数学问题征解 009 解析

1. 问题征解 009

2 017 个都不等于 217 的正整数 $a_1, a_2, \cdots, a_{2017}$ 排成一行,其中任意连续若干项(可以是一项,也可以是全部)之和都不等于 217,求 $a_1 + a_2 + \cdots + a_{2017}$ 的最小值.

（《数学爱好者通讯》编辑部提供,2016 年 11 月 12 日.）

2. 问题 009 解析

解   依题意有 $a_1, a_2, \cdots, a_{2017} \in \mathbf{N}^*$ 且 $a_1, a_2, \cdots, a_{2017} \geqslant 1$,则

$$a_1 + a_2 + \cdots + a_{216} \geqslant 1 + 1 + \cdots + 1 = 216, a_{217} \geqslant 218$$
$$a_{218} + a_{219} + \cdots + a_{433} \geqslant 1 + 1 + \cdots + 1 = 216, a_{434} \geqslant 218$$
$$\vdots$$
$$a_{1737} + a_{1738} + \cdots + a_{1952} \geqslant 1 + 1 + \cdots + 1 = 216, a_{1953} \geqslant 218$$
$$a_{1954} + a_{1955} + \cdots + a_{2017} \geqslant 1 + 1 + \cdots + 1 \geqslant 64$$

所以

$$a_1 + a_2 + \cdots + a_{2017} \geqslant (216 + 218) \times 9 + 64 = 3\,970$$

等号成立当且仅当

$$a_1 = a_2 = \cdots = a_{216} = a_{218} = a_{219} = \cdots = a_{433} = a_{435} = \cdots =$$
$$a_{1954} = \cdots = a_{2017} = 1$$
$$a_{217} = a_{434} = \cdots = a_{1953} = 218$$

故 $a_1 + a_2 + \cdots + a_{2017}$ 的最小值为 3 970.

（此解法由李岩提供.）

3. 叶军教授点评

本题还是比较常规的,思路比较清晰,李岩同学在求最值的题目中巧妙运用不等式,通过寻找不等式等号成立的条件从而求出最小值,解题思路清晰,逻辑严谨,值得点赞.

寻找特解,证明唯一
——2016 届叶班数学问题征解 010 解析

1. 问题征解 010

求方程 $5^x - 3^y = 2$ 的正整数解集.

(《数学爱好者通讯》编辑部提供,2016 年 11 月 19 日.)

2. 问题 010 解析

解 依题意易得 $(1,1)$ 为方程的一组解,又

$$5^x - 3^y \equiv 2 \pmod 4$$

则

$$1^x - (-1)^y \equiv 2 \pmod 4$$

故 y 为奇数.

当 $y > 1$ 时,则 $5^x \equiv 2 \pmod 9$,又 $5^6 \equiv 1 \pmod 9$,则不妨设

$$x = 6k + 5 \quad (k \in \mathbf{N})$$

代入所求方程得

$$5^{6k+5} - 3^y = 2$$

对于奇数 y,有

$$-3^y \equiv 4, 2, 1 \pmod 7$$

而由费马小定理得

$$5^6 \equiv 1 \pmod 7$$

则

$$5^{6k+5} \equiv 5^5 \equiv 3 \pmod 7$$

故

$$5^{6k+5} - 3^y \equiv 0, 5, 4 \pmod 7$$

与 $5^{6k+5} - 3^y = 2 \pmod 7$ 矛盾.

故原方程的正整数解集为 $\{(1,1)\}$.

(此解法由温玟杰提供.)

3. 叶军教授点评

(1) 该不定方程我们可以利用数论中的同余思想和费马小定理解决.

(2) 温玟杰同学通过观察方程,易得特解 $(1,1)$,再证明该解为方程唯一解使得问题得到解决,解题过程中灵活运用了费马小定理使得证明过程更加严谨简洁,值得大家学习.

数形结合的应用
——2016 届叶班数学问题征解 011 解析

1. 问题征解 011

2 017 个实数 $x_1, x_2, \cdots, x_{2017}$ 满足 $x_1 + x_2 + \cdots + x_{2017} = 0$, 且 $|x_1| + |x_2| + \cdots + |x_{2017}| = 1$, 求 $u = |x_1 + 2x_2 + 3x_3 + \cdots + 2017x_{2017}|$ 的最大值.

(《数学爱好者通讯》编辑部提供, 2016 年 11 月 26 日.)

2. 问题 011 解析

解　如图 11.1 所示, 在数轴上点 A 代表的数为 1, 点 B 代表的数为 2 017, 则线段 AB 的中点 C 代表的数为 $\dfrac{1 + 2\,017}{2} = 1\,009$. 线段 AC 的长度为 $|AC| = \dfrac{2\,017 - 1}{2} = 1\,008$. 线段 AB 之间的任意一点 P_i 到中点 C 的距离为 $|P_iC| = |i - 1\,009|$, 且 $|P_iC| \leqslant |AC|$, 即

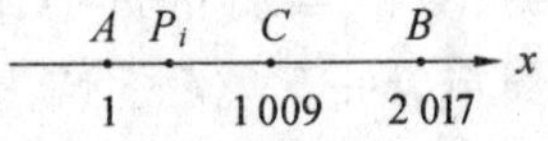

$$\begin{array}{c} A\ \ P_i\ \ \ \ \ C\ \ \ \ \ \ \ B \\ \overline{}\!\!\!\longrightarrow x \\ 1\ \ \ \ \ 1\,009\ \ \ 2\,017 \end{array}$$

图 11.1

$$|i - 1\,009| \leqslant 1\,008$$

令

$$U = \left| \sum_{i=1}^{2\,017} ix_i \right| = \left| \sum_{i=1}^{2\,017} (i - 1\,009)x_i + 1\,009x_i \right| \leqslant$$

$$\left| \sum_{i=1}^{2\,017} (i - 1\,009)x_i \right| + \left| \sum_{i=1}^{2\,017} 1\,009x_i \right| =$$

$$\left| \sum_{i=1}^{2\,017} (i - 1\,009)x_i \right| + 1\,009 \left| \sum_{i=1}^{2\,017} x_i \right|$$

因为

$$\sum_{i=1}^{2\,017} x_i = x_1 + x_2 + \cdots + x_{2017} = 0$$

所以

$$U = \sum_{i=1}^{2\,017} |(i - 1\,009)x_i| = \sum_{i=1}^{2\,017} (|i - 1\,009| \cdot |x_i|) \leqslant 1\,008 \sum_{i=1}^{2\,017} |x_i|$$

因为

$$\sum_{i=1}^{2\,017} |x_i| = |x_1| + |x_2| + \cdots + |x_{2017}| = 1$$

所以

$$U \leqslant 1\,008$$

等号成立当且仅当

$$x_1 = \frac{1}{2}, x_2 = x_3 = \cdots = x_{2\,016} = 0, x_{2\,017} = \frac{1}{2}$$

所以

$$U_{\max} = 1\,008$$

（此解法由刘家瑜提供.）

3. 叶军教授点评

刘家瑜同学这一解题方法非常巧妙,恰到好处地利用数轴上的点与数一一对应的思想将本题的代数特征几何形象化,容易理解.

求证重心问题
——2016 届叶班数学问题征解 012 解析

1. 问题征解 012

如图 12.1 所示,在 △ABC 中,三块阴影部分的面积相等,求证:G 是 △ABC 的重心.

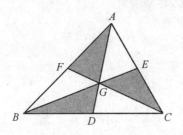

图 12.1

（《数学爱好者通讯》编辑部提供,2016 年 12 月 3 日.）

2. 问题 012 解析

证法一 令
$$S_{\triangle AFG} = S_{\triangle BDG} = S_{\triangle CEG} = x, S_{\triangle FBG} = a, S_{\triangle DCG} = b, S_{\triangle EAG} = c$$
由相交面积定理可知

$$
\begin{cases}
\dfrac{a}{x} = \dfrac{b+x}{c+x} & ① \\[2mm]
\dfrac{b}{x} = \dfrac{c+x}{a+x} & ② \\[2mm]
\dfrac{c}{x} = \dfrac{a+x}{b+x} & ③
\end{cases}
$$

该方程组关于 a,b,c 轮换对称,故不妨设

$$a \geqslant b, a \geqslant c$$

因为

$$a \geqslant b$$

所以

$$a + x \geqslant b + x$$

由 ③ 得

$$c \geqslant x \qquad\qquad ④$$

因为

$$a \geqslant c$$

所以

$$a + x \geqslant c + x$$

由 ② 得

$$b \leqslant x \qquad\qquad ⑤$$

结合 ④⑤ 可知

$$b \leqslant x \leqslant c \leqslant a \qquad\qquad ⑥$$

因为

$$c \geqslant b$$

所以

$$c + x \geqslant b + x$$

由 ① 得

$$a \leqslant x \qquad\qquad ⑦$$

结合 ⑥⑦ 可知

$$b \leqslant x \leqslant c \leqslant a \leqslant x$$

所以

$$a = b = c = x$$

所以 G 是 $\triangle ABC$ 的重心.

（此证法由龙飞雨提供.）

证法二 令

$$S_{\triangle AFG} = S_{\triangle BDG} = S_{\triangle CEG} = x, S_{\triangle FBG} = a, S_{\triangle DCG} = b, S_{\triangle EAG} = c$$

由塞瓦定理可得

$$abc = x^3$$

由相交面积定理可知

$$\begin{cases} \dfrac{a}{x} = \dfrac{b+x}{c+x} \\[2mm] \dfrac{b}{x} = \dfrac{c+x}{a+x} \\[2mm] \dfrac{c}{x} = \dfrac{a+x}{b+x} \end{cases}$$

$$\Leftrightarrow \begin{cases} ac + ax = bx + x^2 & ① \\ ba + bx = cx + x^2 & ② \\ cb + cx = ax + x^2 & ③ \end{cases}$$

上述三式相加得

$$ab + bc + ca = 3x^2$$

由三元算术－几何平均不等式得

$$x^2 = \frac{ab + bc + ca}{3} \geqslant \frac{3\sqrt[3]{ab \cdot bc \cdot ca}}{3} = \sqrt[3]{(abc)^2} = x^2$$

等号成立当且仅当

$$ab = bc = ca$$

即

$$a = b = c = x$$

所以 G 是 $\triangle ABC$ 的重心.

（此证法由刘衍提供.）

3. 叶军教授点评

（1）要证点 G 是 $\triangle ABC$ 的重心，只需要证这六块小三角形的面积相等即可.

（2）两位同学的解答都十分漂亮，龙飞雨同学主要采用轮换对称的性质，刘衍同学则是利用了基本不等式.

妙用不定方程思想
——2016 届叶班数学问题征解 013 解析

1. 问题征解 013

已知 a,b,c 为正整数且 $1<a<b<c$,求使 $k=\dfrac{abc-1}{(a-1)(b-1)(c-1)}$ 是正整数的数对 (a,b,c).

(《数学爱好者通讯》编辑部提供,2016 年 12 月 10 日.)

2. 问题 013 解析

解 因为

$$k-1=\frac{abc-1-(a-1)(b-1)(c-1)}{(a-1)(b-1)(c-1)}=$$

$$\frac{ab+bc+ca-(a+b+c)}{(a-1)(b-1)(c-1)}>0$$

所以

$$k-1>0$$

即

$$k>1$$

因为

$$k\in\mathbf{N}^*$$

所以

$$k\geqslant 2$$

另一方面

$$(a-1)(k-1)=\frac{ab+bc+ca-(a+b+c)}{(b-1)(c-1)}=$$

$$\frac{ab+bc+ca-a-b-c}{bc-b-c+1}=$$

$$1+\frac{ab+ac-a-1}{(b-1)(c-1)}=$$

$$1+\frac{a[(b-1)+(c-1)]+(a-1)}{(b-1)(c-1)}=$$

$$1+\frac{a}{c-1}+\frac{a}{b-1}+\frac{a-1}{(b-1)(c-1)}$$

因为

$$1<a<b<c$$

所以

$$a \leqslant b-1, a \leqslant c-2, a-1 < b-1$$

所以

$$(a-1)(k-1) < 1 + \frac{c-2}{c-1} + 1 + \frac{1}{c-1} = 3$$

所以

$$k-1 < 3$$

即

$$k < 4$$

所以

$$2 \leqslant k < 4$$

所以

$$k = 2,3$$

(1) 当 $k = 2$ 时

$$a-1 < 3$$

所以

$$1 < a < 4$$

所以

$$a = 2,3$$

若 $a = 2$,则

$$1 = \frac{2b + 2c + bc - b - c - 2}{bc - b - c + 1} \Rightarrow 2(b+c) = 3$$

不符合题意,舍去;

若 $a = 3$,则

$$2 = \frac{3b + 3c + bc - b - c - 3}{bc - b - c + 1} \Rightarrow (b-4)(c-4) = 11 = 1 \times 11$$

所以

$$b = 5, c = 15$$

此时

$$(a,b,c) = (3,5,15)$$

(2) 当 $k = 3$ 时

$$a-1 < \frac{3}{2}$$

所以

$$1 < a < \frac{5}{2}$$

所以

$$a = 2$$

故

$$2 = \frac{2b + 2c + bc - b - c - 2}{bc - b - c + 1} \Rightarrow (b-3)(c-3) = 5 = 1 \times 5$$

所以
$$b=4, c=8$$

此时
$$(a,b,c)=(2,4,8)$$

综上所述
$$(a,b,c)=(3,5,15),(2,4,8)$$

（此解法由杨旸提供.）

3. 叶军教授点评

本题有一定的难度,解题突破口不易发现.这类问题我们往往采用不等式分析法,要求正整数k,我们不妨先求出k的取值范围,然后再找出其中的正整数即可.杨旸同学的解答非常流畅,一气呵成,值得点赞.

最值问题的求解
——2016 届叶班数学问题征解 014 解析

1. 问题征解 014

已知实数 $a_1 > a_2 > a_3 > a_4 > a_5$，$168 \leqslant a_i - a_{i+1} \leqslant 168\frac{1}{12}(i=1,2,3,4,5)$，且实数 x_1，

x_2, x_3, x_4, x_5 满足方程组
$$\begin{cases} x_1 + x_2 + x_3 = a_1 \\ x_2 + x_3 + x_4 = a_2 \\ x_3 + x_4 + x_5 = a_3 \\ x_4 + x_5 + x_1 = a_4 \\ x_5 + x_1 + x_2 = a_5 \end{cases}$$

求 $u = |x_1 - x_2| + |x_2 - x_3| + |x_3 - x_4| + |x_4 - x_5| + |x_5 - x_1|$ 的最大值与最小值.

(《数学爱好者通讯》编辑部提供，2016 年 12 月 17 日.)

2. 问题 014 解析

解 记上述五个方程依次为①②③④⑤,即
$$\begin{cases} x_1 + x_2 + x_3 = a_1 & ① \\ x_2 + x_3 + x_4 = a_2 & ② \\ x_3 + x_4 + x_5 = a_3 & ③ \\ x_4 + x_5 + x_1 = a_4 & ④ \\ x_5 + x_1 + x_2 = a_5 & ⑤ \end{cases}$$

整体相加得
$$x_1 + x_2 + x_3 + x_4 + x_5 = \frac{1}{3}(a_1 + a_2 + a_3 + a_4 + a_5)$$

令
$$a_1 + a_2 + a_3 + a_4 + a_5 = m$$

则
$$x_1 + x_2 + x_3 + x_4 + x_5 = \frac{1}{3}m \qquad ⑥$$

①+④-⑥得
$$x_1 = a_1 + a_4 - \frac{1}{3}m$$

②+⑤-⑥得
$$x_2 = a_2 + a_5 - \frac{1}{3}m$$

①＋③－⑥得

$$x_3 = a_1 + a_3 - \frac{1}{3}m$$

②＋④－⑥得

$$x_4 = a_2 + a_4 - \frac{1}{3}m$$

③＋⑤－⑥得

$$x_5 = a_3 + a_5 - \frac{1}{3}m$$

所以

$$u = |a_1 + a_4 - a_2 - a_5| + |a_2 + a_5 - a_1 - a_3| + |a_1 + a_3 - a_2 - a_4| + $$
$$|a_2 + a_4 - a_3 - a_5| + |a_3 + a_5 - a_1 - a_4|$$

因为

$$a_1 > a_2 > a_3 > a_4 > a_5$$

所以

$$x_3 > x_1 > x_4 > x_2 > x_5$$

所以

$$u = 4a_1 - 2a_2 + 2a_4 - 4a_5 = $$
$$2[2(a_1 - a_2) + (a_2 - a_3) + (a_3 - a_4) + 2(a_4 - a_5)]$$

因为

$$168 \leqslant a_i - a_{i+1} \leqslant 168\frac{1}{12} \quad (i = 1, 2, 3, 4, 5)$$

所以

$$u \leqslant 2 \times (2 + 1 + 1 + 2) \times 168\frac{1}{12} = 2\ 017$$

所以

$$u \geqslant 2 \times (2 + 1 + 1 + 2) \times 168 = 2\ 016$$

当 $a_1 = 672\frac{1}{3}, a_2 = 504\frac{1}{4}, a_3 = 336\frac{1}{6}, a_4 = 168\frac{1}{12}, a_5 = 0$ 时，$u = 2\ 017$.

当 $a_1 = 672, a_2 = 504, a_3 = 336, a_4 = 168, a_5 = 0$ 时，$u = 2\ 016$.

综上所述，$u_{\max} = 2\ 017, u_{\min} = 2\ 016$.

（此解法由陈苗卓提供.）

3. 叶军教授点评

要求 u 的最大值与最小值，但已知的却是 $a_i (i = 1, 2, 3, 4, 5)$ 的一些关系式，注意到方程组将 a_i 与 x_i 联系在一起，因此我们可以进行转化将 u 用与 a_i 有关的式子表示.

方程组综合问题
——2016 届叶班数学问题征解 015 解析

1. 问题征解 015

某项工作,甲独做完成的天数为乙、丙合作完成天数的 m 倍,乙独做完成的天数为甲、丙合作完成天数的 n 倍,丙独做完成的天数为甲、乙合作完成天数的 k 倍.当此问题有解时,若 m,n,k 均为整数,求证 $km-1,mn-1,nk-1$ 中任意两数之积都是完全平方数,并求出其中最大的完全平方数的最大值.

(《数学爱好者通讯》编辑部提供,2016 年 12 月 24 日.)

2. 问题 015 解析

解 不妨设甲、乙、丙的工作效率分别为 x,y,z,则依题意有

$$\begin{cases} \dfrac{1}{x}=\dfrac{m}{y+z} \\ \dfrac{1}{y}=\dfrac{n}{z+x} \\ \dfrac{1}{z}=\dfrac{k}{x+y} \end{cases} \Leftrightarrow \begin{cases} -mx+y+z=0 \\ x-ny+z=0 \\ x+y-kz=0 \end{cases}$$

上述齐次线性方程组有非零解的充要条件为系数行列式为零.

故

$$\begin{vmatrix} -m & 1 & 1 \\ 1 & -n & 1 \\ 1 & 1 & -k \end{vmatrix}=0 \Leftrightarrow mnk=m+n+k+2$$

所以

$$(km-1)(mn-1)=km^2n-km-mn+1=$$
$$m(m+n+k+2)-km-mn+1=$$
$$(m+1)^2$$

同理可得

$$(km-1)(nk-1)=(k+1)^2$$
$$(mn-1)(nk-1)=(n+1)^2$$

所以任意两数之积都是完全平方数.

依对称性不妨设 $m \geqslant n \geqslant k \geqslant 1$,则最大的完全平方数为 $(m+1)^2$.

因为

$$(k+1)^2=(km-1)(nk-1) \geqslant (k^2-1)^2=(k-1)^2(k+1)^2$$

所以

$$(k-1)^2 \leqslant 1$$

所以
$$1 \leqslant k \leqslant 2$$

因为
$$k \in \mathbf{Z}_+$$

所以
$$k = 1, 2$$

(1) 当 $k = 1$ 时
$$(m-1)(n-1) = 4 = 4 \times 1 = 2 \times 2$$

所以
$$\begin{cases} m-1 = 4, 2 \\ n-1 = 1, 2 \end{cases} \Rightarrow \begin{cases} m = 5, 3 \\ n = 2, 3 \end{cases}$$

此时 $(m, n, k) = (5, 2, 1), (3, 3, 1)$.

(2) 当 $k = 2$ 时
$$(2m-1)(2n-1) = 9 = 3 \times 3$$

所以
$$\begin{cases} 2m-1 = 3 \\ 2n-1 = 3 \end{cases} \Rightarrow \begin{cases} m = 2 \\ n = 2 \end{cases}$$

此时 $(m, n, k) = (2, 2, 2)$.

故最大的完全平方数为 $(5+1)^2 = 36$.

(此解法由蒋鑫邦提供.)

3. 叶军教授点评

首先将这一工程问题按照题意列出相应的方程组,接下来就是利用齐次线性方程组有解的条件得出一些等式关系,最后利用完全平方数的特征并结合不等式分析法可得出结果,蒋鑫邦同学完成得非常漂亮.

充要条件的证明
——2016 届叶班数学问题征解 016 解析

1. 问题征解 016

已知正数 a,b,x,y 满足 $a^2+x^2=b^2+y^2=1$. 求证：$\dfrac{a}{y}+\dfrac{b}{x}=2$ 的充要条件是 $bx+ay=1$.

(《数学爱好者通讯》编辑部提供,2016 年 12 月 31 日.)

2. 问题 016 解析

证明　（1）先证充分性,即

$$bx+ay=1 \Rightarrow \frac{a}{y}+\frac{b}{x}=2$$

因为

$$a^2+x^2=b^2+y^2=1$$

所以

$$a=\sqrt{1-x^2},b=\sqrt{1-y^2}$$

代入 $bx+ay=1$ 得

$$x\cdot\sqrt{1-y^2}+y\cdot\sqrt{1-x^2}=1$$

$$\Leftrightarrow x\cdot\sqrt{1-y^2}=1-y\cdot\sqrt{1-x^2}$$

两边同时平方得

$$x^2-x^2y^2=1-2y\sqrt{1-x^2}+y^2-x^2y^2$$

化简得

$$(1-x^2)+y^2-2y\sqrt{1-x^2}=0$$

所以

$$\left(\sqrt{1-x^2}-y\right)^2=0$$

所以

$$x^2+y^2=1$$

所以

$$\frac{a}{y}+\frac{b}{x}=\frac{\sqrt{1-x^2}}{y}+\frac{\sqrt{1-y^2}}{x}=\frac{y}{y}+\frac{x}{x}=2$$

（2）再证必要性,即

$$\frac{a}{y}+\frac{b}{x}=2 \Rightarrow bx+ay=1$$

$$bx+ay=1 \Leftrightarrow x^2+y^2=1$$

假设 $x^2 + y^2 \neq 1$,即

$$x^2 + y^2 > 1 \text{ 或 } x^2 + y^2 < 1$$

当 $x^2 + y^2 > 1$ 时

$$2 = \frac{a}{y} + \frac{b}{x} = \frac{\sqrt{1-x^2}}{y} + \frac{\sqrt{1-y^2}}{x} < 2$$

矛盾.

当 $x^2 + y^2 < 1$ 时

$$2 = \frac{a}{y} + \frac{b}{x} = \frac{\sqrt{1-x^2}}{y} + \frac{\sqrt{1-y^2}}{x} > 2$$

矛盾.

所以

$$x^2 + y^2 = 1$$

所以

$$bx + ay = 1$$

综上所述,由(1)(2)可知 $\frac{a}{y} + \frac{b}{x} = 2$ 的充要条件是 $bx + ay = 1$.

（此证法由温玟杰提供.）

3. 叶军教授点评

本题方法其实比较丰富,关键是要处理好 $a^2 + x^2 = b^2 + y^2 = 1$ 这一已知条件,温玟杰同学通过先证充分性,再证必要性完美地解决了本题.

求解代数式问题
——2016 届叶班数学问题征解 017 解析

1. 问题征解 017

已知实数 a,b,c 满足等式 $a^2+b^2+c^2+2abc=1$，求下列各式的值：

$(1)\ u_1=\dfrac{a}{a+bc}+\dfrac{b}{b+ca}+\dfrac{c}{c+ab}$；

$(2)\ u_2=\dfrac{a+bc}{(1+b)(1+c)}+\dfrac{b+ca}{(1+c)(1+a)}+\dfrac{c+ab}{(1+a)(1+b)}.$

（《数学爱好者通讯》编辑部提供，2017 年 1 月 7 日.）

2. 问题 017 解析

解　(1) 根据题意，有

$$u_1=\frac{a(b+ca)(c+ab)+b(a+bc)(c+ab)+c(a+bc)(b+ca)}{(a+bc)(b+ca)(c+ab)}=$$

$$\frac{3abc+2(a^2b^2+a^2c^2+b^2c^2)+abc(a^2+b^2+c^2)}{abc+a^2b^2c^2+a^2b^2+a^2c^2+b^2c^2+abc(a^2+b^2+c^2)}$$

因为

$$a^2+b^2+c^2+2abc=1$$

所以

$$a^2+b^2+c^2=1-2abc$$

所以

$$u_1=\frac{3abc+2(a^2b^2+a^2c^2+b^2c^2)+abc(1-2abc)}{abc+a^2b^2c^2+a^2b^2+a^2c^2+b^2c^2+abc(1-2abc)}=$$

$$\frac{4abc-2a^2b^2c^2+2(a^2b^2+a^2c^2+b^2c^2)}{2abc-a^2b^2c^2+a^2b^2+a^2c^2+b^2c^2}=$$

$$\frac{2\left[2abc-a^2b^2c^2+(a^2b^2+a^2c^2+b^2c^2)\right]}{2abc-a^2b^2c^2+(a^2b^2+a^2c^2+b^2c^2)}=$$

$$2$$

(2) 根据题意，有

$$u_2=\frac{(a+bc)(1+a)+(b+ca)(1+b)+(c+ab)(1+c)}{(1+a)(1+b)(1+c)}=$$

$$\frac{a+a^2+bc+abc+b+b^2+ac+abc+c+c^2+ab+abc}{(1+a)(1+b)(1+c)}=$$

$$\frac{a^2+b^2+c^2+a+b+c+ab+bc+ca+3abc}{(1+a)(1+b)(1+c)}$$

因为

$$a^2 + b^2 + c^2 + 2abc = 1$$

所以

$$a^2 + b^2 + c^2 = 1 - 2abc$$

所以

$$u_2 = \frac{a + b + c + ab + bc + ca + abc + 1}{(1+a)(1+b)(1+c)} =$$

$$\frac{(1+a)(1+b)(1+c)}{(1+a)(1+b)(1+c)} =$$

$$1$$

（此解法由刘家瑜提供.）

3. 叶军教授点评

本题侧重考查学生的代数演算与巧算能力,刘家瑜同学的解答充分体现了其扎实的数学计算功底.

巧算一道轮换对称式
——2016 届叶班数学问题征解 018 解析

1. 问题征解 018

已知 $f(x,y,z)=(y+z)^2(z+x)(y-x)$，$g(x,y,z)=xy\,(y-z)^2$，计算

$$\frac{f(x,y,z)+f(y,z,x)+f(z,x,y)}{g(x,y,z)+g(y,z,x)+g(z,x,y)}$$

（《数学爱好者通讯》编辑部提供，2017 年 1 月 14 日.）

2. 问题 018 解析

解　根据题意，有

$$
\begin{aligned}
f(x,y,z)&=(y^2+z^2+2yz)(yz+xy-xz-x^2)=\\
&\quad y^3z+y^3x-y^2zx-x^2y^2+z^3y+z^2xy-\\
&\quad z^3x-x^2z^2+2y^2z^2+2y^2zx-2z^2xy-2x^2yz=\\
&\quad y^3z+y^3x+z^3y-z^3x+y^2zx+2y^2z^2-\\
&\quad z^2xy-x^2z^2-x^2y^2-2x^2yz
\end{aligned}
$$

轮换 x,y,z 得

$$
\begin{aligned}
f(y,z,x)&=z^3x+z^3y+x^3z-x^3y+z^2xy+2z^2x^2-x^2yz-\\
&\quad y^2z^2-y^2x^2-2y^2zx
\end{aligned}
$$

$$
\begin{aligned}
f(z,x,y)&=x^3y+x^3z+y^3x-y^3z+x^2yz+2x^2y^2-y^2zx-\\
&\quad z^2x^2-z^2y^2-2z^2xy
\end{aligned}
$$

所以

$$
\begin{aligned}
&f(x,y,z)+f(y,z,x)+f(z,x,y)=\\
&2(y^3x+z^3y+x^3z)-2xyz(x+y+z)
\end{aligned}
$$

因为

$$g(x,y,z)=xy(y^2+z^2-2yz)=y^3x+xyz^2-2y^2zx$$

$$g(y,z,x)=z^3y+yzx^2-2z^2xy$$

$$g(z,x,y)=x^3z+zxy^2-2x^2yz$$

所以

$$g(x,y,z)+g(y,z,x)+g(z,x,y)=y^3x+z^3y+x^3z-xyz(x+y+z)$$

所以

$$\frac{f(x,y,z)+f(y,z,x)+f(z,x,y)}{g(x,y,z)+g(y,z,x)+g(z,x,y)}=2$$

（此解法由黄云轲提供.）

3. 叶军教授点评

本题可改编为"设 x,y,z 是正数,求 $f(x,y,z)+f(y,z,x)+f(z,x,y)$ 的最小值".

构造方程,巧用奇偶
——2016 届叶班数学问题征解 019 解析

1. 问题征解 019

已知 $x^2 - \dfrac{1}{x^2}$ 和 $x^3 - \dfrac{1}{x^3}$ 都是整数,求实数 x 的值.

(《数学爱好者通讯》编辑部提供,2017 年 1 月 21 日.)

2. 问题 019 解析

解 令

$$x^2 - \frac{1}{x^2} = m, \quad x^3 - \frac{1}{x^3} = n.$$

则 m, n 都是整数,且

$$m^3 = x^6 - \frac{1}{x^6} - 3\left(x^2 - \frac{1}{x^2}\right) = x^6 - \frac{1}{x^6} - 3m$$

$$n^2 = x^6 + \frac{1}{x^6} - 2$$

所以

$$\begin{cases} x^6 - \dfrac{1}{x^6} = m^3 + 3m & \quad ① \\ x^6 + \dfrac{1}{x^6} = n^2 + 2 & \quad ② \end{cases}$$

①＋② 得

$$2x^6 = m^3 + 3m + (n^2 + 2) \qquad\qquad ③$$

②－① 得

$$\frac{2}{x^6} = -(m^3 + 3m) + (n^2 + 2) \qquad\qquad ④$$

③×④ 得

$$[(m^3 + 3m) + (n^2 + 2)] \cdot [-(m^3 + 3m) + (n^2 + 2)] = 4$$

因为 $(m^3 + 3m) + (n^2 + 2)$ 与 $-(m^3 + 3m) + (n^2 + 2)$ 同奇偶,所以它们只能同偶.

所以

$$\begin{cases} (m^3 + 3m) + (n^2 + 2) = 2 \\ -(m^3 + 3m) + (n^2 + 2) = 2 \end{cases}$$

故

$$m = n = 0$$

即

$$\begin{cases} x^2 - \dfrac{1}{x^2} = 0 \\ x^3 - \dfrac{1}{x^3} = 0 \end{cases} \Leftrightarrow \begin{cases} x^4 = 1 \\ x^6 = 1 \end{cases} \Leftrightarrow x = \pm 1$$

经检验,$x = \pm 1$ 符合要求.

（此解法由李岩提供.）

3. 叶军教授点评

(1) 改编:求所有的实数 x 使得 $x^2 - \dfrac{1}{x^2}$ 和 $x^3 - \dfrac{1}{x^3}$ 都是整数.

(2) 问题研究:设 m 是非零整数,求所有的实数 x 使得 $x^2 + \dfrac{m}{x^2}$ 与 $x^3 + \dfrac{m}{x^3}$ 都是整数.

我们得到的研究结果为:

当 $m = 1$ 时,$x = \dfrac{k \pm \sqrt{k^2 - 4}}{2}$,其中 $k \in \mathbf{Z}, |k| \geqslant 2$;

当 $m \neq 1$ 时,$x = \pm n$,其中 n^3 是 m 的正约数.

一道方程组问题的证明
——2016 届叶班数学问题征解 020 解析

1. 问题征解 020

已知正实数 $x_1, x_2, \cdots, x_n; a_1, a_2, \cdots, a_n$ 满足

$$\begin{cases} a_1^2 + x_2^2 + x_3^2 + \cdots + x_n^2 = 1 \\ x_1^2 + a_2^2 + x_3^2 + \cdots + x_n^2 = 1 \\ x_1^2 + x_2^2 + a_3^2 + \cdots + x_n^2 = 1 \\ \vdots \\ x_1^2 + x_2^2 + \cdots + x_{n-1}^2 + a_n^2 = 1 \end{cases}$$

求证：$x_1^2 + x_2^2 + \cdots + x_n^2 = 1$，当且仅当 $\dfrac{a_1}{x_1} + \dfrac{a_2}{x_2} + \cdots + \dfrac{a_n}{x_n} = n$.

（《数学爱好者通讯》编辑部提供，2017 年 1 月 28 日.）

2. 问题 020 解析

证法一　(1) 若 $x_1^2 + x_2^2 + \cdots + x_n^2 = 1$，则必有

$$x_i = a_i \quad (i = 1, 2, \cdots, n)$$

故

$$\sum_{i=1}^{n} \frac{a_i}{x_i} = n$$

(2) 若 $\displaystyle\sum_{i=1}^{n} \frac{a_i}{x_i} = n$，须证：$\displaystyle\sum_{i=1}^{n} x_i^2 = 1$.

用反证法：

若 $\displaystyle\sum_{i=1}^{n} x_i^2 > 1$，则由已知等式知

$$a_i^2 < x_i^2 \quad (i = 1, 2, \cdots, n)$$

所以

$$0 < a_i < x_i \quad (i = 1, 2, \cdots, n)$$

所以

$$\frac{a_i}{x_i} < 1$$

所以 $\displaystyle\sum_{i=1}^{n} \frac{a_i}{x_i} < n$，矛盾.

若 $\displaystyle\sum_{i=1}^{n} x_i^2 < 1$，则由已知等式知

$$a_i^2 > x_i^2 \quad (i = 1, 2, \cdots, n)$$

所以
$$a_i > x_i > 0 \quad (i=1,2,\cdots,n)$$

所以
$$\frac{a_i}{x_i} > 1$$

所以 $\sum_{i=1}^{n} \frac{a_i}{x_i} > n$，矛盾.

综上，只能有 $\sum_{i=1}^{n} x_i^2 = 1$.

（此证法由龙飞雨提供.）

证法二 令 $\frac{a_i}{x_i} = 1 + \alpha_i$，则
$$\alpha_i > -1 \text{ 且 } \sum_{i=1}^{n} \alpha_i = 0$$

另一方面
$$a_i = (1+\alpha_i)x_i \quad (i=1,2,\cdots,n)$$

则
$$a_i^2 = (1+\alpha_i)^2 x_i^2 = 1 - \sum_{i=1}^{n} x_i^2 + x_i^2$$

所以
$$\alpha_i(\alpha_i + 2)x_i^2 = 1 - \sum_{i=1}^{n} x_i^2 \quad (i=1,2,\cdots,n)$$

这说明对于 $1 \leq m \neq k \leq n$，有
$$\alpha_m(\alpha_m + 2)x_m = \alpha_k(\alpha_k + 2)x_k$$

若 $\alpha_i \neq 0(i=1,2,\cdots,n)$，则注意到每一个 $\alpha_i > -1(i=1,2,\cdots,n)$，可知 α_m,α_k 同号. 从而 $\alpha_1,\alpha_2,\cdots,\alpha_n$ 同号.

故 $\sum_{i=1}^{n} \alpha_i \neq 0$，这与 $\sum_{i=1}^{n} \alpha_i = 0$ 矛盾.

从而存在 i 使 $\alpha_i = 0$. 故 $a_i = x_i(i=1,2,\cdots,n)$.

从而 $\sum_{i=1}^{n} x_i^2 = 1$.

（此证法由杨旸提供.）

3. 叶军教授点评

实际上结论是 $a_i = x_i(i=1,2,\cdots,n)$，求证：$\sum_{i=1}^{n} \frac{a_i}{x_i} = n \Leftrightarrow \sum_{i=1}^{n} a_i x_i = 1 \Leftrightarrow \sum_{i=1}^{n} \frac{a_i^3}{x_i} = 1$.

反证法在求等式成立条件中的应用
——2016 届叶班数学问题征解 021 解析

1. 问题征解 021

已知正实数 a,b,x,y 满足 $a^2 + x^2 = b^2 + y^2 = 1$，且 $\dfrac{a}{y} + \dfrac{b}{x} = 2(x^2 + y^2)^m$。试问 m 取哪些实数时，有且只有 $x^2 + y^2 = 1$？

(《数学爱好者通讯》编辑部提供，2017 年 2 月 4 日.)

2. 问题 021 解析

解　当 $x^2 + y^2 = 1$ 时，显然 m 可取任何实数.

(1) 先证明：$m \geqslant 0$ 时，必有 $x^2 + y^2 = 1$.

(2) 再证明：若存在 $x^2 + y^2 \neq 1$，则必有 $m < 0$.

(1)(2) 说明当 $m \geqslant 0$ 时，有且只有 $x^2 + y^2 = 1$.

(1) 的证明：令 $r = x^2 + y^2$. 当 $m = 0$ 时，$x^2 + y^2 = r$ 成立. 当 $m > 0$ 时，有：

① 若 $r \leqslant 1$，则

$$0 \leqslant x \leqslant \sqrt{1 - y^2} = b$$
$$0 \leqslant y \leqslant \sqrt{1 - x^2} = a$$
$$\Rightarrow \frac{a}{y} + \frac{b}{x} \geqslant 2$$
$$\Rightarrow 2r^m \geqslant 2 \Rightarrow r^m \geqslant 1 \Leftrightarrow r \geqslant 1$$

故只能有 $r = 1$.

② 若 $r \geqslant 1$，则

$$x \geqslant b > 0$$
$$y \geqslant a > 0$$
$$\Rightarrow \frac{a}{y} + \frac{b}{x} \leqslant 2$$
$$\Rightarrow 2r^m \leqslant 2 \Rightarrow r^m \leqslant 1 \Rightarrow r \leqslant 1$$

故只能有 $r = 1$.

综上所述，我们证明了当 $m \geqslant 0$ 时，$r = 1$.

(2) 的证明：若存在 $x^2 + y^2 \neq 1$，则必有 $m < 0$. 若 $m > 0$，则：

① 当 $x^2 + y^2 = r > 1$ 时

$$r^m > 1$$

所以

$$\frac{a}{y} + \frac{b}{x} = 2r^m > 2$$

令 $\frac{a}{y} = 1 + \alpha, \frac{b}{x} = 1 + \beta$，则

$$\alpha > -1, \beta > -1, \alpha + \beta > 0, \text{且 } \alpha, \beta \text{ 不同时为 } 0$$

所以

$$a^2 = (1+\alpha)^2 y^2 = 1 - x^2$$
$$b^2 = (1+\beta)^2 x^2 = 1 - y^2$$

两式相减有

$$y^2 - x^2 = (1+\alpha)^2 y^2 - (1+\beta)^2 x^2$$
$$\alpha(\alpha+2)y^2 = \beta(\beta+2)x^2$$

注意到 $\begin{cases} \alpha > -1, \beta > -1 \\ \alpha, \beta \text{ 不同时为 } 0 \end{cases}$，可知 α, β 同号，且 $\alpha + \beta > 0$，故 $\alpha > 0, \beta > 0$.

从而 $\begin{cases} a > y \\ b > x \end{cases}$，所以 $r = x^2 + y^2 < a^2 + x^2 = 1$，矛盾.

② 当 $r = x^2 + y^2 < 1$ 时

$$r^m < 1$$

所以

$$\frac{a}{y} + \frac{b}{x} = 2r^m < 2$$

令 $\frac{a}{y} = 1 + \alpha, \frac{b}{x} = 1 + \beta$，则

$$\alpha > -1, \beta > -1, \alpha + \beta < 0, \text{且 } \alpha, \beta \text{ 不同时为 } 0$$

所以

$$a^2 = (1+\alpha)^2 y^2 = 1 - x^2$$
$$b^2 = (1+\beta)^2 x^2 = 1 - y^2$$

两式相减有

$$y^2 - x^2 = (1+\alpha)^2 y^2 - (1+\beta)^2 x^2$$
$$\alpha(\alpha+2)y^2 = \beta(\beta+2)x^2$$

注意到 $\begin{cases} \alpha > -1, \beta > -1 \\ \alpha, \beta \text{ 不同时为 } 0 \end{cases}$，可知 α, β 同号，且 $\alpha + \beta < 0$，故 $\alpha < 0, \beta < 0$.

从而 $\begin{cases} a < y \\ b < x \end{cases}$，所以 $r = x^2 + y^2 > b^2 + y^2 = 1$，矛盾.

故只可能出现下面两种情形

$$\begin{cases} x^2 + y^2 > 1 \\ m < 0 \end{cases} \text{ 或 } \begin{cases} x^2 + y^2 < 1 \\ m < 0 \end{cases}$$

即必有 $r = x^2 + y^2 \neq 1 \Rightarrow m < 0$.

综上所述，当 $m \geqslant 0$ 时，有且只有 $x^2 + y^2 = 1$.

（此解法由阙子述提供.）

3. 叶军教授点评

本题在求等式成立的条件过程中,利用反证法,分步骤进行,层层推进,思路清晰,非常漂亮! 对于同类型题的解答也有一定启示.

一道最值问题的两种求法
——2016 届叶班数学问题征解 022 解析

1. 问题征解 022

已知 a,b,c,d 是实数，且满足

$$a^2 + b^2 + c^2 + d^2 + ab + bc + cd = 1$$

求 c 的最大值与最小值.

（《数学爱好者通讯》编辑部提供，2017 年 2 月 11 日.）

2. 问题 022 解析

解法一 对 ab,bc,cd 配方将 c^2 配出来，事实上，已知等式化为

$$\left(a + \frac{1}{2}b\right)^2 + \frac{3}{4}b^2 + bc + \left(d + \frac{1}{2}c\right)^2 + \frac{3}{4}c^2 = 1$$

$$\Leftrightarrow \left(a + \frac{1}{2}b\right)^2 + \left(d + \frac{1}{2}c\right)^2 + \frac{3}{4}\left(b^2 + \frac{4}{3}bc\right) + \frac{3}{4}c^2 = 1$$

$$\Leftrightarrow \left(a + \frac{1}{2}b\right)^2 + \left(d + \frac{1}{2}c\right)^2 + \frac{3}{4}\left(b + \frac{2}{3}c\right)^2 + \frac{3}{4}c^2 - \frac{1}{3}c^2 = 1$$

$$\Leftrightarrow \left(a + \frac{1}{2}b\right)^2 + \left(d + \frac{1}{2}c\right)^2 + \frac{3}{4}\left(b + \frac{2}{3}c\right)^2 + \frac{5}{12}c^2 = 1$$

所以

$$\frac{5}{12}c^2 \leqslant 1, |c| \leqslant \sqrt{\frac{12}{5}} = \frac{2\sqrt{15}}{5}$$

$$\Leftrightarrow -\frac{2\sqrt{15}}{5} \leqslant c \leqslant \frac{2\sqrt{15}}{5}$$

等号成立当且仅当

$$a + \frac{1}{2}b = d + \frac{1}{2}c = b + \frac{2}{3}c = 0$$

$$\Leftrightarrow \begin{cases} a = \frac{1}{3}c \\ b = -\frac{2}{3}c \\ d = -\frac{1}{2}c \end{cases}$$

易知，当 $a = \frac{2}{15}\sqrt{15}, b = -\frac{4}{15}\sqrt{15}, d = -\frac{\sqrt{15}}{5}$ 时

$$c = \frac{2}{5}\sqrt{15}$$

当 $a = -\dfrac{2}{15}\sqrt{15}$，$b = \dfrac{4}{15}\sqrt{15}$，$d = \dfrac{\sqrt{15}}{5}$ 时

$$c = -\dfrac{2}{5}\sqrt{15}$$

所以

$$c_{\max} = \dfrac{2\sqrt{15}}{5};\ c_{\min} = -\dfrac{2\sqrt{15}}{5}$$

（此解法由蒋鑫邦提供.）

解法二 利用不等式

$$\dfrac{x^2 + y^2 + z^2}{3} \geqslant \left(\dfrac{x + y + z}{3}\right)^2$$

已知等式化为

$$a^2 + (a+b)^2 + (b+c)^2 + (c+d)^2 + d^2 = 2$$

根据恒等式

$$\begin{cases} a - (a+b) + b + c = c \\ d - (d+c) = -c \end{cases}$$

得

$$\dfrac{1}{9}c^2 = \left[\dfrac{a - (a+b) + (b+c)}{3}\right]^2 \leqslant \dfrac{a^2 + (a+b)^2 + (b+c)^2}{3}$$

即

$$a^2 + (a+b)^2 + (b+c)^2 \geqslant \dfrac{1}{3}c^2$$

又

$$d^2 + (d+c)^2 \geqslant \dfrac{1}{2}[d - (d+c)]^2 = \dfrac{1}{2}c^2$$

所以

$$2 = a^2 + (a+b)^2 + (b+c)^2 + (c+d)^2 + d^2 \geqslant \left(\dfrac{1}{3} + \dfrac{1}{2}\right)c^2 = \dfrac{5}{6}c^2$$

所以

$$c^2 \leqslant \dfrac{12}{5}$$

所以

$$-\dfrac{2\sqrt{15}}{5} \leqslant c \leqslant \dfrac{2\sqrt{15}}{5}$$

等号成立当且仅当

$$\begin{cases} a = -(a+b) = b+c \\ d = -(d+c) \end{cases}$$

（此解法由艾宇航提供.）

3. 叶军教授点评

本题是最值问题. 解法一采用配方法, 突破口在于抓住"二倍项", 进行凑项, 接着利用平方非负性, 求取值范围; 解法二是利用均值不等式, 关键利用恒等式, 构造出需要的变量, 进而可以列不等式求最值, 处理方式十分灵活.

一道多元不等式组的求解
——2016 届叶班数学问题征解 023 解析

1. 问题征解 023

求使不等式组

$$\begin{cases} (x_1^2 - x_3 x_5)(x_2^2 - x_3 x_5) \leqslant 0 \\ (x_2^2 - x_4 x_1)(x_3^2 - x_4 x_1) \leqslant 0 \\ (x_3^2 - x_5 x_2)(x_4^2 - x_5 x_2) \leqslant 0 \\ (x_4^2 - x_1 x_3)(x_5^2 - x_1 x_3) \leqslant 0 \\ (x_5^2 - x_2 x_4)(x_1^2 - x_2 x_4) \leqslant 0 \end{cases}$$

有解的所有正实数 x_1, x_2, x_3, x_4, x_5.

(《数学爱好者通讯》编辑部提供,2017 年 2 月 18 日.)

2. 问题 023 解析

解 令

$$y_1 = (x_1^2 - x_3 x_5)(x_2^2 - x_3 x_5)$$
$$y_2 = (x_2^2 - x_4 x_1)(x_3^2 - x_4 x_1)$$
$$y_3 = (x_3^2 - x_5 x_2)(x_4^2 - x_5 x_2)$$
$$y_4 = (x_4^2 - x_1 x_3)(x_5^2 - x_1 x_3)$$
$$y_5 = (x_5^2 - x_2 x_4)(x_1^2 - x_2 x_4)$$

$$y_1 + y_2 + \cdots + y_5 = \frac{1}{2}(x_1 x_2 - x_1 x_4)^2 + \frac{1}{2}(x_1 x_2 - x_2 x_4)^2 +$$
$$\frac{1}{2}(x_1 x_3 - x_3 x_4)^2 + \frac{1}{2}(x_1 x_3 - x_1 x_5)^2 +$$
$$\frac{1}{2}(x_1 x_4 - x_4 x_3)^2 + \frac{1}{2}(x_1 x_5 - x_5 x_3)^2 +$$
$$\frac{1}{2}(x_2 x_3 - x_2 x_5)^2 + \frac{1}{2}(x_2 x_3 - x_3 x_5)^2 +$$
$$\frac{1}{2}(x_2 x_4 - x_4 x_5)^2 + \frac{1}{2}(x_2 x_5 - x_5 x_4)^2 \geqslant 0$$

当 $x_1 = x_2 = x_3 = x_4 = x_5$ 时可取等号.

由题设可知,$y_1 + y_2 + y_3 + y_4 + y_5$ 只能为 0,所以使不等式组有解的所有正实数为

$$x_1 = x_2 = x_3 = x_4 = x_5 = k \quad (k > 0)$$

(此解法由温玟杰提供.)

3. 叶军教授点评

本题可改写为：

（1）求所有的正实数 x_1, x_2, x_3, x_4, x_5，使得五个数

$$y_1 = (x_1^2 - x_3 x_5)(x_2^2 - x_3 x_5)$$
$$y_2 = (x_2^2 - x_4 x_1)(x_3^2 - x_4 x_1)$$
$$y_3 = (x_3^2 - x_5 x_2)(x_4^2 - x_5 x_2)$$
$$y_4 = (x_4^2 - x_1 x_3)(x_5^2 - x_1 x_3)$$
$$y_5 = (x_5^2 - x_2 x_4)(x_1^2 - x_2 x_4)$$

都是非正数.

（2）求 $y_1 + y_2 + y_3 + y_4 + y_5$ 的最小值，其中 $x_i \in \mathbf{R}, i = 1, 2, 3, 4, 5$.

（3）设 x_1, x_2, x_3, x_4, x_5 是实数，且

$$y_1 = (x_1^2 - x_3 x_5)(x_2^2 - x_3 x_5) + x_1 + \frac{1}{x_2^2}$$

$$y_2 = (x_2^2 - x_4 x_1)(x_3^2 - x_4 x_1) + x_2 + \frac{1}{x_3^2}$$

$$y_3 = (x_3^2 - x_5 x_2)(x_4^2 - x_5 x_2) + x_3 + \frac{1}{x_4^2}$$

$$y_4 = (x_4^2 - x_1 x_3)(x_5^2 - x_1 x_3) + x_4 + \frac{1}{x_5^2}$$

$$y_5 = (x_5^2 - x_2 x_4)(x_1^2 - x_2 x_4) + x_5 + \frac{1}{x_1^2}$$

求 $y_1 + y_2 + y_3 + y_4 + y_5$ 的最小值，或求 $\max\{y_1, y_2, y_3, y_4, y_5\}$ 的最小值，或求 $\min\{y_1, y_2, y_3, y_4, y_5\}$ 的最大值.

巧用奇偶分析法求最大值
——2016 届叶班数学问题征解 024 解析

1. 问题征解 024

已知集合 $M=\{1,2,3,\cdots,2\,017\}$，$M$ 的子集 A 满足条件：当 $x,y\in A$ 时，$x+y\notin A$. 试求 A 中元素个数 $|A|$ 的最大值.

（《数学爱好者通讯》编辑部提供，2017 年 2 月 25 日.）

2. 问题 024 解析

解 设 A 中有 $k(k\leqslant n+1)$ 个奇数 $a_1,a_2,\cdots,a_k$，令 $2\,017=2n+1$，则 $k\leqslant 1\,009$.

不妨设

$$a_1>a_2>\cdots>a_k$$

因为

$$(a_1-a_i)+a_i=a_1\in A \quad (i=1,2,\cdots,k)$$

且

$$a_1-a_2<a_1-a_3<\cdots<a_1-a_k$$

所以 $a_1-a_2,a_1-a_3,\cdots,a_1-a_k$ 是 $k-1$ 个不相等的偶数，它们均不属于 A.

故 A 中至多有 $n-(k-1)=n+1-k$ 个偶数.

所以

$$|A|\leqslant k+(n+1-k)=n+1=1\,009$$

当 $A=\{1,3,5,\cdots,2\,017\}$ 时，符合要求，且

$$|A|=n+1=1\,009$$

所以

$$|A|_{\max}=n+1=1\,009$$

（此解法由陈苗卓提供.）

3. 叶军教授点评

奇偶分析法是处理数学问题的有力工具，这种方法具有很强的技巧性. 本题的解答便恰如其分地体现了这一点，通过找到合适的量，进行奇偶分析，继而求得所需.

巧妙确定等差数表中数的位置
——2016 届叶班数学问题征解 025 解析

1. 问题征解 025

给出一个等差数表

$$1,4,7,10,\cdots,a_{1j},\cdots$$
$$4,9,14,19,\cdots,a_{2j},\cdots$$
$$7,14,21,28,\cdots,a_{3j},\cdots$$
$$\vdots$$
$$a_{i1},a_{i2},a_{i3},a_{i4},\cdots,a_{ij},\cdots$$

其中每一行、每一列都是等差数列,a_{ij} 表示位于第 i 行、第 j 列的数,试求出 2 017 这个数在该数表中的位置.

(《数学爱好者通讯》编辑部提供,2017 年 3 月 4 日.)

2. 问题 025 解析

解 易知数表中第 i 行和第 i 列是同一等差数列,且其公差

$$d_i = 2i + 1$$

所以

$$a_{ij} = a_{i1} + (j-1)d_i =$$
$$a_{i1} + (j-1)(2i+1)$$

又

$$a_{i1} = 1 + (i-1) \times 3 = 3i - 2$$

所以

$$a_{ij} = 3i - 2 + (j-1)(2i+1) =$$
$$2ij + i + j - 3$$

令 $a_{ij} = 2\ 017$,则

$$2ij + i + j - 3 = 2\ 017$$
$$\Leftrightarrow 2ij + i + j = 2\ 020$$
$$\Leftrightarrow \left(i + \frac{1}{2}\right)\left(j + \frac{1}{2}\right) = 1\ 010 + \frac{1}{4}$$
$$\Leftrightarrow (2i+1)(2j+1) = 4\ 041 = 9 \times 449$$

所以

$$\begin{cases} 2i+1 = 3, 9, 449, 3 \times 449 \\ 2j+1 = 3 \times 449, 449, 9, 3 \end{cases}$$

所以

$$\begin{cases} i=1,4,224,673 \\ j=673,224,4,1 \end{cases}$$

故 2 017 在数表中的位置有 4 种

$$(i,j)=(1,673),(4,224),(224,4),(673,1)$$

（此解法由刘衍提供.）

3. 叶军教授点评

本题是数表找规律类型题,目的在于考验学生的举一反三的思维能力.从刘衍同学的解题过程来看,思路清晰,表述准确,数学作文精美,值得学习.

不定方程的正整数解问题
——2016 届叶班数学问题征解 026 解析

1. 问题征解 026

求所有不超过 100 的正偶数 n，使得关于 x,y 的不定方程 $x^2 - y^2 = n$ 有唯一的正整数解.

（《数学爱好者通讯》编辑部提供，2017 年 3 月 11 日.）

2. 问题 026 解析

解 原方程可化为 $(x-y)(x+y) = n$，其中 $x,y \in \mathbf{N}^*$.

因为 $x+y$ 与 $x-y$ 同奇偶且 n 为偶数，所以 $x+y$ 与 $x-y$ 同为正偶数且 n 为 4 的倍数.

令 $n = 4m$（$m \in \mathbf{N}^*$）且 $1 \leqslant m \leqslant 25$.

（1）当 $m = 1$ 时，方程化为

$$(x-y)(x+y) = 4 \Leftrightarrow \begin{cases} x+y = 2 \\ x-y = 2 \end{cases}$$

故

$$\begin{cases} x = 2 \\ y = 0 \end{cases}$$

此时无正整数解.

（2）当 $m \geqslant 2$ 且 m 至少有两个不同的质因数 p_1, p_2（$p_1 < p_2$）时，则

$$m = p_1 p_2 \cdot k \quad (k \in \mathbf{N}^*)$$

此时方程可化为

$$\frac{x+y}{2} \cdot \frac{x-y}{2} = p_1 p_2 k \Leftrightarrow \begin{cases} \dfrac{x+y}{2} = p_1 p_2 k, p_2 k \\[2mm] \dfrac{x-y}{2} = 1, p_1 \end{cases}$$

故原方程至少有两组正整数解（不符合要求）.

（3）当 $m \geqslant 2$ 且 m 恰有一个质因数 p 时，则

$$m = p^{\alpha} \quad (\alpha \in \mathbf{N}^*)$$

此时方程化为

$$\frac{x+y}{2} \cdot \frac{x-y}{2} = p^{\alpha} = p \cdot p^{\alpha - 1}$$

① 若 $\alpha - 1 \geqslant 2$，即 $\alpha \geqslant 3$，则

$$\begin{cases} \dfrac{x+y}{2}=p^{\alpha-1},p^{\alpha} \\ \dfrac{x-y}{2}=p,1 \end{cases}$$

故原方程至少有两组正整数解(不符合要求).

② 若 $\alpha=2$,则

$$\begin{cases} \dfrac{x+y}{2}=p^{2},p \\ \dfrac{x-y}{2}=1,p \end{cases} \Leftrightarrow \begin{cases} x=p^{2}+1,2p \\ y=p^{2}-1,0 \end{cases}$$

故原方程有唯一正整数解 $(x,y)=(p^{2}+1,p^{2}-1)$.

③ 若 $\alpha=1$,则

$$\frac{x+y}{2}\cdot\frac{x-y}{2}=p \Leftrightarrow \begin{cases} \dfrac{x+y}{2}=p \\ \dfrac{x-y}{2}=1 \end{cases} \Leftrightarrow \begin{cases} x=p+1 \\ y=p-1 \end{cases}$$

故原方程有唯一正整数解 $(x,y)=(p+1,p-1)$.

综上所述,符合要求的 m 是质数或质数的平方. 所以

$$m=2,3,4,5,7,9,11,13,17,19,23,25$$

相应的

$$n=8,12,16,20,28,36,44,52,68,76,92,100$$

(此解法由李岩提供.)

3. 叶军教授点评

由本题的解答可得出一个推论,即关于 x,y 的不定方程 $x^{2}-y^{2}=4m(m\in\mathbf{N}^{*})$ 恰有一个正整数解当且仅当 m 是质数或者质数的平方.

一道代数题的简证
——2016 届叶班数学问题征解 027 解析

1. 问题征解 027

已知实数 $x_1,x_2,\cdots,x_n$ 满足 $x_1+x_2+\cdots+x_n=0$，$x_1^2+x_2^2+\cdots+x_n^2=1$，其中 $n\geqslant 2$，三角形数表

$$x_1x_n$$
$$x_1x_{n-1} \quad x_2x_n$$
$$x_1x_{n-2} \quad x_2x_{n-1} \quad x_3x_n$$
$$\vdots$$
$$x_1x_2 \quad x_2x_3 \quad x_3x_4 \quad \cdots \quad \cdots \quad x_{n-1}x_n$$

中的最大数为 M_n，最小数为 m_n，求证：$m_n\leqslant -\dfrac{1}{n}\leqslant M_n$.

（《数学爱好者通讯》编辑部提供，2017 年 3 月 18 日.）

2. 问题 027 解析

证明 不妨设 $x_1\leqslant x_2\leqslant\cdots\leqslant x_n$，则

$$x_1\leqslant x_i\leqslant x_n$$

所以

$$(x_i-x_1)(x_i-x_n)\leqslant 0$$

所以

$$x_i^2-(x_1+x_n)x_i+x_1x_n\leqslant 0$$

令 $i=1,2,\cdots,n$，n 式相加，得

$$(x_1^2+\cdots+x_n^2)-(x_1+x_n)(x_1+\cdots+x_n)+n\cdot x_1x_n\leqslant 0$$

所以

$$1+nx_1x_n\leqslant 0$$

所以

$$x_1x_n\leqslant -\frac{1}{n}$$

即

$$m_n\leqslant x_1x_n\leqslant -\frac{1}{n}$$

当 $n=2$ 时，$x_1=-\dfrac{\sqrt{2}}{2}$，$x_2=\dfrac{\sqrt{2}}{2}$，$M_n=m_n=-\dfrac{1}{2}$，符合题意.

当 $n\geqslant 3$ 时，$x_1,x_2,\cdots,x_n$ 中必有两个同号，不妨设 x_i,x_j 均大于或等于 0，则

$$x_ix_j\geqslant 0$$

所以

$$M_n \geqslant -\frac{1}{n}.$$

综上，$m_n \leqslant -\frac{1}{n} \leqslant M_n$.

（此证法由刘家瑜提供.）

3. 叶军教授点评

充分利用对称性，我们可以不妨设 $x_1 \leqslant x_2 \leqslant \cdots \leqslant x_n$，然后利用若 $a > b$，则 $(x - a)(x - b) < 0 \Leftrightarrow b < x < a$ 去构造出 $-\frac{1}{n}$.

整除性质的应用
——2016 届叶班数学问题征解 028 解析

1. 问题征解 028

求所有的自然数 n,使得 $n^3 + 3^n$ 是一个正整数的立方.

（《数学爱好者通讯》编辑部提供，2017 年 3 月 25 日.）

2. 问题 028 解析

解 显然当 $n = 0$ 时,$0^3 + 3^0 = 1 = 1^3$ 符合要求.

当 $n \in \mathbf{N}^*$ 时,假设存在 n 使得 $n^3 + 3^n = k^3 (k \in \mathbf{N}^*, k > n)$,则

$$3^n = k^3 - n^3 = (k-n)(k^2 + kn + n^2)$$

所以

$$k - n \mid 3^n$$

因为 3 为质数,所以

$$k - n \mid 3 \quad (k - n > 0)$$

所以

$$k - n = 1 \text{ 或 } 3$$
$$\Rightarrow k = n + 1 \text{ 或 } n + 3$$

当 $k = n + 1$ 时

$$n^3 + 3^n = (n+1)^3 \Leftrightarrow 3^n = 3n^2 + 3n + 1$$

方程两边同时模 3 得,$0 \equiv 1 \pmod 3$,矛盾.

当 $k = n + 3$ 时

$$n^3 + 3^n = (n+3)^3 \Leftrightarrow 3^n = 9n^2 + 27n + 27$$
$$\Leftrightarrow 3^{n-2} = n^2 + 3n + 3$$
$$\Leftrightarrow 3^{n-2} - 3n - 3 = n^2 \qquad \text{①}$$

所以

$$n \geqslant 2$$

当 $n = 2$ 时,① 不成立.

当 $n > 2$ 时,得 $n \mid 3 \Rightarrow n \leqslant 3$,所以 $n = 3$.

当 $n = 3$ 时,① 不成立.

综上所述,当 $n = 0$ 时,$n^3 + 3^n$ 是一个正整数的立方.

（此解法由温玟杰提供.）

3. 叶军教授点评

很显然当 n 取 0 时, $0^3 + 3^0$ 为正整数完全符合要求,那么则重点讨论当 n 为正整数时的情况,接下来利用整除的性质来解题.

递推思想的应用
——2016 届叶班数学问题征解 029 解析

1. 问题征解 029

已知实数 a,b,c,d 满足

$$\begin{cases} a+4b+9c+16d=1 \\ 4a+9b+16c+25d=12 \\ 9a+16b+25c+36d=123 \end{cases}$$

求 $16a+25b+36c+49d$ 的值.

(《数学爱好者通讯》编辑部提供,2017 年 4 月 1 日.)

2. 问题 029 解析

解　令

$$a_n=an^2+b(n+1)^2+c(n+2)^2+d(n+3)^2$$

则

$$a_1=1,a_2=12,a_3=123,a_4=16a+25b+36c+49d$$

因为

$$a_{n+1}=a(n+1)^2+b(n+2)^2+c(n+3)^2+d(n+4)^2$$
$$a_{n+2}=a(n+2)^2+b(n+3)^2+c(n+4)^2+d(n+5)^2$$

所以

$$a_{n+2}-a_{n+1}=a(2n+3)+b(2n+5)+c(2n+7)+d(2n+9)$$
$$a_{n+1}-a_n=a(2n+1)+b(2n+3)+c(2n+5)+d(2n+7)$$

所以

$$a_{n+2}-2a_{n+1}+a_n=2a+2b+2c+2d$$

所以

$$a_3-2a_2+a_1=2a+2b+2c+2d=$$
$$123-2\times12+1=$$
$$100$$

即

$$2a+2b+2c+2d=100$$

所以

$$a_4-2a_3+a_2=100$$

即

$$a_4=2a_3-a_2+100=$$
$$2\times123-12+100=$$
$$334$$

所以

$$16a + 25b + 36c + 49d = 334$$

（此解法由龙飞雨提供.）

3. 叶军教授点评

本题中实数 a,b,c,d 满足的方程组的特征较明显,系数都是连续的平方数,故我们可以考虑利用递推关系解题.

一个数列通项公式的证明题
——2016届叶班数学问题征解030解析

1. 数学问题征解030

已知$\{a_n\}$的各项都是正数且满足对于任意正数n都有

$$(a_1 + a_2 + \cdots + a_n)^2 = a_1^3 + a_2^3 + \cdots + a_n^3$$

求数列$\{a_n\}$的通项公式,并加以证明.

(《数学爱好者通讯》编辑部提供,2017年4月8日.)

2. 问题030解析

解　令

$$S_n^2 = a_1^3 + a_2^3 + \cdots + a_n^3 \qquad ①$$

$$S_{n+1}^2 = a_1^3 + a_2^3 + \cdots + a_n^3 + a_{n+1}^3 \qquad ②$$

②－①得

$$a_{n+1} \cdot (S_{n+1} + S_n) = a_{n+1}^3$$

因为a_n为正数,所以

$$S_{n+1} + S_n = a_{n+1}^2$$

即

$$2S_n + a_{n+1} = a_{n+1}^2$$

所以

$$2S_n = a_{n+1}^2 - a_{n+1} \qquad ③$$

$$2S_{n+1} = a_{n+2}^2 - a_{n+2} \qquad ④$$

④－③得

$$2a_{n+1} = a_{n+2}^2 - a_{n+2} - a_{n+1}^2 + a_{n+1}$$

即

$$(a_{n+2} + a_{n+1})(a_{n+2} - a_{n+1} - 1) = 0$$

所以

$$a_{n+2} - a_{n+1} = 1$$

$$\begin{cases} a_n - a_{n-1} = 1 \\ a_{n-1} - a_{n-2} = 1 \\ \vdots \\ a_2 - a_1 = 1 \end{cases}$$

上述各式整体相加得

$$a_n - a_1 = n - 1$$

所以

$$a_n = a_1 + n - 1$$

当 $n=1$ 时,由题意得

$$a_1^2 = a_1^3$$

所以

$$a_1 = 1$$

所以

$$a_n = n$$

(此解法由龙飞雨提供.)

3. 叶军教授点评

(1) 这位同学首先从简单入手,由几个满足条件的结论猜测 a_n,然后用数学归纳法来证明结论,对数学归纳法的使用非常熟练,条理清晰,值得点赞.

(2) 做证明题时,我们需要想到证明的方法有哪些(常用的有综合法、分析法、反证法和数学归纳法),选取恰当的方法来解决需要证明的问题.

砝码中的最值问题
——2016 届叶班数学问题征解 031 解析

1. 数学问题征解 031

有 20 个质量都是整数的砝码,使得任一整数质量 $m(m=1,2,\cdots,2\,017)$ 都可以通过将它放在天平的一盘,部分砝码放在另外一盘达到平衡而"称出".求这 20 个砝码中单个能"称出"的最大质量至少是多少? 证明你的结论.

(《数学爱好者通讯》编辑部提供,2017 年 4 月 8 日.)

2. 问题 031 解析

解 设砝码质量为 $a_1 \leqslant a_2 \leqslant \cdots \leqslant a_{20}$,则

$$a_1 = 1, a_2 \leqslant 2, a_3 \leqslant 4, a_4 \leqslant 8, a_5 \leqslant 16, a_6 \leqslant 32, a_7 \leqslant 64, a_8 \leqslant 128$$

$$\frac{a_9 + a_{10} + a_{11} + \cdots + a_{20}}{12} \geqslant \frac{2\,017 - 1 - 2 - 4 - 8 - 16 - 32 - 64 - 128}{12} =$$

$$146\frac{5}{12}$$

所以

$$a_{20} \geqslant \frac{a_9 + a_{10} + \cdots + a_{20}}{12} \geqslant 146\frac{5}{6}$$

所以

$$a_{20} \geqslant 147$$

当 $a_1 = 1, a_2 = 2, a_3 = 4, a_4 = 8, a_5 = 16, a_6 = 32, a_7 = 64, a_8 = 128, a_9 = 145, a_{10} = a_{11} = \cdots = a_{20} = 147$ 时,可称出 $m(m=1,2,3,\cdots,2\,017)$ 的质量.

综上所述,$(a_{20})_{\min} = 147$.

即单个能"称出"的最大质量至少是 147.

(此解法由陈苗卓提供.)

3. 叶军教授点评

(1) 这位同学首先利用常规思维猜想出前几个数满足的规律,再考虑最大值 2 017 的组成,即"称出"前面比较小的数,又考虑到了最大数所需要的最少数值,考虑全面,思路清晰.

(2) 此解法的难点在于 a_9 的取值,如果按照之前的规律后面的数越来越大,跟所需要的结论越行越远,巧妙之处溢于言表,非常厉害的孩子.

求解数列通项公式
——2016 届叶班数学问题征解 032 解析

1. 数学问题征解 032

已知数列 $\{a_n\}$ 的每一项都是正数,前 n 项和 S_n 满足

$$S_n = \frac{1}{2}(a_n + a_n^{-1})$$

试求出 $\{a_n\}$ 的通项公式.

（《数学爱好者通讯》编辑部提供,2017 年 4 月 15 日.）

2. 问题 032 解析

解　令 $n=1$,则

$$a_1 = \frac{1}{2}(a_1 + \frac{1}{a_1})$$

所以

$$a_1 = \frac{1}{a_1}$$

即

$$a_1 = 1$$

当 $n \geqslant 2$ 时,又因为

$$S_n - S_{n-1} = a_n$$

所以

$$\frac{1}{2}(a_n + \frac{1}{a_n}) - \frac{1}{2}(a_{n-1} + \frac{1}{a_{n-1}}) = a_n$$

所以

$$a_n - \frac{1}{a_n} = -(a_{n-1} + \frac{1}{a_{n-1}})$$

假设当 $k \leqslant n-1$ 时

$$a_k = \sqrt{k} - \sqrt{k-1} \quad (a_1 = \sqrt{1} - \sqrt{0} \text{ 满足要求})$$

则

$$a_n - \frac{1}{a_n} = (\sqrt{n} - \sqrt{n-1}) - \frac{1}{\sqrt{n} - \sqrt{n-1}} = -2\sqrt{n-1}$$

所以

$$a_n^2 + 2\sqrt{n-1} \cdot a_n - 1 = 0$$

所以

$$(a_n + \sqrt{n-1})^2 = n$$

所以

$$a_n = \sqrt{n} - \sqrt{n-1}$$

由数学归纳法可知,$a_n = \sqrt{n} - \sqrt{n-1}(n \in \mathbf{N}^*)$.

（此解法由艾宇航提供.）

3. 叶军教授点评

（1）这位同学在解答此证明题时运用了数学归纳法,以及求通项公式的方法,特别值得提出的是对通项公式的归纳,解题思路清晰明了,对难点的解决得心应手.

（2）做证明题时第一步需要考虑到此题的证明方法,在本题的证明中还涉及了求通项公式这一难点,提出 $a_k = \sqrt{k} - \sqrt{k-1}$ 这一步是解题的关键.

十进制数的表示
——2016 届叶班数学问题征解 033 解析

1. 数学问题征解 033

已知十进制正整数 $x = \overline{a_1 a_2 \cdots a_{n-1} a_n a_{n-1} \cdots a_2 a_1}$ 满足 $0 < a_1 < a_2 < a_3 \cdots < a_n (n \geqslant 2)$，求 x 的个数.

（《数学爱好者通讯》编辑部提供,2017 年 4 月 22 日.）

2. 问题 033 解析

解 只需从 $1 \sim 9$ 中取出 n 个不同的数, $a_1, a_2, a_3, \cdots, a_n$, 当 $n \geqslant 10$ 时,有 0 种取法,不存在这样的 x, 当 $2 \leqslant n \leqslant 9$ 时,有 C_9^n 个这样的 x.

（此解法由刘衍提供.）

3. 叶军教授点评

(1) 刘衍同学的解答过程直截了当,对排列组合的知识点非常熟练,对十进制数的表示掌握也很充分.

(2) 此题比较简单,考察的是十进制数的表示和排列组合的表示,主要让学生看到题目敢于思考和下笔.

整除性的证明
——2016 届叶班数学问题征解 034 解析

1. 数学问题征解 034

设 k 为正奇数,求证:C_{n+1}^2 整除 $\sum_{k=1}^{n} i^k (n \in \mathbf{N}^*, n \geqslant 2)$,即 $C_{n+1}^2 \mid 1^k + 2^k + \cdots + n^k$,其中 $n \in \mathbf{N}^*, n \geqslant 2$.

(《数学爱好者通讯》编辑部提供,2017 年 4 月 29 日.)

2. 问题 034 解析

证明 令 $S = 1^k + 2^k + \cdots + n^k$,即证 $n(n+1) \mid 2S$.
又

$$2S = (1^k + n^k) + (2^k + (n-1)^k) + \cdots + (n^k + 1^k)$$

因为 k 为正奇数,所以

$$a + b \mid a^k + b^k \qquad \qquad ①$$

故

$$n + 1 \mid 1^k + n^k, 2^k + (n-1)^k, \cdots, (n^k + 1^k)$$

所以

$$n + 1 \mid 2S$$

又

$$2S = 2n^k + (1^k + (n-1)^k) + (2^k + (n-2)^k) + \cdots + ((n-1)^k + 1^k)$$

因为 k 为正奇数,所以

$$n \mid 1^k + (n-1)^k, 2^k + (n-2)^k, \cdots, (n-1)^k + 1^k$$

所以

$$n \mid 2S$$

因为

$$(n, n+1) = 1$$

所以

$$n(n+1) \mid 2S$$

所以

$$\frac{n(n+1)}{2} \mid S$$

即

$$C_{n+1}^2 \mid S$$

(此证法由蒋鑫邦提供.)

3. 叶军教授点评

(1) 这位同学在证明整除时首先将其进行分解,对于证明整除的题目掌握得非常好,式 ① 巧妙地利用了高阶次数的因式分解,对知识点的运用非常灵活.

(2) 对于高阶式子的整除性证明,通常采取先分解后分部证明的解题方法,关键在于在高阶式子中寻其隐含的数量特征,这位同学迅速联系到高阶式子的公因式,并用不同的两两组合的方式解决了本题的难点.

整体等价代换
——2016 届叶班数学问题征解 035 解析

1. 数学问题征解 035

已知实数 a,b 满足 $\begin{cases} \sqrt{1-a^2}-\sqrt{1-b^2}=\dfrac{3}{5} \\ a+b=\dfrac{4}{5} \end{cases}$，求 ab 的值.

（《数学爱好者通讯》编辑部提供，2017 年 5 月 6 日.）

2. 问题 035 解析

解 记

$$\sqrt{1-a^2}-\sqrt{1-b^2}=\frac{3}{5} \qquad ①$$

$$a+b=\frac{4}{5} \qquad ②$$

则 ①² ＋②² 得

$$2+2ab-2\sqrt{1-a^2}\sqrt{1-b^2}=1$$

$$\Leftrightarrow ab-\sqrt{1-a^2}\sqrt{1-b^2}=-\frac{1}{2}$$

所以

$$\sqrt{1-a^2}\sqrt{1-b^2}=ab+\frac{1}{2}\geqslant 0,ab\geqslant -\frac{1}{2}$$

所以

$$(1-a^2)(1-b^2)=\left(ab+\frac{1}{2}\right)^2$$

所以

$$a^2+b^2+ab=\frac{3}{4}$$

所以

$$ab=(a+b)^2-(a^2+b^2+ab)=\left(\frac{4}{5}\right)^2-\frac{3}{4}=-\frac{11}{100}$$

符合 $ab\geqslant -\dfrac{1}{2}$.

（此解法由周瀚森提供.）

3. 叶军教授点评

（1）这位同学看到根号想到平方，再根据等式右边两个数的特点由 ①² ＋②² 得出 a^2+

$b^2 + ab = \dfrac{3}{4}$ 这一结论,对于式子的变形已经到了出神入化的地步,非常棒.

(2)本题的难点就在于将两式联合起来,主要是由这两个等式右边的特征联想到要凑整,倒数第二步构造出结论所需要的结果应用的很活.

换元法的应用
——2016 届叶班数学问题征解 036 解析

1. 数学问题征解 036

已知实数 x, y, z, w 满足

$$\frac{x}{y+z+w} + \frac{y}{z+w+x} + \frac{z}{w+x+y} + \frac{w}{x+y+z} = 1$$

求 $\dfrac{x^2}{y+z+w} + \dfrac{y^2}{z+w+x} + \dfrac{z^2}{w+x+y} + \dfrac{w^2}{x+y+z}$ 的值.

（《数学爱好者通讯》编辑部提供，2017 年 5 月 13 日.）

2. 问题 036 解析

解 令 $x+y+z+w=s$，则已知等式化为

$$\frac{x}{s-w} + \frac{y}{s-y} + \frac{z}{s-z} + \frac{w}{s-w} = 1$$

又

$$\frac{x^2}{y+z+w} = \frac{x^2}{s-x} = -x + \frac{sx}{s-x}$$

同理

$$\frac{y^2}{z+w+x} = -y + \frac{sy}{s-y}$$

$$\frac{z^2}{w+x+y} = -z + \frac{sz}{s-z}$$

$$\frac{w^2}{x+y+z} = -w + \frac{sw}{s-w}$$

以上四式相加，得

$$\text{原式} = -(x+y+z+w) + s\left(\frac{x}{s-x} + \frac{y}{s-y} + \frac{z}{s-z} + \frac{w}{s-w}\right) =$$

$$-s+s=0$$

（此解法由武汉提供.）

3. 叶军教授点评

（1）从这位同学的解答可以看出他对换元法和式子的变形都掌握的很透彻，特别是在 $\dfrac{x^2}{y+z+w} = \dfrac{x^2}{s-x} = -x + \dfrac{sx}{s-x}$ 中通过凑因式将次数降低的做法非常实用，对题目的解答起到了至关重要的作用，思路清晰，书写简洁.

（2）此题的难度不大，主要考察的是学生对式子的变形，对于有多个未知数的题，多数可以采取考虑整体的情形，找到每个式子的共同点，从中发现解题的关键.

含根式方程的解法
——2016 届叶班数学问题征解 037 解析

1. 数学问题征解 037

设 p 为实常数,解关于 x 的方程 $\sqrt{x-p}+2\sqrt{x-1}=\sqrt{x}$.

(《数学爱好者通讯》编辑部提供,2017 年 5 月 20 日.)

2. 问题 037 解析

解法一 利用等价变形法.

已知方程等价于

$$\sqrt{x-p}=\sqrt{x}-2\sqrt{x-1}$$

$$\Leftrightarrow \begin{cases} x-p=(\sqrt{x}-2\sqrt{x-1})^2=5x-4-4\sqrt{x(x-1)} \\ \sqrt{x}-2\sqrt{x-1}\geqslant 0 \end{cases}$$

$$\Leftrightarrow \begin{cases} 4\sqrt{x(x-1)}=4x+p-4 \\ 1\leqslant x\leqslant \dfrac{4}{3} \end{cases}$$

$$\Leftrightarrow \begin{cases} 16x(x-1)=(4x+p-4)^2 \\ 1\leqslant x\leqslant \dfrac{4}{3} \\ x\geqslant \dfrac{4-p}{4} \end{cases}$$

$$\Leftrightarrow \begin{cases} x=\dfrac{(p-4)^2}{8(2-p)},\, p<2 \\ \dfrac{4-p}{4}\leqslant x\leqslant \dfrac{4}{3} \end{cases}$$

由此可知,原方程有实根 $x=\dfrac{(p-4)^2}{8(2-p)}(p<2)$ 当且仅当

$$\begin{cases} \dfrac{4-p}{4}\leqslant \dfrac{(p-4)^2}{8(2-p)}\leqslant \dfrac{4}{3} \\ p<2 \end{cases}$$

$$\Leftrightarrow \begin{cases} (p-4)^2\geqslant 2(4-p)(2-p) \\ (p-4)^2\leqslant \dfrac{32}{3}(2-p) \\ p<2 \end{cases}$$

$$\Leftrightarrow \begin{cases} p(p-4)\leqslant 0 \\ 3p^2+8p-16\leqslant 0 \\ p<2 \end{cases}$$

$$\Leftrightarrow \begin{cases} p(p-4) \leqslant 0 \\ (3p-4)(p+4) \leqslant 0 \\ p < 2 \end{cases}$$

$$\Leftrightarrow 0 \leqslant p \leqslant \frac{4}{3}$$

即当且仅当 $0 \leqslant p \leqslant \frac{4}{3}$ 时,原方程有唯一解 $x = \dfrac{(p-4)^2}{8(2-p)}$.

（此解法由刘家瑜提供.）

解法二 利用等价换元法.

注意到 $x > 0$,可作变换 $y = \dfrac{1}{x}$,则方程化为

$$\sqrt{1-py} + 2\sqrt{1-y} = 1 \quad (0 < y < 1) \qquad (*)$$

令 $u = \sqrt{1-py}$,$v = \sqrt{1-y}$,则

$$(*) \Leftrightarrow \begin{cases} u + 2v = 1 \\ u \geqslant 0 \\ v \geqslant 0 \end{cases} \qquad ①$$

由式 $(*)$ 知,u,v 的取值范围是 $0 \leqslant u \leqslant 1, 0 \leqslant v \leqslant \dfrac{1}{2}$.

由 $\begin{cases} u = \sqrt{1-py} \\ v = \sqrt{1-y} \end{cases}$ 消去 y 得

$$u^2 - pv^2 = 1 - p \qquad ②$$

把 ① 代入 ② 消去 u 得

$$(1-2v)^2 - pv^2 = 1 - p$$
$$\Leftrightarrow (4-p)v^2 - 4v + p = 0$$
$$\Leftrightarrow [(4-p)v - p](v-1) = 0$$

因为

$$v \neq 1$$

所以

$$v = \frac{p}{4-p}$$

由 $0 \leqslant v \leqslant \dfrac{1}{2}, 0 \leqslant u \leqslant 1$ 知原方程有实数根当且仅当

$$\begin{cases} 0 \leqslant \dfrac{p}{4-p} \leqslant \dfrac{1}{2} \\ \sqrt{1-py} \geqslant 0 \\ y > 0 \end{cases}$$

$$\Leftrightarrow \begin{cases} 0 \leqslant \dfrac{p}{4-p} \leqslant \dfrac{1}{2} \\ p \geqslant 0 \end{cases}$$

$$\Leftrightarrow \begin{cases} p \geqslant 0, 4-p > 0 \\ 2p \leqslant 4-p \end{cases}$$

$$\Leftrightarrow 0 \leqslant p \leqslant \frac{4}{3}$$

即当 $0 \leqslant p \leqslant \frac{4}{3}$ 时

$$v = \sqrt{1-y} = \frac{p}{4-p}$$

$$y = 1 - \left(\frac{p}{4-p}\right)^2 = \frac{8(2-p)}{(4-p)^2}$$

所以

$$x = \frac{(p-4)^2}{8(2-p)}$$

（此解法由周瀚森提供.）

3.叶军教授点评

(1) 在对一个式子进行变形的时候,需要特别注意隐含的需要满足的条件,针对 $\sqrt{x-p} = \sqrt{x} - 2\sqrt{x-1}$ 进行平方变形时要考虑到根式的非负性质,不然就会多出一种可能,在等式变形时特别需要注意根式、绝对值和题干中的隐含条件.

(2) 在用第二种解法时,需要寻找适当的式子来进行换元,以更简洁、方便和等价等为前提.

巧证一道几何垂直问题
——2016 届叶班数学问题征解 038 解析

1. 数学问题征解 038

如图 38.1 所示,在 △ABC 中,点 D 为 AC 的中点,∠A = 3∠C,∠ADB = 45°,求证:
AB ⊥ BC.

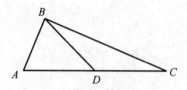

图 38.1

(《数学爱好者通讯》编辑部提供,2017 年 5 月 27 日.)

2. 问题 038 解析

证明   如图 38.2 所示,在 BC 上取一点 E 使得 ∠CAE = ∠C. 联结 DE 并延长至点 F,
使得 DF = DA,联结 BF.

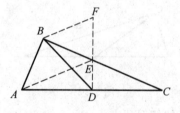

图 38.2

因为

$$\angle EAC = \angle C, AD = DC$$

所以

$$DE \perp AC$$

所以

$$\angle BDF = 90° - \angle BDA = 45° = \angle BDA$$

在 △ABD 与 △FBD 中

$$\begin{cases} AD = FD \\ \angle BDA = \angle BDF \\ BD = BD \end{cases}$$

所以

$$\triangle ABD \cong \triangle FBD \text{(SAS)}$$

所以
$$AB = FB, \angle F = \angle BAC = 3\angle C$$
因为
$$\angle BEA = \angle EAC + \angle C = 2\angle C = \angle BAE$$
所以
$$AB = EB = FB$$
所以
$$\angle DEC = \angle BEF = \angle F = 3\angle C = \angle BAC$$
因为
$$\angle DEC + \angle C = 90°$$
所以
$$\angle BAC + \angle C = 90°$$
所以
$$AB \perp BC$$

(此证法由温玫杰提供.)

3. 叶军教授点评

(1)叶军几何 90° 四问题.

如图 38.3 所示,在 △ABC 中,点 P 为 AB 的中点,∠B = α,∠A = 4α,∠APC = 36°,求证:∠ACB = 90°.

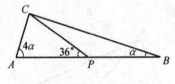

图 38.3

(2)叶军几何 90° 四问题一般情况研究.

如图 38.4 所示,在 △ABC 中,点 P 为 AB 的中点,∠B = α,∠A = rα,∠APC = $\dfrac{180°}{r+1}$,其中 $0 < r \neq 1$,求证:∠ACB = 90°.

(注:当 r = 4 时,即为叶军几何 90° 四问题.)

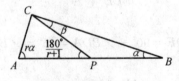

图 38.4

分析:如图 38.5 所示,延长 CP 至点 C',使得 CP = PC',则四边形 ACBC' 为平行四边形.
因为
$$\angle CPB = 180° - \angle APC = \frac{r}{r+1} \cdot 180°$$

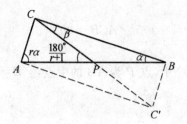

图 38.5

所以

$$\frac{\angle CPB}{\angle CPA} = \frac{r}{1} = \frac{r\alpha}{\alpha} = \frac{\angle ACP + r\alpha}{\beta + \alpha} = \frac{\angle ACP}{\beta}$$

所以

$$\angle ACP = r\beta$$

所以

$$\frac{\sin r\alpha}{\sin \alpha} = \frac{CB}{CA} = \frac{CB}{BC'} = \frac{\sin \angle CC'B}{\sin \beta} = \frac{\sin \angle ACP}{\sin \beta} = \frac{\sin r\beta}{\sin \beta} \qquad (*)$$

显然,$\alpha, \beta \in (0°, \frac{180°}{r+1}) \subset (0°, 180°)$,$r\alpha, r\beta \in (0°, \frac{r}{r+1} \cdot 180°) \subset (0°, 180°)$.

下面构造函数 $f(\theta) = \frac{\sin r\theta}{\sin \theta}$,则

$$\theta \in (0°, \frac{180°}{r+1}), r\theta \subset (0°, 180°)$$

因为

$$f'(\theta) = \frac{r\cos r\theta \sin \theta - \sin r\theta \cos \theta}{\sin^2 \theta} = \frac{g(\theta)}{\sin^2 \theta}$$

所以

$$g'(\theta) = -r^2 \sin r\theta \sin \theta + r\cos r\theta \cos \theta - r\cos r\theta \cos \theta + \sin r\theta \sin \theta = (1 - r^2)\sin r\theta \sin \theta$$

令 $g'(\theta) = 0$,则 $\theta = 0°$.

当 $0 < r < 1$ 时,$g'(\theta) > g(0°) = 0$,$g(\theta)$ 在$(0°, \frac{180°}{r+1})$ 上单调递增;

当 $r > 1$ 时,$g'(\theta) < g(0°) = 0$,$g(\theta)$ 在$(0°, \frac{180°}{r+1})$ 上单调递减.

所以当 $0 < r < 1$ 时,$f'(\theta) > 0$,$f(\theta)$ 在$(0°, \frac{180°}{r+1})$ 上单调递增;

当 $r > 1$ 时,$f'(\theta) < 0$,$f(\theta)$ 在$(0°, \frac{180°}{r+1})$ 上单调递减.

由 $(*)$ 可知,$f(\alpha) = f(\beta)$.

所以

$$\alpha = \beta$$

所以

$$PB = PC = PA$$

所以
$$\angle ACB = 90°$$

（3）变式训练.

如图 38.6 所示，在 $\triangle ABC$ 中，点 P 为 AB 的中点，$\angle B = \alpha$，$\angle A = 2\alpha$，$\angle APC = 60°$，求证：$\angle ACB = 90°$.

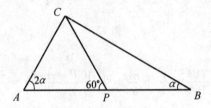

图 38.6

证明：如图 38.7 所示，分别作 $\angle CAB$，$\angle CPB$ 的角平分线交于点 E，联结 CE，在 AC 延长线上取点 F，则点 E 为 $\triangle APC$ 的旁心.

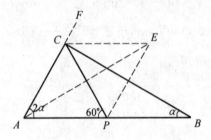

图 38.7

所以
$$\angle FCE = \angle ECP$$
因为
$$\angle PAE = \angle B = \alpha, \angle APE = \angle BPC = 120°, AP = PB$$
所以
$$\triangle APE \cong \triangle BPC(ASA)$$
所以 $PE = PC$，$\triangle PCE$ 为等边三角形.

所以
$$\angle FCP = 2\angle PCE = 120°$$

所以
$$\angle PCA = 60°$$

所以 $\triangle ACP$ 为等边三角形.

所以
$$\alpha = \frac{1}{2}\angle CAP = \frac{1}{2} \times 60° = 30°$$

所以
$$\angle ACB = 90°$$

求线段取值范围问题
——2016届叶班数学问题征解 039 解析

1. 问题征解 039

如图 39.1 所示，P 为长为 2 的线段 AB 上任一点，在 AB 的同侧作两个等边三角形 $\triangle APM$，$\triangle BPN$，Q 为 MN 的中点，试求线段 PQ 长度的取值范围.

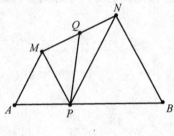

图 39.1

（《数学爱好者通讯》编辑部提供，2017 年 6 月 3 日.）

2. 问题 039 解析

解　如图 39.2 所示，延长 AM，BN 相交于点 K，则 $\triangle KAB$ 为边长为 2 的等边三角形，且四边形 $KMPN$ 为平行四边形.

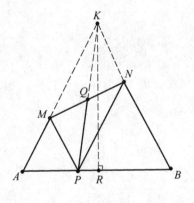

图 39.2

联结 KP 交 MN 于点 Q'.

因为四边形 $KMPN$ 为平行四边形，所以点 Q' 为 MN 的中点，因此点 Q 与点 Q' 重合.

所以 Q 为 KP 中点，即

$$PQ = \frac{1}{2}KP < \frac{1}{2}(PM + MK) = \frac{1}{2}AK = 1$$

作 $KR \perp AB$ 于点 R，则

$$KR = \frac{\sqrt{3}}{2}AB = \sqrt{3}$$

所以 $PQ \geqslant \frac{\sqrt{3}}{2}$,等号成立当且仅当 AP 与 AR 重合,即点 P 为 AB 中点.

综上所述,$\frac{\sqrt{3}}{2} \leqslant PQ < 1$,即 PQ 的取值范围为 $\left[\frac{\sqrt{3}}{2}, 1\right)$.

(此解法由梁骆城提供.)

3. 叶军教授点评

注意到点 Q 为 MN 的中点,由此我们可以联想到去构造平行四边形进行处理.

点的运动轨迹问题
——2016 届叶班数学问题征解 040 解析

1. 问题征解 040

如图 40.1 所示,在 $\triangle ABC$ 中,$\angle A = 60°$,$AB + AC = \sqrt{3}$.动点 E,F 分别在 AB,AC 上运动.以 EF 为边长在 $\triangle AEF$ 的异侧作等边 $\triangle DEF$.设等边 $\triangle DEF$ 的中心为 O.

(1) 求点 O 运动的轨迹图形;

(2) 求四边形 $AEOF$ 面积的最大值.

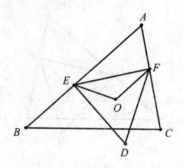

图 40.1

(《数学爱好者通讯》编辑部提供,2017 年 6 月 10 日.)

2. 问题 040 解析

解 (1) 因为 $\triangle DEF$ 为正三角形,点 O 为其中心,所以

$$\angle EOF = 120°$$

所以

$$\angle EOF + \angle EAF = 180°$$

所以 A,E,O,F 四点共圆.

如图 40.2 所示,联结 AO.因为

$$OE = OF$$

所以

$$\angle EAO = \angle FAO$$

所以点 O 在 $\angle BAC$ 的角平分线上.

当点 E,F 分别运动到点 B,C 时,$\triangle DEF$ 即为 $\triangle BCM$.

如图 40.3 所示,作 $\triangle ABC$ 的外接圆,取弧 BC 的中点 G,$\triangle DEF$ 的中心 O 恰好落在点 G,则点 O 的轨迹为线段 AG.

(2) 如图 40.3 所示,由(1)可得

$$S \leqslant S_{ABGC} = S_{\triangle ABC} + S_{\triangle BCG} =$$

$$\frac{1}{2}AB \cdot AC \cdot \sin 60° + \frac{1}{3} \cdot \frac{\sqrt{3}}{4}BC^2 =$$

$$\frac{\sqrt{3}}{12}(3AB \cdot AC + BC^2) =$$

$$\frac{\sqrt{3}}{12}(3AB \cdot AC + AB^2 + AC^2 - 2AB \cdot AC \cdot \cos A) =$$

$$\frac{\sqrt{3}}{12}(AB + AC)^2 =$$

$$\frac{\sqrt{3}}{4}$$

因此,当点 E,F 分别运动到点 B,C 时,四边形 $AEOF$ 的面积取得最大值 $\frac{\sqrt{3}}{4}$.

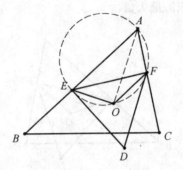

图 40.2

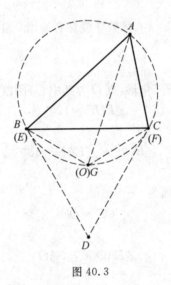

图 40.3

（此解法由刘衍提供.）

3. 叶军教授点评

　　本题关键在于发现四点共圆找到点 O 的运动轨迹情况,第二问求解最大值时运用了余弦定理.

求证线段相等问题
——2016 届叶班数学问题征解 041 解析

1. 问题征解 041

如图 41.1 所示,设 P 为 $\triangle ABC$ 内一点, $\angle PAB = \angle PBC = 18°$, $\angle PAC = \angle ABC = 36°$, 求证: $PB = 2CD$.

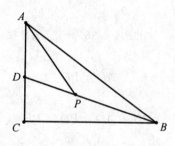

图 41.1

(《数学爱好者通讯》编辑部提供,2017 年 6 月 17 日.)

2. 问题 041 解析

证明　如图 41.2 所示,延长 DC 至点 E,使 $CE = CD$,联结 BE.

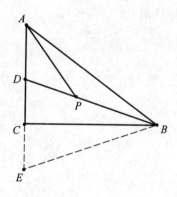

图 41.2

由条件可知

$$\angle DBC = \angle DBA = 18° = \angle PAB$$

所以

$$\angle BAC = 36° + 18° = 54°$$

所以

$$\angle BAC + \angle ABC = 90°$$

所以
$$AC \perp BC$$

所以
$$\text{Rt}\triangle BDC \cong \text{Rt}\triangle BEC(\text{SAS})$$

所以
$$BD = BE$$

因为
$$\angle ABE = 3 \times 18° = 54° = \angle EAB$$

所以
$$EA = EB = DB$$

因为
$$\angle DPA = 36° = \angle DAP$$

所以
$$AD = PD$$

所以
$$ED + AD = PD + PB$$

所以
$$PB = ED = 2CD$$

（此证法由刘衍提供.）

3. 叶军教授点评

一般地,看到形如 $PB=2CD$ 这种 2 倍的关系问题,我们往往是倍长短线段,然后只需证明倍长后得到的新线段 DE 与原线段 PB 相等即可.

勾股定理在动点问题中的应用
——2016 届叶班数学问题征解 042 解析

1. 问题征解 042

如图 42.1 所示,在 $\triangle ABC$ 中,$\angle C = 90°$,$\angle A = 30°$,$AC = 6$,点 D 是线段 AB 上的动点,以 DC 为斜边作等腰 $\mathrm{Rt}\triangle DCE$,使点 E 位于点 A 的异侧. 点 D 从点 A 运动到点 B 的过程中:

(1) 求 $\triangle DCE$ 周长的最小值;

(2) 求点 E 运动的路程.

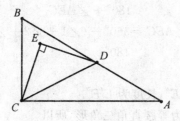

图 42.1

(《数学爱好者通讯》编辑部提供,2017 年 6 月 24 日.)

2. 问题 042 解析

解 (1) 由题意有 $CE = DE$,由勾股定理有

$$CD^2 = CE^2 + DE^2 = 2CE^2$$

所以

$$C_{\triangle DCE} = CD + CE + DE = (\sqrt{2} + 1)CD$$

由垂线段最短有,当 $CD \perp AB$ 时,CD 最短,$C_{\triangle DCE}$ 取到最小值.

又 $\angle A = 30°$,由 $30°$ 角所对的直角边是斜边的一半有

$$CD_{\min} = \frac{1}{2}AC = 3$$

故 $C_{\triangle DCE}$ 的最小值为

$$(\sqrt{2} + 1) \times 3 = 3\sqrt{2} + 3$$

当且仅当 $CD \perp AB$ 时取到等号.

(2) 如图 42.2 所示,设点 D 运动至点 B 时,点 E 在 E' 上;点 D 运动至点 A 时,点 E 在 E'' 上. 联结 $E'E''$,$E'E$,EE'',AE,设 $\angle EE'C$ 为 $\angle 1$,$\angle E'CE$ 为 $\angle 2$,$\angle E'E''A$ 为 $\angle 3$,$\angle EAE''$ 为 $\angle 4$,则

$$\angle E'EC = 180° - \angle 1 - \angle 2$$
$$\angle E''EA = 180° - \angle 3 - \angle 4$$

又因为

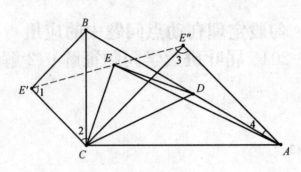

图 42.2

$$\angle 1 + \angle 2 + \angle 3 + \angle 4 = 360° - \angle ECA - \angle EAC =$$
$$360° - (\angle ECA + \angle EAC + \angle AEC) + \angle AEC =$$
$$360° - 180° + \angle AEC =$$
$$180° + \angle AEC$$
$$\angle E'EC + \angle E''EA + \angle AEC = 360° - (\angle 1 + \angle 2 + \angle 3 + \angle 4) + \angle AEC =$$
$$180°$$

所以 E',E,E'' 三点共线.

故点 E 运动路程即为 $E'EE''$,长度为 $E'E''$.

又 $\triangle BCE'$ 与 $\triangle ACE''$ 均为等腰直角三角形,所以

$$\text{Rt}\triangle BCE' \backsim \text{Rt}\triangle ACE''$$

由勾股定理有

$$BC^2 + AC^2 = AB^2$$
$$\Rightarrow BC = 2\sqrt{3}$$

所以

$$\frac{E'C}{BC} = \frac{E''C}{AC}$$

即

$$E'C = \sqrt{6}$$

所以

$$E'E'' = \sqrt{E'C^2 + E'C^2}$$
$$\Rightarrow E'E'' = 2\sqrt{6}$$

故点 E 运动路程为 $2\sqrt{6}$.

（此解法由陈茁卓提供.）

3. 叶军教授点评

处理这类的动点问题我们要善于去寻找其中的不变量,第一小问比较容易解决,利用垂线段最短这一性质即可解决;对于第二小问要求点 E 的运动路程,我们只需要表示刻画出点 E 的路径.

求线段最大值问题
——2016 届叶班数学问题征解 043 解析

1. 问题征解 043

如图 43.1 所示,在等腰 Rt$\triangle ABC$ 中,$AC=BC=4$,P 为 BC 上的动点,$AP \perp PD$,求 BD 的长的最大值.

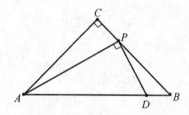

图 43.1

(《数学爱好者通讯》编辑部提供,2017 年 7 月 1 日.)

2. 问题 043 解析

解 如图 43.2 所示,取 AD 的中点 O,以 AD 为直径作圆.

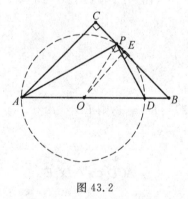

图 43.2

因为

$$AP \perp PD$$

所以 A,P,D 三点共圆,且点 O 为圆心.

因为在等腰 Rt$\triangle ABC$ 中

$$AC = BC = 4$$

所以

$$AB = 4\sqrt{2}$$

设

$$OA = OP = OD = r$$

则

$$OB = AB - OA = 4\sqrt{2} - r$$

$$BD = OB - OD = 4\sqrt{2} - 2r$$

过点 O 作 $OE \perp BC$ 于点 E，则

$$OE = EB = \frac{\sqrt{2}}{2}OB = 4 - \frac{\sqrt{2}}{2}r$$

因为

$$OE \leqslant OP$$

所以

$$4 - \frac{\sqrt{2}}{2}r \leqslant r$$

解得

$$r \geqslant 8 - 4\sqrt{2}$$

所以

$$BD \leqslant 4\sqrt{2} - 2(8 - 4\sqrt{2}) = 12\sqrt{2} - 16$$

等号成立当且仅当点 P 与点 E 重合，即以 AD 为直径作圆 O 与 BC 相切.

此时

$$AD = 16 - 8\sqrt{2}, PB = 8 - 4\sqrt{2}$$

所以

$$(BD)_{\max} = 12\sqrt{2} - 16$$

（此解法由刘家瑜提供.）

3. 叶军教授点评

（1）本题还有如下的解法：

作 $EG \perp BC$ 于点 G，设 $BG = EG = y$，则 $EB = \sqrt{2}\,y$.

令 $CD = x$，则 $DG = 4 - x - y$.

因为

$$\triangle ACD \backsim \triangle DGE$$

所以

$$\frac{CD}{EG} = \frac{AC}{DG}$$

所以

$$\frac{x}{y} = \frac{4}{4 - x - y}$$

所以

$$4y = 4x - x^2 - xy$$

$$\Leftrightarrow x^2 + (y - 4)x + 4y = 0$$

关于 x 的方程组有实根,当且仅当

$$\Delta = (y-4)^2 - 16y \geqslant 0$$
$$\Leftrightarrow y^2 - 24y + 16 \geqslant 0$$

因为

$$0 < y < 4$$

所以解得

$$y \leqslant 12 - 8\sqrt{2}$$

所以

$$BE = \sqrt{2}y \leqslant \sqrt{2}(12 - 8\sqrt{2}) = 12\sqrt{2} - 16$$

等号成立当且仅当

$$x = -\frac{1}{2}(y-4) = 4\sqrt{2} - 4$$

所以

$$(BE)_{\max} = 12\sqrt{2} - 16$$

(2) 由上述解法我们可以进一步得到如下的解法

$$y = \frac{4x - x^2}{x + 4}$$

令 $x + 4 = t$,则

$$y = \frac{4(t-4) - (t-4)^2}{t} =$$

$$\frac{4t - 16 - t^2 + 8t - 16}{t} =$$

$$\frac{12t - t^2 - 32}{t} =$$

$$12 - (t + \frac{32}{t}) \leqslant$$

$$12 - 2\sqrt{32} = 12 - 8\sqrt{2}$$

等号成立当且仅当 $t = 4\sqrt{2}$.

所以

$$x = 4\sqrt{2} - 4$$

所以

$$y_{\max} = 12 - 8\sqrt{2}$$

所以

$$(BE)_{\max} = 12\sqrt{2} - 16$$

求解三角形周长问题
——2016 届叶班数学问题征解 044 解析

1. 问题征解 044

如图 44.1 所示,在矩形 $ABCD$ 中,$AB=3$,$AD=5$,点 E,F 分别在 AB,AD 上,$BE=1$,$DF=2$,点 H,G 分别是边 BC,CD 上的动点,且 $HG=\sqrt{10}$.求四边形 $EFGH$ 的面积的最大值.

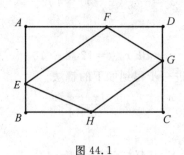

图 44.1

(《数学爱好者通讯》编辑部提供,2017 年 7 月 8 日.)

2. 问题 044 解析

解法一　记四边形 $EFGH$ 的面积为 S.令 $HC=x$,$CG=y$,则

$$x^2+y^2=10$$

由 $0 \leqslant y \leqslant 3$ 得

$$1 \leqslant x \leqslant \sqrt{10}$$

因为 $BH=5-x$,$DG=3-y$,所以

$$S=3\times5-\frac{1}{2}\times2\times3-\frac{1}{2}\times1\times(5-x)-\frac{1}{2}\times2\times(3-y)-\frac{1}{2}xy=$$

$$\frac{13}{2}+\frac{1}{2}x+y-\frac{1}{2}xy=$$

$$\frac{15}{2}-\frac{1}{2}(x-2)(y-1)$$

(1) 当 $\begin{cases}2\leqslant x\leqslant\sqrt{10}\\1\leqslant y\leqslant3\end{cases}$ 或 $\begin{cases}1\leqslant x<2\\0\leqslant y<1\end{cases}$ 时

$$(x-2)(y-1)\geqslant0$$

所以

$$S\leqslant\frac{15}{2}$$

当 $\begin{cases} x=2 \\ y=\sqrt{6} \end{cases}$ 或 $\begin{cases} x=3 \\ y=1 \end{cases}$ 时,$S=\dfrac{15}{2}$.

(2) 当 $\begin{cases} 2 \leqslant x \leqslant \sqrt{10} \\ 0 \leqslant y < 1 \end{cases}$ 时

$$x-2 \geqslant 0, y-1 \geqslant -1$$

所以

$$S=\frac{15}{2}-\frac{1}{2}(x-2)(y-1) \leqslant \frac{15}{2}+\frac{1}{2}(x-2) \leqslant$$

$$\frac{15}{2}+\frac{1}{2}(\sqrt{10}-2) < \frac{15}{2}+\frac{1}{2}(4-2) =$$

$$\frac{17}{2}$$

(3) 当 $\begin{cases} 1 \leqslant x < 2 \\ 1 < y \leqslant 3 \end{cases}$ 时

$$x-2 \geqslant -1, 0 < y-1 \leqslant 2$$

所以

$$S=\frac{15}{2}-\frac{1}{2}(x-2)(y-1) \leqslant \frac{15}{2}+\frac{1}{2}(y-1) \leqslant \frac{15}{2}+\frac{1}{2}\times 2 = \frac{17}{2}$$

当 $\begin{cases} x=1 \\ y=3 \end{cases}$ 时,$S=\dfrac{17}{2}$.

综上所述,当且仅当 $x=1,y=3$ 时,S 取到最大值 $\dfrac{17}{2}$.

(此解法由蒋鑫邦提供.)

解法二 记四边形 $EFGH$ 的面积为 S.

令 $HC=x,CG=y$,则

$$x^2+y^2=10$$

由 $0 \leqslant y \leqslant 3$ 得

$$1 \leqslant x \leqslant \sqrt{10}$$

因为 $BH=5-x,DG=3-y$,所以

$$S=3\times 5-\frac{1}{2}\times 2\times 3-\frac{1}{2}\times 1\times(5-x)-\frac{1}{2}\times 2\times(3-y)-\frac{1}{2}xy =$$

$$\frac{13}{2}+\frac{1}{2}x+y-\frac{1}{2}xy =$$

$$\frac{15}{2}-\frac{1}{2}(x-2)(y-1)$$

要使 S 最大,只需使

$$(x-2)(y-1) < 0$$

即

$$\begin{cases} x-2 < 0 \\ y-1 > 0 \end{cases} \text{或} \begin{cases} x-2 > 0 \\ y-1 < 0 \end{cases}$$

(1) 当 $\begin{cases} x-2 < 0 \\ y-1 > 0 \end{cases}$ 时

$$\begin{cases} 1 \leqslant x < 2 \\ 1 < y \leqslant 3 \end{cases}$$

则

$$x-2 \geqslant -1, 0 < y-1 \leqslant 2$$

所以

$$S = \frac{15}{2} - \frac{1}{2}(x-2)(y-1) \leqslant \frac{15}{2} + \frac{1}{2}(y-1) \leqslant \frac{15}{2} + \frac{1}{2} \times 2 = \frac{17}{2}$$

当 $\begin{cases} x=1 \\ y=3 \end{cases}$ 时, $S = \frac{17}{2}$.

(2) 当 $\begin{cases} x-2 > 0 \\ y-1 < 0 \end{cases}$ 时

$$\begin{cases} 2 < x \leqslant \sqrt{10} \\ 0 \leqslant y < 1 \end{cases}$$

则

$$x-2 > 0, y-1 \geqslant -1$$

所以

$$S = \frac{15}{2} - \frac{1}{2}(x-2)(y-1) \leqslant \frac{15}{2} + \frac{1}{2}(x-2) \leqslant$$

$$\frac{15}{2} + \frac{1}{2}(\sqrt{10}-2) < \frac{15}{2} + \frac{1}{2}(4-2) =$$

$$\frac{17}{2}$$

综上所述,当且仅当 $x=1, y=3$ 时,S 取到最大值 $\frac{17}{2}$.

(此解法由龙飞雨提供.)

3. 叶军教授点评

本题还有如下的解法:

以点 C 为圆心、$\sqrt{10}$ 为半径作圆与矩形 $ABCD$ 交于圆弧 MN. 过点 G 作 CD 的垂线与过点 H 作 BC 的垂线交圆弧 MN 于点 P. 过点 F 作 AD 的垂线与过点 E 作 AB 的垂线交于点 R,与圆弧 MN 交于点 Q. 过点 F 作 AD 的垂线与过点 G 作 CD 的垂线交于点 P_2,过点 E 作 AB 的垂线与过点 H 作 BC 的垂线交于点 P_1.

记 $S_1 = S_{\triangle AEF}$,$S_2 = S_{\triangle EBH}$,$S_3 = S_{\triangle HCG}$,$S_4 = S_{\triangle GDF}$.

令 $HC = x$,$CG = y$,则 $x^2 + y^2 = 10$.

(1) 如图 44.2 所示,当点 P 在弧 QK 上时

$$\begin{cases} 2 \leqslant x \leqslant 3 \\ 1 \leqslant y \leqslant \sqrt{6} \end{cases}$$

设图中阴影部分的矩形 PP_1RP_2 的面积为 t,则

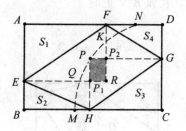

图 44.2

$$S_{EFGH} = 3 \times 5 - (S_1 + S_2 + S_3 + S_4) =$$

$$15 - \frac{1}{2}(S_{AERF} + S_{EBHP_1} + S_{HPGC} + {}_{FP_2GD}) =$$

$$15 - \frac{1}{2}(S_{ABCD} + S_{PP_1RP_2}) =$$

$$\frac{15}{2} - \frac{1}{2}t \leqslant \frac{15}{2}$$

当 $P \equiv K$ 或 $P \equiv Q$，即 $\begin{cases} x=2 \\ y=\sqrt{6} \end{cases}$ 或 $\begin{cases} x=3 \\ y=1 \end{cases}$ 时

$$S_{EFGH} = \frac{15}{2} < \frac{17}{2}$$

（2）如图 44.3 所示，当点 P 在弧 MQ 上时

$$\begin{cases} 3 \leqslant x \leqslant \sqrt{10} \\ 0 \leqslant y \leqslant 1 \end{cases}$$

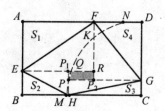

图 44.3

$$S_{EFGH} = 3 \times 5 - (S_1 + S_2 + S_3 + S_4) =$$

$$15 - \frac{1}{2}(15 - t) =$$

$$\frac{15}{2} + \frac{1}{2}t \leqslant \frac{15}{2} + \frac{1}{2} \times (\sqrt{10} - 2) =$$

$$\frac{13 + \sqrt{10}}{2}$$

当 $P \equiv M$，即 $\begin{cases} x=\sqrt{10} \\ y=0 \end{cases}$ 时

$$S_{EFGH} = \frac{13 + \sqrt{10}}{2} < \frac{17}{2}$$

(3) 如图 44.4 所示,当点 P 在弧 KN 上时

$$\begin{cases} 1 \leqslant x < 2 \\ \sqrt{6} < y \leqslant 3 \end{cases}$$

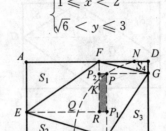

图 44.4

$$S_{EFGH} = 3 \times 5 - (S_1 + S_2 + S_3 + S_4) =$$

$$15 - \frac{1}{2}(15 - t) =$$

$$\frac{15}{2} + \frac{1}{2}t \leqslant \frac{15}{2} + \frac{1}{2} \times 1 \times 2 =$$

$$\frac{17}{2}$$

当 $P \equiv N$,即 $\begin{cases} x = 1 \\ y = 3 \end{cases}$ 时

$$S_{EFGH} = \frac{17}{2}$$

综上所述,当且仅当 $x = 1$,$y = 3$ 时,S 取到最大值 $\frac{17}{2}$.

求解三角形周长问题
——2016 届叶班数学问题征解 045 解析

1. 问题征解 045

如图 45.1 所示,在边长为 4 的正方形 $ABCD$ 中,点 E 是对角线 AC 上一点,过点 E 作 $EF \perp ED$ 交 AB 的中点于点 F,联结 DF 交 AC 于点 G,将 $\triangle EFG$ 沿 EF 翻折得到 $\triangle EFM$,联结 DM 交 EF 于点 N.求 $\triangle NEM$ 的周长.

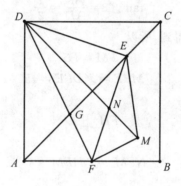

图 45.1

（《数学爱好者通讯》编辑部提供,2017 年 7 月 15 日.）

2. 问题 045 解析

解法一　如图 45.2 所示,过点 F 作 $FH \perp EF$ 交 EM 延长线于点 H.

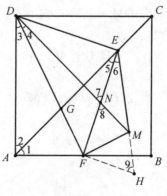

图 45.2

因为

$$\angle DEF = \angle DAF = 90°$$

所以 D,E,F,A 四点共圆.

因为

$$\angle 1 = \angle 2 = 45°$$

所以

$$\angle EDF = \angle 1 = 45°$$
$$\angle DFE = \angle 2 = 45°$$

所以 $ED = EF$，$\triangle EDF$ 为等腰直角三角形.

因为 AC 平分 $\angle DAF$，$AF = 2$，$AD = 4$，所以

$$\frac{GF}{GD} = \frac{AF}{AD} = \frac{1}{2} \Rightarrow \frac{GF}{DF} = \frac{1}{3}$$

所以

$$\tan \angle 3 = \frac{AF}{AD} = \frac{1}{2}$$

因为 $\triangle EFM$ 由 $\triangle EFG$ 翻折得到，所以

$$FM = FG$$
$$\angle MFE = \angle DFE = 45°$$

因为

$$FH \perp EF$$

所以

$$\angle NFM = \angle HFM = 45°$$

所以

$$\tan \angle 4 = \frac{FM}{FD} = \frac{FG}{FD} = \frac{1}{3}$$

所以

$$\tan (\angle 3 + \angle 4) = \frac{\tan \angle 3 + \tan \angle 4}{1 - \tan \angle 3 \cdot \tan \angle 4} = 1$$

所以

$$\angle ADM = \angle 3 + \angle 4 = 45°$$

即点 M,N 在对角线 BD 上. 所以

$$DM \perp AC$$

因为

$$\triangle EFG \cong \triangle EFM$$

所以

$$\angle 5 = \angle 6$$

因为

$$\angle 7 = \angle 8$$

所以

$$\angle 5 + \angle 7 = \angle 6 + \angle 9 = 90°$$

所以

$$\angle 7 = \angle 8 = \angle 9$$

在 Rt$\triangle DEN$ 与 Rt$\triangle EFH$ 中

$$\begin{cases} \angle DEN = \angle EFH \\ \angle 7 = \angle 9 \\ DE = EF \end{cases}$$

所以

$$Rt\triangle DEN \cong Rt\triangle EFH(AAS)$$

所以

$$EN = FH$$

在 $\triangle NFM$ 与 $\triangle HFM$ 中

$$\begin{cases} \angle 8 = \angle 9 \\ \angle NFM = \angle HFM \\ FM = FM \end{cases}$$

所以

$$\triangle NFM \cong \triangle HFM(AAS)$$

所以

$$NM = HM$$
$$FN = FH = EN$$

所以

$$EN = \frac{1}{2}EF$$

$$EM + NM = EM + HM = EH$$

所以

$$C_{\triangle NEM} = NE + EM + NM =$$
$$\frac{1}{2}EF + EH$$

因为

$$AD = 4, AF = 2$$

所以

$$DF = 2\sqrt{5}$$
$$EF = \sqrt{10}$$

因为

$$FH = \frac{1}{2}EF = \frac{\sqrt{10}}{2}$$

所以

$$EH = \sqrt{5}\,FH = \frac{5\sqrt{2}}{2}$$

所以

$$C_{\triangle NEM} = \frac{\sqrt{10}}{2} + \frac{5\sqrt{2}}{2} = \frac{\sqrt{10}+5\sqrt{2}}{2}$$

(此解法由温玟杰提供.)

解法二 在 Rt$\triangle DAF$ 中,因为

$$AD = 4, AF = 2$$

所以

$$DF = 2\sqrt{5}$$

在 Rt$\triangle ADC$ 中,有

$$AC = 4\sqrt{2}$$

因为

$$\angle DAF = \angle DEF = 90°$$

所以 A, F, E, D 四点共圆. 所以

$$\angle EDF = \angle EAF = 45°$$

所以

$$DE = EF$$

所以

$$DE = EF = \frac{\sqrt{2}}{2}DF = \sqrt{10}$$

因为

$$AF \ /\!/ \ DC$$

所以

$$\frac{AG}{CG} = \frac{AF}{CD} = \frac{1}{2}$$

所以

$$AG = \frac{1}{3}AC = \frac{4\sqrt{2}}{3}$$

$$CG = \frac{2}{3}AC = \frac{8\sqrt{2}}{3}$$

因为

$$\angle GDE = \angle DAE$$
$$\angle DEG = \angle DEA$$

所以

$$\triangle DGE \backsim \triangle ADE$$

所以

$$DE^2 = EG \cdot EA = EG \cdot (EG + AG) = EG^2 + EG \cdot AG$$

即

$$10 = EG^2 + \frac{4\sqrt{2}}{3}EG$$

$$\Leftrightarrow (EG - \frac{5\sqrt{2}}{3})(EG + 3\sqrt{2}) = 0$$

解得

$$EG = \frac{5\sqrt{2}}{3}$$

所以

$$EC = AC - (AG + EG) = \sqrt{2}$$

同理可得

$$DG^2 = GE \cdot GC = \frac{5\sqrt{2}}{3} \cdot \frac{8\sqrt{2}}{3} = \frac{80}{9}$$

所以

$$DG = \frac{4\sqrt{5}}{3}$$

$$GF = DF - DG = \frac{2\sqrt{5}}{3}$$

在 Rt$\triangle DFM$ 中

$$DM = \sqrt{AD^2 + AF^2} = \frac{10\sqrt{2}}{3}$$

在四边形 $DFME$ 中,由相交面积定理可知

$$\frac{DN}{NM} = \frac{S_{\triangle DEF}}{S_{\triangle EFM}} = \frac{S_{\triangle DEF}}{S_{\triangle EGF}} = \frac{DF}{GF}$$

所以

$$\frac{DN}{NM} = 3$$

所以

$$DN = \frac{3}{4}DM = \frac{5\sqrt{2}}{2}$$

$$NM = \frac{1}{4}DM = \frac{5\sqrt{2}}{6}$$

在 Rt$\triangle DEN$ 中

$$EN = \sqrt{DN^2 - DE^2} = \frac{\sqrt{10}}{2}$$

所以

$$C_{\triangle NEM} = EN + NM + ME =$$

$$\frac{\sqrt{10}}{2} + \frac{5\sqrt{2}}{6} + \frac{5\sqrt{2}}{3} =$$

$$\frac{\sqrt{10} + 5\sqrt{2}}{2}$$

（此解法由刘家瑜提供.）

3. 叶军教授点评

本题还有其他解法：

在 Rt△DAF 中,因为 $AD = 4, AF = 2$,所以

$$DF = 2\sqrt{5}$$

因为 AC 平分 $\angle DAF$,所以

$$\frac{GF}{GD} = \frac{AF}{AD} = \frac{1}{2}$$

所以

$$FG = \frac{1}{3}DF = \frac{2\sqrt{5}}{3}$$

$$DG = \frac{2}{3}DF = \frac{4\sqrt{5}}{3}$$

因为

$$\triangle EFG \cong \triangle EFM$$

所以

$$FM = FG = \frac{2\sqrt{5}}{3}$$

$$\angle GFE = \angle MFE$$

因为

$$\angle DAF = \angle DEF = 90°$$

所以 A, F, E, D 四点共圆. 所以

$$\angle DFE = \angle DAC = 45°$$

因为 $\triangle EFM$ 由 $\triangle EFG$ 翻折得到,所以

$$\angle EFM = \angle DFE = 45°$$

所以

$$\angle DFM = \angle DFE + \angle EFM = 90°$$

在 Rt△DFM 中

$$DF = 2\sqrt{5}$$

$$FM = FG = \frac{2\sqrt{5}}{3}$$

所以

$$DM = \frac{10\sqrt{2}}{3}$$

因为 FN 平分 $\angle DFM$,所以

$$\frac{MN}{ND} = \frac{FM}{DF} = \frac{1}{3}$$

所以

$$MN = \frac{1}{4}DM = \frac{5\sqrt{2}}{6}$$

$$ND = \frac{3}{4}DM = \frac{5\sqrt{2}}{2}$$

因为

$$\angle DFE = 45°$$

$$DE \perp EF$$

所以 $\triangle DEF$ 为等腰直角三角形. 所以

$$DE = EF = \frac{\sqrt{2}}{2}DF = \sqrt{10}$$

在 $\mathrm{Rt}\triangle DEN$ 中

$$DE = \sqrt{10}$$

$$ND = \frac{5\sqrt{2}}{2}$$

所以

$$EN = \frac{\sqrt{10}}{2}$$

在 $\triangle EFM$ 中由余弦定理可知

$$EM^2 = EF^2 + FM^2 - 2 \cdot EF \cdot FM \cdot \cos \angle EFM =$$

$$10 + \frac{20}{9} - 2 \cdot \sqrt{10} \cdot \frac{2\sqrt{5}}{3} \cdot \frac{\sqrt{2}}{2} =$$

$$\frac{50}{9}$$

所以

$$EM = \frac{5\sqrt{2}}{3}$$

所以

$$C_{\triangle NEM} = EN + NM + ME =$$

$$\frac{\sqrt{10}}{2} + \frac{5\sqrt{2}}{6} + \frac{5\sqrt{2}}{3} =$$

$$\frac{\sqrt{10} + 5\sqrt{2}}{2}$$

余弦定理在几何中的应用
——2016 届叶班数学问题征解 046 解析

1. 问题征解 046

如图 46.1 所示,在凹四边形 $ABCD$ 中,对角线 AC,BD 的夹角为 $\theta(0° < \theta \leqslant 90°)$,则

$$\cos \theta = \frac{\left| (AB^2 + CD^2) - (AD^2 + BC^2) \right|}{2AC \cdot BD}$$

证明该结论对凸四边形也成立.

(《数学爱好者通讯》编辑部提供,2017 年 7 月 22 日.)

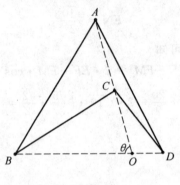

图 46.1

2. 问题 046 解析

证法一 如图 46.2 所示,当 $ABCD$ 为凹四边形时.设对角线 AC,BD 相交于点 O,则 O 在四边形 $ABCD$ 外.不妨设 $\angle AOB = \theta(0° < \theta \leqslant 90°)$,则在 $\triangle ABO$,$\triangle CBO$,$\triangle ADO$,$\triangle CDO$ 中依次由余弦定理得

$$AB^2 = AO^2 + BO^2 - 2AO \cdot BO \cdot \cos \theta \tag{①}$$

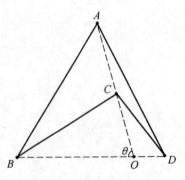

图 46.2

$$CB^2 = CO^2 + BO^2 - 2CO \cdot BO \cdot \cos\theta \qquad ②$$

$$AD^2 = AO^2 + DO^2 + 2AO \cdot DO \cdot \cos\theta \qquad ③$$

$$CD^2 = CO^2 + DO^2 + 2CO \cdot DO \cdot \cos\theta \qquad ④$$

①－③得

$$AB^2 - AD^2 = BO^2 - DO^2 - 2AO \cdot (BO + DO) \cdot \cos\theta =$$
$$BD \cdot (BO - DO) - 2AO \cdot BD \cdot \cos\theta \qquad ⑤$$

④－②得

$$CD^2 - BC^2 = DO^2 - BO^2 + 2CO \cdot (BO + DO) \cdot \cos\theta =$$
$$BD \cdot (DO - BO) + 2CO \cdot BD \cdot \cos\theta \qquad ⑥$$

⑤＋⑥得

$$(AB^2 - AD^2) + (CD^2 - BC^2) = 2(CO - AO) \cdot BD \cdot \cos\theta =$$
$$-2AC \cdot BD \cdot \cos\theta$$

两边取绝对值得

$$\cos\theta = \frac{\left| (AB^2 + CD^2) - (AD^2 + BC^2) \right|}{2AC \cdot BD}$$

如图 46.3 所示，当 $ABCD$ 为凸四边形时. 设对角线 AC, BD 相交于点 O，则 O 在四边形 $ABCD$ 内. 不妨设 $\angle AOB = \theta(0° < \theta \leqslant 90°)$，则在 $\triangle ABO, \triangle CBO, \triangle ADO, \triangle CDO$ 中依次由余弦定理得

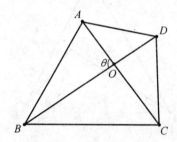

图 46.3

$$AB^2 = AO^2 + BO^2 - 2AO \cdot BO \cdot \cos\theta \qquad ⑦$$

$$CB^2 = CO^2 + BO^2 + 2CO \cdot BO \cdot \cos\theta \qquad ⑧$$

$$CD^2 = CO^2 + DO^2 - 2CO \cdot DO \cdot \cos\theta \qquad ⑨$$

$$AD^2 = AO^2 + DO^2 + 2AO \cdot DO \cdot \cos\theta \qquad ⑩$$

⑦－⑩得

$$AB^2 - AD^2 = BO^2 - DO^2 - 2AO \cdot (BO + DO) \cdot \cos\theta =$$
$$BD \cdot (BO - DO) - 2AO \cdot BD \cdot \cos\theta \qquad ⑪$$

⑨－⑧得

$$CD^2 - BC^2 = DO^2 - BO^2 - 2CO \cdot (BO + DO) \cdot \cos\theta =$$
$$BD \cdot (DO - BO) - 2CO \cdot BD \cdot \cos\theta \qquad ⑫$$

⑪＋⑫得

$$(AB^2 - AD^2) + (CD^2 - BC^2) = -2(CO + AO) \cdot BD \cdot \cos\theta =$$
$$-2AC \cdot BD \cdot \cos\theta$$

两边取绝对值得

$$\cos\theta = \frac{\left| (AB^2 + CD^2) - (AD^2 + BC^2) \right|}{2AC \cdot BD} \qquad (*)$$

综上所述,命题得证.

(此证法由刘家瑜提供.)

证法二   如图 46.4 所示,当 $ABCD$ 为凹四边形时. 设对角线 AC, BD 相交于点 O,则 O 在四边形 $ABCD$ 外.不妨设 $\angle AOB = \theta(0° < \theta \leqslant 90°)$, $\angle AOD = \varphi$.

由余弦定理得

$$\cos\theta = \frac{AO^2 + BO^2 - AB^2}{2AO \cdot BO} = \frac{BC^2 - BO^2 - CO^2}{-2BO \cdot CO} = $$

$$-\cos\varphi = \frac{AD^2 - AO^2 - DO^2}{2AO \cdot DO} = $$

$$\frac{CO^2 + DO^2 - CD^2}{-2CO \cdot DO}$$

由等比定理得

$$\cos\theta = \frac{AD^2 + BC^2 - AB^2 - CD^2}{2(AO - CO)(BO + DO)} = \frac{\left| (AB^2 + CD^2) - (AD^2 + BC^2) \right|}{2AC \cdot BD}$$

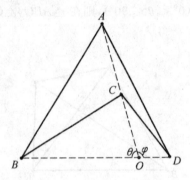

图 46.4

如图 46.5 所示,当 $ABCD$ 为凸四边形时. 设对角线 AC, BD 相交于点 O,则 O 在四边形 $ABCD$ 内.不妨设 $\angle AOB = \theta(0° < \theta \leqslant 90°)$, $\angle AOD = \varphi$.

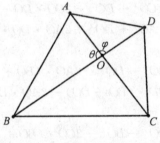

图 46.5

由余弦定理得

$$\cos\theta = \frac{AO^2 + BO^2 - AB^2}{2AO \cdot BO} = \frac{CO^2 + DO^2 - CD^2}{2CO \cdot DO} = $$

$$-\cos\varphi=\frac{AD^2-AO^2-BO^2}{2AO\cdot BO}=$$

$$\frac{BC^2-BO^2-CO^2}{2BO\cdot CO}$$

由等比定理得

$$\cos\theta=\frac{AD^2+BC^2-AB^2-CD^2}{2(AO+CO)(BO+DO)}=\frac{|(AB^2+CD^2)-(AD^2+BC^2)|}{2AC\cdot BD}$$

综上所述,命题得证.

(此证法由周瀚森提供.)

证法三 如图 46.6 所示,当 $ABCD$ 为凹四边形时. 设对角线 AC,BD 相交于点 O,则 O 在四边形 $ABCD$ 外.不妨设 $\angle AOB=\theta(0°<\theta\leqslant 90°)$,过点 A 作 $AP\perp BD$ 于点 P,过点 C 作 $CQ\perp BD$ 于点 Q.

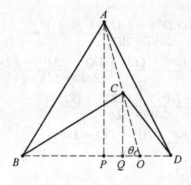

图 46.6

由勾股定理得

$$\frac{|(AB^2+CD^2)-(AD^2+BC^2)|}{2AC\cdot BD}=$$

$$\frac{|AP^2+BP^2+CQ^2+DQ^2-AP^2-DP^2-BQ^2-CQ^2|}{2AC\cdot BD}=$$

$$\frac{|(BP^2-DP^2)+(DQ^2-BQ^2)|}{2AC\cdot BD}=$$

$$\frac{|BD\cdot(BP-DP+DQ-BQ)|}{2AC\cdot BD}=$$

$$\frac{2PQ}{2AC}=\frac{PQ}{AC} \tag{①}$$

又因为

$$\cos\theta=\frac{PO}{AO}=\frac{QO}{CO}$$

所以由分比定理得

$$\cos\theta=\frac{PO-QO}{AO-CO}=\frac{PQ}{AC} \tag{②}$$

由①②得

$$\cos\theta=\frac{|(AB^2+CD^2)-(AD^2+BC^2)|}{2AC\cdot BD}$$

　　如图 46.7 所示,当 $ABCD$ 为凸四边形时. 设对角线 AC,BD 相交于点 O,则 O 在四边形 $ABCD$ 内.不妨设 $\angle AOB = \theta(0° < \theta \leqslant 90°)$,过点 A 作 $AP \perp BD$ 于点 P,过点 C 作 $CQ \perp BD$ 于点 Q.

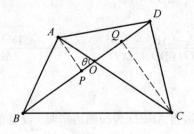

图 46.7

由勾股定理得

$$\frac{\left|(AB^2 + CD^2) - (AD^2 + BC^2)\right|}{2AC \cdot BD} =$$

$$\frac{\left|AP^2 + BP^2 + CQ^2 + DQ^2 - AP^2 - PD^2 - BQ^2 - CQ^2\right|}{2AC \cdot BD} =$$

$$\frac{\left|(BP^2 - DP^2) + (DQ^2 - BQ^2)\right|}{2AC \cdot BD} =$$

$$\frac{\left|BD \cdot (BP - DP + DQ - BQ)\right|}{2AC \cdot BD} =$$

$$\frac{2PQ}{2AC} = \frac{PQ}{AC} \tag{③}$$

又因为

$$\cos \theta = \frac{PO}{AO} = \frac{QO}{CO}$$

所以由合比定理得

$$\cos \theta = \frac{PO + QO}{AO + CO} = \frac{PQ}{AC} \tag{④}$$

由 ③④ 得

$$\cos \theta = \frac{\left|(AB^2 + CD^2) - (AD^2 + BC^2)\right|}{2AC \cdot BD}$$

　　综上所述,命题得证.

(此证法由刘衍提供.)

3. 叶军教授点评

　　(1) 从刘家瑜同学的解答可以看出他对余弦定理的运用已经非常熟练,值得点赞.特别值得表扬的是周瀚森和刘衍的解答过程都巧用了比例性质,这说明这两位同学有较强的比例变形能力,值得点赞.

　　(2) 等式(∗)可视为任意四边形 $ABCD$ 对角线 AC,BD 的夹角公式.

　　(3) 由等式(∗)可知,$AC \perp BD$ 当且仅当 $AB^2 + CD^2 = AD^2 + BC^2$,即对边的平方和相等.

(4) 由面积公式 $S = \frac{1}{2}AC \cdot BD \cdot \sin\theta$ 可得

$$\sin\theta = \frac{2S}{AC \cdot BD}$$

利用 $\sin^2\theta + \cos^2\theta = 1$ 消去 θ 得

$$\frac{4S^2}{AC^2 \cdot BD^2} + \frac{\left[(AB^2 + CD^2) - (AD^2 + BC^2)\right]^2}{4AC^2 \cdot BD^2} = 1$$

所以

$$S = \frac{1}{4}\sqrt{4AC^2 \cdot BD^2 - (AB^2 + CD^2 - AD^2 - BC^2)^2} \qquad (**)$$

等式($**$)可视为不含三角函数的任意四边形的海伦面积公式.

(5) 在等式($**$)中,令 $AB = BD$, $AD = 0$, $CD = AC$ 可得

$$S = \frac{1}{4}\sqrt{4AC^2 \cdot AB^2 - (AB^2 + AC^2 - BC^2)^2}$$

即

$$S = \sqrt{p(p - AB)(p - BC)(p - CA)}$$

其中 p 为 $\triangle ABC$ 的半周长,这就是 $\triangle ABC$ 的海伦面积公式.

(6) 当 $ABCD$ 为圆内接四边形时,由托勒密定理

$$AC \cdot BD = AD \cdot BC + AB \cdot CD$$

代入等式($**$)得

$$S = \frac{1}{4}\sqrt{\left[(AB + CD)^2 - (AD - BC)^2\right] \cdot \left[(AD + BC)^2 - (AB - CD)^2\right]}$$

即

$$S = \sqrt{(p - AB)(p - BC)(p - CD)(p - DA)}$$

其中 p 为 $ABCD$ 的半周长,这就是圆内接四边形 $ABCD$ 的海伦面积公式.

构造等边,巧用翻折
——2016 届叶班数学问题征解 047 解析

1. 问题征解 047

设 $x,y,z \in (0,1)$,求证:

(1) $(1-x)y+(1-y)z+(1-z)x < 1$;

(2) $\sqrt{x^2+(1-z)^2-(1-z)x} + \sqrt{y^2+(1-x)^2-(1-x)y} +$

$\sqrt{z^2+(1-y)^2-(1-y)z} \geqslant \dfrac{3}{2}$,

并指出(2)中等号成立的充要条件.

(《数学爱好者通讯》编辑部提供,2017 年 7 月 29 日.)

2. 问题 047 解析

(1) 证法一　如图 47.1 所示,令 $a=1-x,b=1-y,c=1-z$,则 a,b,c 为正数,且 $a+x=b+y=c+z=1$.故可构造一个边长为 1 的等边 $\triangle ABC$,且 P,Q,R 依次为边 BC,CA,AB 上的点,使 $BP=a,PC=x,CQ=c,QA=z,AR=b,RB=y$.

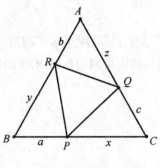

图 47.1

于是有

$$S_{\triangle ARQ} + S_{\triangle BPR} + S_{\triangle CPQ} < S_{\triangle ABC}$$

所以

$$\frac{1}{2}bz\sin 60° + \frac{1}{2}ay\sin 60° + \frac{1}{2}cx\sin 60° < \frac{1}{2}\sin 60°$$

所以

$$ay+bz+cx < 1$$

得证.

(此证法由陈苗卓、刘家瑜提供.)

证法二　由题意,有

$$(1-x)y+(1-y)z+(1-z)x=y-xy+z-yz+x-xz=$$
$$(x-1)(y-1)(z-1)-xyz+1$$

因为 x,y,z 均小于 1 且为正数,所以
$$(x-1)(y-1)(z-1)<0, -xyz<0$$

所以
$$(x-1)(y-1)(z-1)-xyz<0$$

所以
$$(x-1)(y-1)(z-1)-xyz+1<1$$

即
$$(1-x)y+(1-y)z+(1-z)x<1$$

命题得证.

(此证法由龙飞雨、杨旸、陈伟伦提供.)

证法三 假设 y,z 为已知数,构造函数
$$f(x)=(1-x)y+(1-y)z+(1-z)x=$$
$$(1-y-z)x+(1-y)z+y, 0<x<1$$

则 $f(x)$ 在 $(0,1)$ 上是不超过 1 次的函数,故 $f(x)$ 单调或恒为常数.

所以
$$f(x)<\max\{f(0),f(1)\}$$

另一方面
$$f(0)=(1-y)z+y=1-(1-z)(1-y)<1$$
$$f(1)=1-y-z+(1-y)z+y=$$
$$1-yz<1$$

所以
$$f(x)<\max\{f(0),f(1)\}<1$$

(此证法由杨星提供.)

(2) 证法一 令 $a=1-x, b=1-y, c=1-z$,则 a,b,c 为正数.

往证:$\sqrt{x^2+c^2-cx}+\sqrt{y^2+a^2-ay}+\sqrt{z^2+b^2-bz}\geqslant\dfrac{3}{2}$.

事实上,如图 47.2 所示,将 $\triangle PAQ$ 沿 AC 翻折至 $\triangle P_1AQ$ 处,将 $\triangle PAR$ 沿 AB 翻折至 $\triangle P_2AR$ 处,则
$$P_1A=P_2A=PA$$

由余弦定理得
$$PQ=\sqrt{x^2+c^2-2cx\cos 60°}=\sqrt{x^2+c^2-cx}$$
$$PR=\sqrt{y^2+a^2-2ay\cos 60°}=\sqrt{y^2+a^2-ay}$$
$$QR=\sqrt{z^2+b^2-2bz\cos 60°}=\sqrt{z^2+b^2-bz}$$

又
$$PQ=P_1Q$$
$$PR=P_2R$$

所以

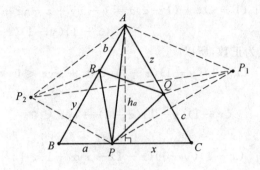

图 47.2

$$C_{\triangle PQR} = PQ + QR + RP = P_1Q + QR + RP_2 \geqslant$$

$$P_1P_2 = 2PA \cdot \sin 60° \geqslant$$

$$\sqrt{3}\,h_a = \sqrt{3} \cdot \frac{\sqrt{3}}{2} = \frac{3}{2}$$

等号成立当且仅当 P_1, Q, R, P_2 四点共线且

$$PA \perp BC$$

$$\Leftrightarrow P, Q, R \text{ 为三边中点（轮换顶点）}$$

$$\Leftrightarrow x = y = z = \frac{1}{2}$$

所以

$$(C_{\triangle PQR})_{\min} = \frac{3}{2}$$

（此证法由陈苗卓、龙飞雨、杨旸、刘家瑜提供.）

证法二　　如图 47.3 所示，建立平面直角坐标系，利用勾股定理，用爬楼式构造法. 设点 A, P_1, P_2, B 对应的坐标依次为 $A(\frac{c}{2}, 0), P_1(x, \frac{\sqrt{3}}{2}c), P_2(x + y - \frac{a}{2}, \frac{\sqrt{3}}{2}c + \frac{\sqrt{3}}{2}a), B(x + y + z - \frac{a}{2} - \frac{b}{2}, \frac{\sqrt{3}}{2}c + \frac{\sqrt{3}}{2}b + \frac{\sqrt{3}}{2}a)$.

其中 $x + a = y + b = z + c = 1$, 则

$$P_1A = \sqrt{\left(x - \frac{c}{2}\right)^2 + \left(\frac{\sqrt{3}}{2}c\right)^2}$$

$$P_1P_2 = \sqrt{\left(y - \frac{a}{2}\right)^2 + \left(\frac{\sqrt{3}}{2}a\right)^2}$$

$$P_2B = \sqrt{\left(z - \frac{b}{2}\right)^2 + \left(\frac{\sqrt{3}}{2}b\right)^2}$$

$$AB = \sqrt{\left[x + y + z - \frac{a+b+c}{2}\right]^2 + \frac{3}{4}(a+b+c)^2} =$$

$$\sqrt{(x+y+z)^2 - (x+y+z)(a+b+c) + (a+b+c)^2} \geqslant$$

$$\sqrt{\frac{(x+y+z+a+b+c)^2}{2} - \left(\frac{x+y+z+a+b+c}{2}\right)^2} = \frac{3}{2}$$

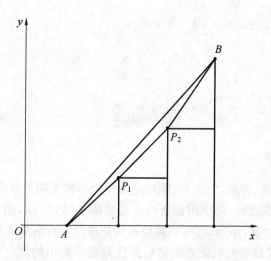

图 47.3

等号成立当且仅当 $x+y+z=a+b+c=\dfrac{3}{2}$，且 A,P_1,P_2,B 四点共线

$$\Leftrightarrow\begin{cases}x+y+z=a+b+c=\dfrac{3}{2}\\[2mm]\dfrac{\frac{\sqrt{3}}{2}c}{x-\frac{c}{2}}=\dfrac{\frac{\sqrt{3}}{2}a}{y-\frac{a}{2}}=\dfrac{\frac{\sqrt{3}}{2}b}{z-\frac{b}{2}}=\dfrac{\frac{\sqrt{3}}{2}(a+b+c)}{\frac{1}{2}(a+b+c)}=\sqrt{3}\end{cases}$$

$$\Leftrightarrow x=y=z=\dfrac{1}{2}$$

（此证法由陈伟伦提供.）

证法三　令 $a=1-x,b=1-y,c=1-z$，则 a,b,c 为正数.

往证：$\sqrt{x^2+c^2-cx}+\sqrt{y^2+a^2-ay}+\sqrt{z^2+b^2-bz}\geqslant\dfrac{3}{2}$.

利用不等式 $ab\leqslant\left(\dfrac{a+b}{2}\right)^2$ 得

$$\sqrt{x^2+c^2-cx}=\sqrt{(x+c)^2-3cx}\geqslant\sqrt{(x+c)^2-\dfrac{3}{4}(x+c)^2}=$$
$$\dfrac{1}{2}(x+c)$$

同理可得

$$\sqrt{y^2+a^2-ay}\geqslant\dfrac{1}{2}(y+a)$$
$$\sqrt{z^2+b^2-bz}\geqslant\dfrac{1}{2}(z+b)$$

以上三式相加得

$$\sqrt{x^2+c^2-cx}+\sqrt{y^2+a^2-ay}+\sqrt{z^2+b^2-bz}\geqslant$$
$$\dfrac{1}{2}(x+c)+\dfrac{1}{2}(y+a)+\dfrac{1}{2}(z+b)=$$

$$\frac{1}{2}(x+a+y+b+z+c) =$$

$$\frac{3}{2}$$

等号成立当且仅当 $x=c=y=a=z=b=\dfrac{1}{2}$.

（此证法由徐斌提供.）

3.叶军教授点评

（1）陈苗卓、龙飞雨、杨旸、刘家瑜、陈伟伦五位同学都采用代数方法解决第（1）问；陈苗卓、龙飞雨、杨旸、刘家瑜四位同学用翻折的方法解决了第（2）问，值得点赞.特别要提出表扬的是陈伟伦同学，他利用勾股定理，用爬楼式构造法成功地解决了第（2）问，值得点赞.

（2）构造图形解代数题的思维方法是根据代数条件给出的数量特征来构图，使问题化难为易，迅速得到解决.在第（1）问中，从二维空间来看，欲证不等式的数量特征是"面积"，故可联想到在一个整体图形中有三个子图形的面积之和小于整体图形的面积.注意到条件 $a+x=b+y=c+z=1$，对应的几何图形是三条长度为 1 的线段上依次有三点分别将每一条线段的长度分成 $a,x;b,y;c,z$，如图 47.4 所示.因此，可将这三条线段首尾相连拼成一个等边三角形来考虑面积关系，从而诞生了证法二.第（2）问是构图后的几何延伸，整体的创作思路是利用图形的翻折，将三角形的周长"拉直"，再通过两点间线段最短，得几何不等式

$$P_1Q + QP + P_2R \geqslant P_1P_2 = \sqrt{3}\,PA \geqslant \sqrt{3}\,h_a$$

它对应的代数不等式即为我们要证明的结论.这个演变实现从代数 → 几何 → 代数的一个完整的变式过程.同学们要深入体会才能悟得其中的奥秘.同时，我们可进一步证明下面结论：

在锐角 $\triangle ABC$ 中，其内接三角形以垂足三角形的周长最短.

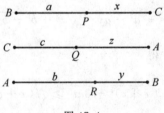

图 47.4

（3）在第（1）问中，从三维空间来看，欲证不等式的数量特征是"体积"，故可构造一个棱长为 1 的正方体，其体积为 1.如图 47.5 所示，得体积方程

$$(1-x)\cdot y\cdot 1+(1-y)\cdot z\cdot 1+(1-z)\cdot x\cdot 1+xyz+(1-x)(1-y)(1-z)=1$$

由此可知

$$(1-x)y+(1-y)z+(1-z)x<1$$

（4）美籍匈牙利数学教育家、解题专家波利亚（George Polya，1887—1985）在他的世界名著《怎样解题》中提出了数学解题可完整的分为四个阶段：弄清题意、拟定计划、实行计划、回顾反思.其中第四个阶段是说做完题后需要回顾、总结和反思.这样一来，解题者的能力就会不断地得到提升.让我们来反思一下第（1）（2）问成功转换的关键是什么？大家都会

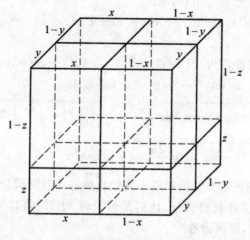

图 47.5

说是利用了三条长度相等的线段首尾相连拼成了一个等边 △ABC. 那么, 聪明的孩子一定会提出:"老师, 如果三条线段的长度不相等呢, 方法还可行吗?"这个问题提得很好, 一般情况下是不行的. 如果行是有条件限制的.

(5) 我们的老师和教练员可引导学生探究出下面的引申结论:

定理:以三条长为 a,b,c 的线段首尾相连能拼成一个三角形的充要条件是存在三个正数 x,y,z, 使得

$$\begin{cases} a=y+z \\ b=z+x \\ c=x+y \end{cases}$$

如图 47.6 所示, x,y,z 的几何意义依次表示 △ABC 的顶点到内切圆的切点之切线长. 因此, 我们在教学中常称它为三角形边长的"切线长代换". 在这种变换下, △ABC 的所有几何量都可以用 x,y,z 表示, 其中常用的半周长 p、面积 S、内切圆半径 r 可分别表示为

$$p=x+y+z$$
$$S=\sqrt{xyz(x+y+z)}$$
$$r=\sqrt{\frac{xyz}{x+y+z}}$$

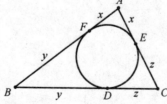

图 47.6

因此, 切线长代换是一种数形转换的重要工具. 利用切线长代换, 可完整的解决由美国提供的第 24 届 IMO 第 6 题:

设 a,b,c 是一个三角形的三边长,求证

$$a^2b(a-b)+b^2c(b-c)+c^2a(c-a) \geqslant 0$$

这类问题还有很多.

(6) 本征解题还可以推广为:设 $a_i \in (0,1), i=1,2,\cdots,n(n \geqslant 3)$,求证:

① $(1-a_1)a_2+(1-a_2)a_3+\cdots+(1-a_n)a_1 < 1$.

② $\sqrt{a_1^2+(1-a_n)^2+2a_1(1-a_n)\cos\dfrac{2\pi}{n}} + \sqrt{a_2^2+(1-a_1)^2+2a_2(1-a_1)\cos\dfrac{2\pi}{n}} + \cdots +$

$\sqrt{a_n^2+(1-a_{n-1})^2+2a_n(1-a_{n-1})\cos\dfrac{2\pi}{n}} \geqslant n \cdot \cos\dfrac{\pi}{n}.$

(7) 以上几位是问题征解 047 公布后率先做出解答并获得满分的同学. 依据时间顺序,还有下面同学上传了解答并获得满分,他们是黄云轲、李岩、蒋鑫邦. 对以上同学特提出表扬,希望同学们积极参与,踊跃做答.

构造等边,巧用三角
——2016 届叶班数学问题征解 048 解析

1. 问题征解 048

如图 48.1 所示,在凸四边形 $ABCD$ 中,$AB=AC$,$BD=BC$,$\angle BAC=48°$,$\angle DBC=36°$. 求证:$DA=DC$.

(《数学爱好者通讯》编辑部提供,2017 年 8 月 5 日.)

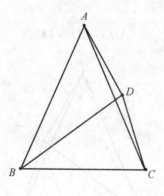

图 48.1

2. 问题 048 解析

证法一   如图 48.2 所示,在 BC 上取一点 N,使得 $DN=DC$,则
$$\angle DNC=\angle DCN=72°$$
$$\angle BDN=\angle NDC=36°=\angle NBD$$
所以
$$BN=ND$$
以 BN 为边在 $\triangle ABN$ 内侧作等边 $\triangle MBN$,则
$$\angle ABM=66°-60°=6°$$
因为
$$AB=AC,BM=DC$$
$$\angle ABM=\angle ACD=6°$$
所以
$$\triangle MAB \cong \triangle DAC$$
所以
$$AM=AD$$
联结 MD,则
$$\angle MAD=\angle BAC=48°$$

所以
$$\angle AMD = \angle ADM = 66°$$

因为
$$\angle MND = 180° - 60° - 72° = 48°$$
$$MN = ND$$

所以
$$\angle NMD = \angle NDM = 66°$$

因为
$$MD = MD$$

所以
$$\triangle AMD \cong \triangle NMD$$

所以
$$AD = ND = DC$$

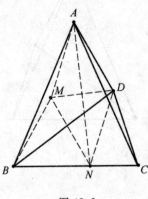

图 48.2

（此证法由石方梦圆提供.）

证法二　如图 48.3 所示,取 $\triangle BDC$ 的外心 O,则 O 为 BC 与 DC 垂直平分线的交点.所以
$$\angle OBD = \angle OBC = \angle OCB = \angle ODB = 18°$$
$$\angle OCA = 66° - 18° = 48° = \angle BAC$$

设圆 O 交 AB 于点 H,则
$$\angle HOD = 2\angle HBD = 60°$$

因为
$$OH = OD$$

所以 $\triangle ODH$ 为等边三角形.

因为
$$OH = OB$$

所以
$$\angle OHB = \angle OBH = 30° + 18° = 48° = \angle BAC$$

所以

$$OH \parallel CA$$

因为

$$\angle HAC = \angle OCA = 48°$$

所以 OHAC 是等腰梯形.

因为 △DOH 是等边三角形,所以 D 在 OH 的垂直平分线 l 上.

因为 OHAC 是等腰梯形,所以直线 l 也是 AC 的垂直平分线.

所以

$$AD = DC$$

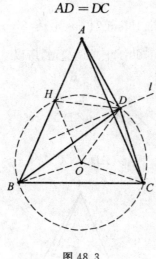

图 48.3

(此证法由温玫杰提供.)

证法三　如图 48.4 所示,令 $BC = 1$. 因为 $BC = BD$,$\angle DBC = 36°$,所以 $DC = 2\sin 18°$.

在 △ABC 中

$$\angle BAC = 48°$$
$$AB = AC$$

所以

$$AC = \frac{1}{2\sin 24°} \qquad ①$$

在 △ADC 中

$$\angle ACD = \angle BCD - \angle BCA = 72° - 66° = 6°$$

令 $\angle DAC = \alpha$,则在 △ADC 中

$$\frac{AC}{\sin(\alpha + 6°)} = \frac{DC}{\sin \alpha} \Rightarrow AC = \frac{2\sin 18° \sin(\alpha + 6°)}{\sin \alpha} \qquad ②$$

由 ①② 得

$$\frac{2\sin 18°\sin (\alpha + 6°)}{\sin \alpha} = \frac{1}{2\sin 24°}$$

$$\Rightarrow 4\sin 18°\sin 24°\sin (\alpha + 6°) = \sin \alpha$$

$$\Rightarrow 4\sin 18°\sin 24°(\sin \alpha\cos 6° + \cos \alpha\sin 6°) = \sin \alpha$$

$$\Rightarrow 4\sin 18°\sin 24°\cos 6° + \cot \alpha(4\sin 18°\sin 24°\sin 6°) = 1$$

$$\Rightarrow \cot \alpha(4\sin 18°\sin 24°\sin 6°) = \frac{1}{2}$$

所以

$$\tan \alpha = 8\tan 6°(\sin 18°\sin 24°\cos 6°) = 8\tan 6° \cdot \frac{1}{8} = \tan 6°$$

因为 $0° < \alpha < 90°$,且 $\tan x$ 在 $(0°,90°)$ 上单调递增,所以

$$\alpha = 6°$$

所以

$$\angle DAC = \angle DCA = 6°$$

所以

$$AD = DC$$

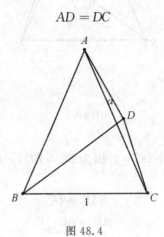

图 48.4

（此证法由刘家瑜提供.）

证法四　如图 48.5 所示,易知 $\angle DCA = 6°$,$BC = 2AC \cdot \sin 24°$.

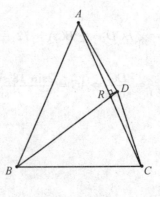

图 48.5

过点 D 作 $DR \perp AC$ 于点 R,则

$$CR = DC \cdot \cos 6° = 2BC \sin 18° \cos 6° =$$

$$4AC \sin 24° \sin 18° \cos 6° =$$

$$4 \cdot AC \cdot \frac{1}{8} =$$

$$\frac{1}{2}AC =$$

因为 R 为 AC 的中点,所以 DR 为 AC 的垂直平分线.

所以

$$AD = DC$$

(此证法由石方梦圆提供.)

证法五　如图 48.6 所示,令 $\angle CAD = \alpha$,则易得

$$\angle ADC = 174° - \alpha$$

$$\angle ADB = 102° - \alpha$$

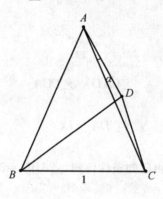

图 48.6

由正弦定理得

$$\frac{AD}{AB} = \frac{\sin 30°}{\sin (102° - \alpha)}, \frac{AD}{AC} = \frac{\sin 6°}{\sin (174° - \alpha)}$$

由 $AB = AC$ 得

$$\frac{\sin 30°}{\sin (102° - \alpha)} = \frac{\sin 6°}{\sin (174° - \alpha)}$$

$$\Leftrightarrow \frac{\sin (102° - \alpha)}{\sin (174° - \alpha)} = \frac{\sin 30°}{\sin 6°}$$

因为

$$\sin 30° \cdot \sin 12° = \frac{1}{2} \cdot 2 \cdot \sin 6° \cdot \cos 6° = \sin 6° \cdot \sin 84°$$

所以

$$\frac{\sin 30°}{\sin 6°} = \frac{\sin 84°}{\sin 12°}$$

所以

$$\frac{\sin 84°}{\sin 12°} = \frac{\sin (78° + \alpha)}{\sin (6° + \alpha)}$$

所以

$$\sin 84° \cdot \sin (6° + \alpha) = \sin 12° \cdot \sin (78° + \alpha)$$

$$\Leftrightarrow -\frac{1}{2}[\cos (90° + \alpha) - \cos (78° - \alpha)] = -\frac{1}{2}[\cos (90° + \alpha) - \cos (66° + \alpha)]$$

$$\Leftrightarrow \cos (78° - \alpha) = \cos (66° + \alpha)$$

$$\Leftrightarrow \cos (78° - \alpha) - \cos (66° + \alpha) = 0$$

$$\Leftrightarrow -2\sin 72° \cdot \sin (6° - \alpha) = 0$$

$$\Leftrightarrow \sin (6° - \alpha) = 0$$

因为

$$0° < \alpha < 102°$$

所以

$$-6° < \alpha - 6° < 96°$$

又在 $-6°$ 至 $96°$ 之间正弦值为 0 的角只有零角, 所以

$$\alpha - 6° = 0°$$

所以

$$\alpha = 6°$$

从而

$$\angle CAD = \angle DCA$$

所以

$$DA = DC$$

(此证法由刘家瑜提供.)

证法六　如图 48.7 所示, 由已知条件可知, $\angle ABD = 30°$, $\angle DBC = 36°$, $\angle ACB = 66°$, $\angle BDC = \angle DCB = 72°$, $\angle DCA = 72° - 66° = 6°$.

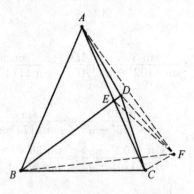

图 48.7

将 $\triangle ABD$ 沿 BD 翻折至 $\triangle FBD$, 则 $\triangle ABF$ 为等边三角形.

所以

$$AB = AF = AC$$

所以 A 为 $\triangle BCF$ 的外心.

又

$$\angle FBC = 36° - 30° = 6°$$

$$\angle BAC = 48°$$

所以

$$\angle CAF = 2\angle FBC = 12°$$

$$\angle CFB = \frac{1}{2}\angle BAC = 24°$$

所以

$$\angle AFE = \angle CAF = 12°$$

所以

$$\angle EFC = 60° + 24° - \angle EFA = 84° - 12° = 72° = \angle EDC$$

所以 E, D, F, C 四点共圆.

所以

$$\angle DFE = \angle DCE = 6°$$

因为

$$AD = DF$$

$$AE = EF$$

$$ED = ED$$

所以

$$\triangle ADE \cong \triangle FDE$$

所以

$$\angle DAE = \angle DFE = 6°$$

所以

$$\angle DAC = \angle DAE = 6°$$

所以

$$\angle DAC = \angle DCA$$

所以

$$AD = DC$$

（此证法由温玫杰提供.）

证法七　如图 48.8 所示,过点 D 作 BC 的垂直平分线 l 的对称点 E,联结 AE, EB,则 $EBCD$ 为等腰梯形.往证:$\triangle AED$ 为等边三角形.

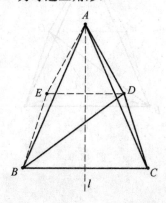

图 48.8

事实上,如图48.9所示,以 ED 为边长作等边 $\triangle A'ED$,则 A' 在 ED 的垂直平分线上. 联结 $A'B$,$A'C$,则 $A'B = A'C$.

因为

$$\angle EBC = \angle DCB = 72°$$

$$ED \parallel BC$$

所以

$$\angle EDB = 36° = \angle EBD$$

所以

$$ED = EB$$

即

$$A'D = DC$$

因为

$$\triangle EA'B \cong \triangle DA'C(\text{SAS})$$

所以

$$\angle EA'B = \angle DA'C = \angle EBA' = \alpha$$

因为

$$\angle A'EB = 180° - 72° + 60° = 168°$$

所以

$$\alpha = 90°L - \frac{1}{2} \times 168° = 90° - 84° = 6°$$

所以

$$\angle BA'C = 60° - 2\alpha = 48° = \angle BAC$$

又在直线 l 上在 BC 同侧与 BC 的张角为 $48°$ 的点是唯一确定的. 所以 A 与 A' 重合.

所以

$$AD = DC$$

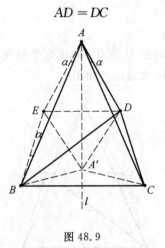

图 48.9

（此证法由陈苗卓提供.）

3. 叶军教授点评

(1) 刘家瑜同学采用三角方法成功地解决了本题,值得点赞;温玫杰同学巧用构造等边,方法独特、思路清晰,值得点赞;陈苗卓同学使用同一方法构造等边,证得漂亮.

(2) 一般地,令 $\angle DBC = \alpha$,$\angle BAC = \beta$,$0° < \alpha < \beta < 90°$,$BD = BC$,$AB = AC$,$\cos \alpha + \cos \beta - \cos (\alpha - \beta) = \dfrac{1}{2}$,则 $DA = DC$.

事实上

$$\angle BCD = 90° - \frac{1}{2}\alpha,\ \angle ACB = 90° - \frac{1}{2}\beta$$

所以

$$\angle ACD = \frac{1}{2}(\beta - \alpha)$$

过点 D 作 $DR \perp AC$ 于点 R.

因为

$$DC = 2BC\sin \frac{\alpha}{2}$$

$$BC = 2AC\sin \frac{\beta}{2}$$

所以

$$DR = DC\cos \frac{\beta - \alpha}{2} = 2BC\sin \frac{\alpha}{2}\cos \frac{\beta}{2} =$$

$$4AC\sin \frac{\alpha}{2}\sin \frac{\beta}{2}\cos \frac{\beta - \alpha}{2} =$$

$$AC[1 - \cos \alpha - \cos \beta + \cos (\beta - \alpha)] =$$

$$\frac{1}{2}AC$$

所以 DR 垂直平分 AC.

所以

$$DA = DC$$

几何计算,枚举证明
——2016 届叶班数学问题征解 049 解析

1. 问题征解 049

解答下列问题:

(1) 如图 49.1 所示,在等边 △ABC 中,D,E,F 依次为三边的中点,P,Q,R 分别为线段 FE,DF,DE 上的点,若 A,P,Q;B,Q,R;C,R,P 三点共线.求证:△PQR 为等边三角形.

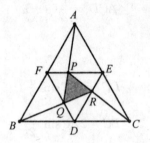

图 49.1

(2) 设 a,b 是 1 到 100 的正整数,且 $ab \mid a^3 + b^3$,求有序正整数数对 (a,b) 的个数.

《数学爱好者通讯》编辑部提供,2017 年 8 月 12 日.)

2. 问题 049 解析

几何问题

证法一　如图 49.2,设 $CD = BD = BF = FA = AE = EC = DF = FE = DE = a$, $ER = x$, $DR = y$,则 $a = x + y$, $x, y > 0$.

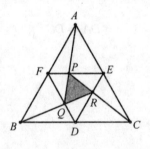

图 49.2

因为

$$PE /\!/ CD$$

所以

$$\frac{PE}{a} = \frac{x}{y}$$

由此可推出 $FP = a(1 - \frac{x}{y})$.

又因为

$$\frac{FQ}{a} = \frac{1 - \frac{x}{y}}{\frac{x}{y}} = \frac{y-x}{x}$$

所以

$$FQ = a(\frac{y}{x} - 1), QD = a(2 - \frac{y}{x})$$

又因为

$$\frac{FQ}{QD} = \frac{BF}{DR}$$

所以

$$\frac{\frac{y}{x} - 1}{2 - \frac{y}{x}} = \frac{a}{y}$$

即

$$\frac{x+y}{y} = \frac{y-x}{2x-y}$$

所以

$$2x^2 + 2xy - xy - y^2 = y^2 - xy$$

所以

$$x^2 + xy - y^2 = 0$$

结合 $x > 0, y > 0$,解得

$$x = \frac{-1+\sqrt{5}}{2}y$$

所以

$$FP = a(1 - \frac{x}{y}) = \frac{3-\sqrt{5}}{2}a$$

$$QD = a(2 - \frac{y}{x}) = \frac{3-\sqrt{5}}{2}a$$

又因为

$$\frac{x}{x+y} = \frac{-1+\sqrt{5}}{2}y \div \frac{1+\sqrt{5}}{2}y = \frac{-1+\sqrt{5}}{1+\sqrt{5}} =$$

$$\frac{(\sqrt{5}-1)^2}{4} = \frac{3-\sqrt{5}}{2}$$

所以

$$ER = QD = FP = \frac{3-\sqrt{5}}{2}a \Leftrightarrow FQ = PE = DR$$

所以

$$FQ^2 + FP^2 - 2FQ \cdot FP\cos 60° =$$
$$EP^2 + ER^2 - 2EP \cdot ER\cos 60° =$$
$$DR^2 + DQ^2 - 2DR \cdot DQ\cos 60°$$
$$\Leftrightarrow QP^2 = QR^2 = PR^2$$
$$\Leftrightarrow QP = QR = PR$$

所以 $\triangle PQR$ 为正三角形.

（此证法由刘家瑜提供.）

证法二 如图 49.3,分别延长 AQ,BR,CP 交 $\triangle ABC$ 的三边于 G,H,L.

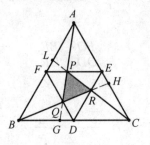

图 49.3

对 $\triangle PGC$ 和截线 BQR,由梅涅劳斯定理有

$$\frac{PQ}{QG} \cdot \frac{GB}{BC} \cdot \frac{CR}{RP} = 1$$

又

$$EF /\!/ BC$$
$$FD /\!/ AC$$

所以

$$\frac{PQ}{QG} = \frac{FQ}{QD} = \frac{AH}{HC}$$

所以

$$\frac{AH}{HC} \cdot \frac{GB}{BC} \cdot \frac{CR}{RP} = 1$$

对 $\triangle ACP$ 和截线 QRH,由梅涅劳斯定理有

$$\frac{AH}{HC} \cdot \frac{CR}{RP} \cdot \frac{PQ}{QA} = 1$$

所以

$$\frac{GB}{BC} = \frac{PQ}{QA}$$

不妨设 $\triangle ABC$ 的边长为 1,$BG = x$,$CH = y$,$AL = z$,所以

$$CG = 1 - x$$
$$AH = 1 - y$$
$$BL = 1 - z$$
$$FP = \frac{1}{2}x$$

$$DQ = \frac{1}{2}y$$

$$RE = \frac{1}{2}z$$

所以

$$PQ^2 = FQ^2 + FP^2 - 2FQ \cdot FP\cos 60° =$$

$$\frac{1}{4}x^2 + \frac{1}{4}(1-y)^2 - \frac{1}{4}x(1-y)$$

$$QA^2 = AF^2 + FQ^2 - 2AF \cdot FQ\cos 60° =$$

$$\frac{1}{4} + \frac{1}{4}(1-y)^2 - \frac{1}{4}(1-y)$$

由

$$\frac{GB}{BC} = \frac{PQ}{QA}$$

得

$$\frac{x^2}{1} = \frac{\frac{1}{4}x^2 + \frac{1}{4}(1-y)^2 - \frac{1}{4}x(1-y)}{\frac{1}{4} + \frac{1}{4}(1-y)^2 - \frac{1}{4}(1-y)}$$

$$\Leftrightarrow (1-x)(1-y) = x \qquad\qquad ①$$

同理可得

$$(1-y)(1-z) = y \qquad\qquad ②$$

$$(1-z)(1-x) = z \qquad\qquad ③$$

①$-$②,②$-$③,③$-$① 得

$$(1-y)(z-x) = x-y \qquad\qquad ④$$

$$(1-z)(x-y) = y-z \qquad\qquad ⑤$$

$$(1-x)(y-z) = z-x \qquad\qquad ⑥$$

④$\times$⑤$\times$⑥ 得

$$\prod(1-x)\prod(x-y) = \prod(x-y)$$

因为

$$0 < x < 1$$

所以

$$\prod(1-x) \in (0,1)$$

所以

$$\prod(x-y) = 0$$

不妨设 $x = y$.

　　由 ④ 知 $x = z$,所以

$$x = y = z$$

所以

$$\triangle ABG \cong \triangle BCH(\text{SAS})$$

所以

$$\angle GAB = \angle HBC$$

所以

$$\angle PQR = \angle BAQ + \angle ABQ = \angle HBC + \angle ABQ = 60°$$

同理可得

$$\angle QRP = \angle QPR = 60°$$

所以 $\triangle PQR$ 为等边三角形.

（此证法由田尚提供.）

数论问题

解法一　（1）若 $a=b$，此时 $a^2 \mid 2a^3$，符合条件的 (a,b) 有 100 对.

（2）若 $a \neq b$，由对称性，不妨设 $a < b$.

令 $(a,b)=d$，则

$$a = sd , b = td , (s,t)=1 , s < t$$

于是

$$ab \mid a^3 + b^3 \Leftrightarrow ab \mid (a+b)^3 \Leftrightarrow std^2 \mid d^3 (s+t)^3 \Leftrightarrow st \mid d (s+t)^3$$

因为

$$(s,t)=1$$

所以

$$(st,s+t)=1$$

所以

$$(st,(s+t)^3)=1$$

于是

$$ab \mid a^3 + b^3 \Leftrightarrow st \mid d \Leftrightarrow \begin{cases} s \mid d \\ t \mid d \end{cases}, (s,t)=1 , s < t$$

若 s,t 中有一个的质因数 p 不小于 11，则 $p \mid d$，故

$$p \mid a \text{ 或 } p \mid b$$

所以

$$p^2 \leqslant b = \max\{a,b\} \leqslant 100$$

又 $p^2 \geqslant 11^2 = 121$，矛盾.

故 s,t 的质因数只可能是 2,3,5,7.

若 s,t 的质因数中 2,3,5,7 至少出现 3 个，则 $d \geqslant 2 \times 3 \times 5 = 30$. 从而 $b = \max\{a,b\} \geqslant 5d > 100$，矛盾.

若 s,t 的质因数是 3,7，则 $b = \max\{a,b\} \geqslant 7 \times 3 \times 7 > 100$，矛盾.

若 s,t 的质因数是 5,7，则 $b = \max\{a,b\} \geqslant 7 \times 5 \times 7 > 100$，矛盾.

若 s,t 的质因数是 3,5，则 $d = 15 , (s,t)=(3,5)$，共 1 对.

若 s,t 的质因数是 2,7，则 $d = 14 , (s,t)=(2,7)$，共 1 对.

若 s,t 的质因数是 2,5，则 $d = 10,20$.

当 $d = 10$ 时，$(s,t)=(2,5),(1,10)$.

当 $d = 20$ 时，$(s,t)=(2,5),(4,5)$.

共有 4 对.

若 s,t 的质因数是 $2,3$,则 $d=6,12,18,24,30$.

当 $d=6$ 时,$(s,t)=(1,6),(2,3)$.

当 $d=12$ 时,$(s,t)=(1,6),(2,3),(3,4)$.

当 $d=18$ 时,$(s,t)=(2,3),(3,4)$.

当 $d=24$ 时,$(s,t)=(2,3),(3,4)$.

当 $d=30$ 时,$(s,t)=(2,3)$.

共有 $2+3+2+2+1=10$ 对.

若 s,t 的质因数只有 3,则 $d=3,6,9,12,15,18,21,24,27,30,33$.

当 $d=3$ 时,$b=3t\leqslant 100,(s,t)=(1,3)$.

当 $d=6$ 时,$b=6t\leqslant 100,(s,t)=(1,3)$.

当 $d=9$ 时,$b=9t\leqslant 100,(s,t)=(1,3),(1,9)$.

当 $d=12$ 时,$b=12t\leqslant 100,(s,t)=(1,3)$.

当 $d=15$ 时,$b=15t\leqslant 100,(s,t)=(1,3)$.

当 $d=18$ 时,$b=18t\leqslant 100,(s,t)=(1,3)$.

当 $d=21$ 时,$b=21t\leqslant 100,(s,t)=(1,3)$.

当 $d=24$ 时,$b=24t\leqslant 100,(s,t)=(1,3)$.

当 $d=27$ 时,$b=27t\leqslant 100,(s,t)=(1,3)$.

当 $d=30$ 时,$b=30t\leqslant 100,(s,t)=(1,3)$.

当 $d=33$ 时,$b=33t\leqslant 100,(s,t)=(1,3)$.

共有 $10\times 1+2=12$ 对.

若 s,t 的质因数只有 2,则 $d=2,4,6,\cdots,48,50$.

当 $d=2$ 时,$b=2t\leqslant 100,(s,t)=(1,2)$.

当 $d=4$ 时,$b=4t\leqslant 100,(s,t)=(1,2),(1,2^2)$.

当 $d=6$ 时,$b=6t\leqslant 100,(s,t)=(1,2)$.

当 $d=8$ 时,$b=8t\leqslant 100,(s,t)=(1,2),(1,2^2),(1,2^3)$.

当 $d=10$ 时,$b=10t\leqslant 100,(s,t)=(1,2)$.

当 $d=12$ 时,$b=12t\leqslant 100,(s,t)=(1,2)$.

当 $d=14$ 时,$b=14t\leqslant 100,(s,t)=(1,2)$.

当 $d=16$ 时,$b=16t\leqslant 100,(s,t)=(1,2),(1,2^2)$.

当 $d=18$ 时,$b=18t\leqslant 100,(s,t)=(1,2)$.

当 $d=20$ 时,$b=20t\leqslant 100,(s,t)=(1,2),(1,2^2)$.

当 $d=22$ 时,$b=22t\leqslant 100,(s,t)=(1,2)$.

当 $d=24$ 时,$b=24t\leqslant 100,(s,t)=(1,2),(1,2^2)$.

当 $d=26$ 时,$b=26t\leqslant 100,(s,t)=(1,2)$;故 $d=26,28,\cdots,50$ 时,都有 $(s,t)=(1,2)$.

共有 $7\times 1+4\times 2+3+13\times 1=31$ 对.

若 s,t 的质因数只有 5,则 $d=5,10,15,20$.

当 $d=5$ 时,$b=5t\leqslant 100,(s,t)=(1,5)$.

当 $d=10$ 时,$b=10t\leqslant 100,(s,t)=(1,5)$.

当 $d=15$ 时,$b=15t\leqslant100$,$(s,t)=(1,5)$.

当 $d=20$ 时,$b=20t\leqslant100$,$(s,t)=(1,5)$.

若 s,t 的质因数只有 7,则 $d=7,14$.

当 $d=7$ 时,$b=7t\leqslant100$,$(s,t)=(1,7)$.

当 $d=14$ 时,$b=14t\leqslant100$,$(s,t)=(1,7)$.

所以对应的数对 (a,b) 一共有 $13+8+40+4=65$ 对.

取消不妨设后一共有 $65\times2=130$ 对.

综上所述,符合要求的数对 (a,b) 的个数共有 $130+100=230$ 对.

（此解法由叶军提供.）

解法二 (1)若 $a=b$,此时 $a^2\mid2a^3$,符合条件的 (a,b) 有 100 对.

(2)若 $a\neq b$,由对称性,不妨设 $a>b$.

对 d 分类如下:

d 为素数时,$(a_1,b_1)=(d,1)$,在 $[2,50]$ 中的素数 d 有 $2,3,5,7,11,13,17,19,23,29$,$31,37,41,43,47$,共计 15 个,则数对 $(a,b)=(d^2,d)$,所以 $d=2,3,5,7$,数对 (a,b) 有 4 对.

d 不为素数时,显然 d 的素因子不超过 23,素因子个数不超过 3 个,则继续分类.

若 d 只含一个素因子:

$d=2^i(i=2,3,4,5)$ 时

$$(a_1,b_1)=(2^j,1)\quad(1\leqslant j\leqslant i)$$

对应数对 $(a,b)=(2^jd,d)=(2^{i+j},2^i)$,所以 $i+j\leqslant6$.

所以数对 (i,j) 有 10 个,即对应的数对 (a,b) 也有 10 对.

$d=3^i(i=2,3)$ 时

$$(a_1,b_1)=(3^j,1)\quad(1\leqslant j\leqslant i)$$

对应数对 $(a,b)=(3^jd,d)=(3^{i+j},3^i)$,所以 $i+j\leqslant4$.

所以数对 (i,j) 有 3 个,即对应的数对 (a,b) 也有 3 对.

$d=5^2$ 时

$$(a_1,b_1)=(5^j,1)\quad(1\leqslant j\leqslant2)$$

对应数对 $(a,b)=(5^{j+2},5^2)$,所以 j 无解.

所以对应的数对 (a,b) 为 0 对.

$d=7^2$ 时

$$(a_1,b_1)=(7^j,1)\quad(1\leqslant j\leqslant2)$$

对应数对 $(a,b)=(5^{j+2},5^2)$,所以 j 无解.

所以对应的数对 (a,b) 也为 0 对.

此时,对应的数对 (a,b) 有 13 对.

若 d 只含两个素因子:

$d=2p(p=3,5,7,3^2,11,13,17,23)$ 时

$$(a_1,b_1)=(2,1)\text{ 或 }(p,1)\text{ 或 }(p,2)$$

所以对应的数对 $(a,b)=(2pa_1,2pb_1)=\begin{cases}(2^2p,2p)\text{ 有 8 对}\\(2p^2,2p)\text{ 有 3 对}.\\(2p^2,4p)\text{ 有 3 对}\end{cases}$

$d = 2^2 p (p = 3,5,7,3^2)$ 时

$$(a_1, b_1) = (2,1) \text{ 或} (p,1) \text{ 或} (p,2)$$

所以对应的数对 $(a,b) = (2^2 pa_1, 2^2 pb_1) = \begin{cases} (2^3 p, 2^2 p) \text{ 有 5 对} \\ (2^2 p^2, 2^2 p) \text{ 有 2 对} \\ (2^2 p^2, 2^3 p) \text{ 有 2 对} \end{cases}$.

$d = 2^3 p (p = 3,5)$ 时

$$(a_1, b_1) = (2,1) \text{ 或} (p,1) \text{ 或} (p,2)$$

所以对应的数对 $(a,b) = (2^3 pa_1, 2^3 pb_1) = \begin{cases} (2^4 p, 2^3 p) \text{ 有 2 对} \\ (2^3 p^2, 2^3 p) \text{ 有 1 对} \\ (2^3 p^2, 2^4 p) \text{ 有 1 对} \end{cases}$.

$d = 2^4 p (p = 3)$ 时

$$(a_1, b_1) = (2,1) \text{ 或} (p,1) \text{ 或} (p,2)$$

所以对应的数对 $(a,b) = (2^4 pa_1, 2^4 pb_1) = \begin{cases} (2^5 p, 2^4 p) \text{ 有 1 对} \\ (2^4 p^2, 2^4 p) \text{ 有 0 对} \\ (2^4 p^2, 2^5 p) \text{ 有 0 对} \end{cases}$.

$d = 3p (p = 5,7,11,13)$ 时

$$(a_1, b_1) = (2,1) \text{ 或} (p,1) \text{ 或} (p,2)$$

所以对应的数对 $(a,b) = (3pa_1, 3pb_1) = \begin{cases} (3^2 p, 3p) \text{ 有 5 对} \\ (3p^2, 3p) \text{ 有 2 对} \\ (3p^2, 3^2 p) \text{ 有 2 对} \end{cases}$.

$d = 3^2 p (p = 5)$ 时

$$(a_1, b_1) = (3,1) \text{ 或} (p,1) \text{ 或} (p,3)$$

所以对应的数对 $(a,b) = (3^2 pa_1, 3^2 pb_1) = \begin{cases} (3^3 p, 3^2 p) \text{ 有 1 对} \\ (3^2 p^2, 3^2 p) \text{ 有 1 对} \\ (3^2 p^2, 3^3 p) \text{ 有 1 对} \end{cases}$.

$d = 5p (p = 7)$ 时

$$(a_1, b_1) = (5,1) \text{ 或} (p,1) \text{ 或} (p,5)$$

所以对应的数对 $(a,b) = (5pa_1, 5pb_1) = \begin{cases} (5^2 p, 5p) \text{ 有 0 对} \\ (5p^2, 5p) \text{ 有 0 对} \\ (5p^2, 5^2 p) \text{ 有 0 对} \end{cases}$.

所以 d 含 2 个素因子时,对应的数对 (a,b) 一共有 40 对.

若 d 含 3 个素因子:

则 $d = 2 \times 3 \times 5$,数对 (a_1, b_1) 可取 $(2,1), (3,1), (3,2)$,对应的数对 (a,b) 有 3 对.

或 $d = 2 \times 3 \times 7$,数对 (a_1, b_1) 可取 $(2,1)$,对应的数对 (a,b) 有 1 对.

所以 d 含 3 个素因子时,对应的数对 (a,b) 一共有 4 对.

所以对应的数对 (a,b) 一共有 $13 + 8 + 40 + 4 = 65$ 对.

取消不妨设后一共有 $65 \times 2 = 130$ 对.

综上所述,符合要求的数对 (a,b) 的个数共有 $130 + 100 = 230$ 对.

(此解法由侯立勋提供.)

解法三 (1)若 $a=b$,此时 $a^2 \mid 2a^3$,符合条件的 (a,b) 有 100 个.

(2)若 $a \neq b$,由对称性,不妨设 $a>b$.

令 $(a,b)=d$,则

$$a=sd,b=td,(s,t)=1,s>t$$

于是

$$ab \mid a^3+b^3 \Leftrightarrow ab \mid (a+b)^3 \Leftrightarrow std^2 \mid d^3(s+t)^3 \Leftrightarrow st \mid d(s+t)^3$$

因为 $(s,t)=1$,所以

$$(st,s+t)=1$$

所以

$$(st,(s+t)^3)=1$$

于是

$$ab \mid a^3+b^3 \Leftrightarrow st \mid d \Leftrightarrow \begin{cases} s \mid d \\ t \mid d \end{cases}$$

其中 $(s,t)=1,s>t$.

记 $d=stm,m \in \mathbf{N}^*$,则

$$a=s^2tm,b=st^2m$$

由 $s>t$,所以

$$t^3m < s^2tm \leqslant 100$$

所以

$$t^3 \leqslant 100$$

则 $t \leqslant 4$.

1° 当 $t=1$ 时,$a=s^2m,b=sm(2 \leqslant s \leqslant 10)$.

① 当 $s=2$ 时,$a=4m,b=2m$,由 $4m \leqslant 100$ 知:m 有 25 个.

② 当 $s=3$ 时,$a=9m,b=3m$,由 $9m \leqslant 100$ 知:m 有 11 个.

③ 当 $s=4$ 时,$a=16m,b=4m$,由 $16m \leqslant 100$ 知:m 有 6 个.

④ 当 $s=5$ 时,$a=25m,b=5m$,由 $25m \leqslant 100$ 知:m 有 4 个.

⑤ 当 $s=6$ 时,$a=36m,b=6m$,由 $36m \leqslant 100$ 知:m 有 2 个.

⑥ 当 $s=7$ 时,$a=49m,b=7m$,由 $49m \leqslant 100$ 知:m 有 2 个.

⑦ 当 $s=8$ 时,$a=64m,b=8m$,由 $64m \leqslant 100$ 知:m 有 1 个.

⑧ 当 $s=9$ 时,$a=81m,b=9m$,由 $81m \leqslant 100$ 知:m 有 1 个.

⑨ 当 $s=10$ 时,$a=100m,b=10m$,由 $100m \leqslant 100$ 知:m 有 1 个.

所以当 $t=1$ 时,共有 $N_1=25+11+6+4+2+2+1+1+1=53$ 对.

2° 当 $t=2$ 时,$a=2s^2m,b=4sm(3 \leqslant s \leqslant 7)$.

① 当 $s=3$ 时,$a=18m,b=12m$,由 $18m \leqslant 100$ 知:m 有 5 个.

② 当 $s=4$ 时,$a=32m,b=12m$,由 $32m \leqslant 100$ 知:m 有 3 个.

③ 当 $s=5$ 时,$a=50m,b=20m$,由 $50m \leqslant 100$ 知:m 有 2 个.

④ 当 $s=6$ 时,$a=72m,b=24m$,由 $72m \leqslant 100$ 知:m 有 1 个.

⑤ 当 $s=7$ 时,$a=98m,b=28m$,由 $98m \leqslant 100$ 知:m 有 1 个.

所以当 $t=2$ 时,共有 $N_2=5+3+2+1+1=12$ 对.

$3°$ 当 $t=3$ 时,$a=3s^2m,b=9sm(4\leqslant s\leqslant 5)$.

① 当 $s=4$ 时,$a=48m,b=36m$,由 $48m\leqslant 100$ 知:m 有 2 个.

② 当 $s=5$ 时,$a=75m,b=45m$,由 $75m\leqslant 100$ 知:m 有 1 个.

所以当 $t=3$ 时,共有 $N_3=2+1=3$ 对.

$4°$ 当 $t=4$ 时,$a=4s^2m,b=16sm(4<s\leqslant 5)$.

当 $s=5$ 时,$a=100m,b=90m$,由 $100m\leqslant 100$ 知:m 有 1 个.

所以当 $t=4$ 时,共有 $N_4=1$ 对.

但考虑到有重复,在 $1°,2°$ 中,当 $a:b=2:1$ 时,有 3 对重复;当 $a:b=3:1$ 时,有 1 对重复,所以一共有 $N_1+N_2+N_3+N_4-4=65$ 对.

取消不妨设后一共有 $65\times 2=130$ 对.

综上所述,符合要求的数对 (a,b) 的个数共有 $130+100=230$ 对.

(此解法由邓朝发提供.)

3. 叶军教授点评

(1)第一道平面几何题代数特征比较鲜明,需要通过计算求解.刘家瑜同学直接通过平行建立方程求解,思路流畅自然,值得表扬;田尚老师通过两次梅涅劳斯定理加上平行线的性质得到一个易于计算的比例式,建立方程,非常的巧妙,值得学习.

(2)第二道数论试题是一道典型的枚举问题,其思想在数论中非常重要.解法一和解法二都是通过对 a,b 的最大公约数 d 所含质因数的种类进行分类,思路严谨,分类清晰,该解法正确率较高;而邓朝发老师和刘家瑜同学则是直接对 a,b 所含的素因子进行估计,分类容易,方法快捷,但要特别注意的是,该解法可能会出现重复计数,需要仔细斟酌,排除重复计数.上述两种不同的思路都是非常优秀的解法,希望同学们细细体会.

计算证明,巧用三角
——2016 届叶班数学问题征解 050 解析

1. 问题征解 050

如图 50.1 所示,在边长为 1 的正方形 $ABCD$ 中,E,F 是 BC 和 CD 上任一点,$\angle EAF = \theta$.

(1) 求证:$S_{\triangle AEF} = \dfrac{1}{2} \cdot (BE + DF) \cdot \tan \theta$.

(2) 当 θ 给定时,求 $S_{\triangle AEF}$ 的最小值.

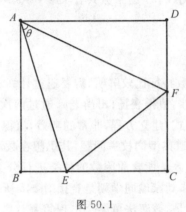

图 50.1

(《数学爱好者通讯》编辑部提供,2017 年 8 月 19 日.)

2. 问题 050 解析

第(1)问

证法一   如图 50.2 所示,延长 CB 至点 G,使得 $BG = DF$. 作 $EH \perp AG$ 交于点 H. 设 $BE = x$,$DF = y$,则

$$CE = 1 - x, \quad CF = 1 - y$$

所以

$$S_{\triangle AEF} = 1 - \frac{x}{2} - \frac{y}{2} - \frac{1}{2}(1 - x)(1 - y) =$$

$$1 - \frac{x}{2} - \frac{y}{2} - \frac{1}{2} - \frac{xy}{2} + \frac{x}{2} + \frac{y}{2} =$$

$$\frac{1 - xy}{2}$$

因为

$$\triangle ABG \cong \triangle ADF$$

所以

$$\angle GAF = 90°$$

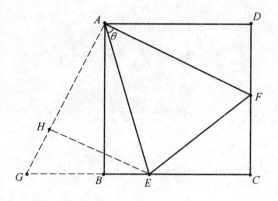

图 50.2

所以

$$\tan \theta = \cot \angle GAE = \frac{AH}{HE}$$

（此证法由刘家瑜提供.）

证法二 如图 50.3 所示，延长 CB 至点 G，使得 $BG = DF$，联结 AG，则显然有

$$\triangle ABG \cong \triangle ADF$$

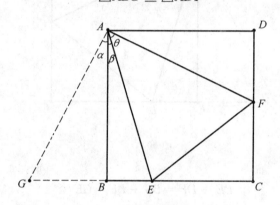

图 50.3

设 $DF = BG = x$，$BE = y$，则

$$S_{\triangle AEF} = 1 - \frac{x}{2} - \frac{y}{2} - \frac{1}{2}(1-x)(1-y) = \frac{1-xy}{2}$$

往证

$$\frac{1}{2}(x + y)\tan \theta = \frac{1-xy}{2} \tag{$*$}$$

令 $\angle GAB = \alpha$，$\angle BAE = \beta$，则

$$\alpha + \beta = 90° - \theta$$

所以

$$\tan \theta = \frac{1}{\tan(90° - \theta)} = \frac{1}{\tan(\alpha + \beta)} = \frac{1 - \tan \alpha \tan \beta}{\tan \alpha + \tan \beta}$$

又

$$\tan \alpha = \frac{BG}{BA} = x$$

$$\tan \beta = \frac{BE}{BA} = y$$

所以

$$\tan \theta = \frac{1 - xy}{x + y}$$

所以

$$\frac{1}{2}(x + y)\tan \theta = \frac{1}{2}(x + y) \cdot \frac{1 - xy}{x + y} = \frac{1 - xy}{2}$$

故(*)成立,命题得证.

（此证法由刘衍、艾宇航、叶丰硕提供.）

　　证法三　如图 50.4 所示,延长 CB 至点 G,使得 $BG = DF$,联结 AG,则显然有

$$\triangle ABG \cong \triangle ADF$$

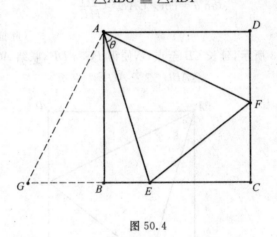

图 50.4

所以

$$BE + DF = BG + BE = GE$$
$$AG = AF$$

所以

$$S_{\triangle AGE} = \frac{1}{2}AB \cdot GE = \frac{1}{2}(BE + DF)$$

因为

$$\angle GAE = 90° - \theta$$

所以

$$\frac{S_{\triangle AGE}}{S_{\triangle AEF}} = \frac{AG \cdot AE \cdot \sin (90° - \theta)}{AE \cdot AF \cdot \sin \theta} = \frac{\cos \theta}{\sin \theta} = \frac{1}{\tan \theta}$$

所以

$$S_{\triangle AEF} = S_{\triangle AGE} \cdot \tan \theta = \frac{1}{2}(BE + DF)\tan \theta$$

（此证法由温玟杰、陈苗卓、龙飞雨提供.）

　　证法四　如图 50.5 所示,延长 EB 至 G 使得 $BG = DF$,联结 AG,联结 FG 与 AE 交于

H,过点 H 作 $HI \perp AF$,垂足为 I,作 $HJ \perp AG$,垂足为 J.

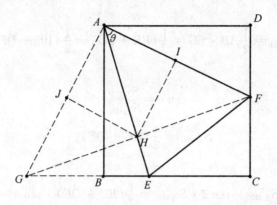

图 50.5

因为四边形 $ABCD$ 是正方形,所以

$$AB \perp BC$$
$$AD \perp CD$$
$$AB \perp AD$$

所以

$$\angle BAD = \angle ABG = \angle D = 90°$$

因为

$$\begin{cases} AB = AD \\ \angle ABG = \angle D \\ BG = DF \end{cases}$$

所以

$$\triangle ABG \cong \triangle ADF (SAS)$$

所以

$$AG = AF$$
$$\angle BAG = \angle DAF$$

所以

$$\angle FAG = \angle BAF + \angle BAG = \angle BAF + \angle DAF = \angle BAD = 90°$$

所以 $\triangle AFG$ 是等腰直角三角形.

所以

$$\tan \theta = \frac{HI}{HJ} = \frac{\frac{1}{2} AF \cdot HI}{\frac{1}{2} AG \cdot HJ} = \frac{S_{\triangle AFH}}{S_{\triangle AGH}} = \frac{FH}{GH}$$

由共边比例定理得

$$\tan \theta = \frac{FH}{GH} = \frac{S_{\triangle AEF}}{S_{\triangle AEG}}$$

因为

$$AB = 1$$

$$DF = BG$$

所以

$$S_{\triangle AEG} = \frac{1}{2} AB \cdot EG = \frac{1}{2}(BE + BG) = \frac{1}{2}(BE + DF)$$

因为

$$\tan \theta = \frac{S_{\triangle AEF}}{S_{\triangle AEG}}$$

$$S_{\triangle AEG} = \frac{1}{2}(BE + DF)$$

所以

$$S_{\triangle AEF} = \tan \theta \cdot S_{\triangle AEG} = \frac{1}{2}(BE + DF) \cdot \tan \theta$$

得证.

(此证法由阙子述提供.)

第(2)问

证法一　设 $\angle DAF = \alpha$,则

$$\angle BAE = 90° - \theta - \alpha$$

由(1)可知

$$S_{\triangle AEF} = \frac{1}{2}(BE + DF)\tan \theta$$

又 θ 为给定的值,故 $S_{\triangle AEF}$ 最小当且仅当 $BE + DF$ 最小.

因为

$$BE = AB \cdot \tan \angle BAE = \tan(90° - \theta - \alpha)$$
$$DF = AD \cdot \tan \angle DAF = \tan \alpha$$

所以

$$BE + DF = \tan(90° - \theta - \alpha) + \tan \alpha =$$
$$\frac{\sin(90° - \theta - \alpha)}{\cos(90° - \theta - \alpha)} + \frac{\sin \alpha}{\cos \alpha} =$$
$$\frac{\sin(90° - \theta - \alpha)\cos \alpha + \cos(90° - \theta - \alpha)\sin \alpha}{\cos(90° - \theta - \alpha)\cos \alpha} =$$
$$\frac{\sin(90° - \theta)}{\frac{1}{2}\big[\cos(90° - \theta) + \cos(90° - \theta - 2\alpha)\big]}$$

因为

$$0° < \theta < 90°$$

所以

$$\sin(90° - \theta) > 0$$
$$\cos(90° - \theta) > 0$$

所以 $BE + DF$ 最小当且仅当 $\cos(90° - \theta - 2\alpha)$ 最大,即 $\cos(\angle BAE - \angle DAF)$ 最大,且有 $|\angle BAE - \angle DAF| < 90°$.

又余弦函数 $y = \cos x$ 在 $(-90°, 0°)$ 上单调递增,在 $(0°, 90°)$ 上单调递减.所以当

$$\angle BAE - \angle DAF = 0°$$

即

$$\angle BAE = \angle DAF$$

时,$\cos(\angle BAE - \angle DAF)$ 有最大值,最大值为 1.

所以

$$(BE + DF)_{\min} = 2\,\frac{\sin(90° - \theta)}{\cos(90° - \theta) + 1} = \frac{2\cos\theta}{\sin\theta + 1}$$

所以

$$(S_{\triangle AEF})_{\min} = \frac{1}{2} \cdot \frac{2\cos\theta}{\sin\theta + 1} \cdot \tan\theta = \frac{\sin\theta}{\sin\theta + 1}$$

(此证法由温玟杰、刘家瑜提供.)

证法二 不妨设 $BE \geqslant DF$,如图 50.6 所示,延长 EB 至 G 使得 $BG = DF$,在线段 BC 上取点 H,使 $\angle BAH = 45° - \dfrac{\theta}{2}$,在 BC 延长线上取点 I,使 $\angle BAI = 45° - \dfrac{\theta}{2}$,联结 AH,AI,在 BH 上取点 J,使得 $IG = HJ$,联结 AJ.

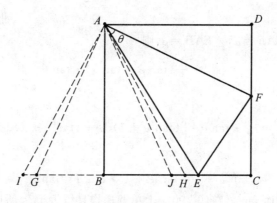

图 50.6

易知 $\triangle ABH \cong \triangle ABI$,所以

$$AH = AI$$

所以 $\triangle AHI$ 为等腰三角形.

又由 (1) 知 $\angle FAG = 90°$,所以

$$\angle EAG = \angle FAG - \angle EAF = 90° - \theta = \angle HAI$$

则

$$\angle IAG = \angle EAH$$

所以可得

$$\triangle AIG \cong \triangle AHJ$$
$$\angle JAH = \angle GAI = \angle EAH$$
$$AJ = AG$$

当 $BE = DF$ 时,G 与 I 重合,$GE = IH$.

当 $BE > DF$ 时,G 与 I 不重合,由角平分线定理得

$$\frac{FH}{HJ} = \frac{AE}{AJ} = \frac{AE}{AG} > 1$$

所以

$$EG > IH$$

所以 GE 的最小值为 IH,此时,G 与 I 重合.

由(1)知

$$S_{\triangle AEF} = \frac{1}{2}(BE + DF) \cdot \tan \theta$$

所以

$$(S_{\triangle AEF})_{\min} = \frac{1}{2}(BE + DF)_{\min} \cdot \tan \theta = \frac{1}{2}GE_{\min} \cdot \tan \theta =$$

$$BE \cdot \tan \theta = \tan\left(45° - \frac{\theta}{2}\right)\tan \theta$$

所以

$$(S_{\triangle AEF})_{\min} = \tan\left(45° - \frac{\theta}{2}\right)\tan \theta$$

(此证法由阙子述提供.)

证法三 令 $\angle DAF = \alpha, \angle EAB = \beta$,则

$$S_{\triangle AEF} = \frac{1}{2}(\tan \beta + \tan \alpha) \cdot \tan \theta$$

求导可得

$$S' = \frac{1}{2} \cdot \tan \theta \cdot [(\tan^2 \alpha + 1)\mathrm{d}\alpha + (\tan^2 \beta + 1)\mathrm{d}\beta]$$

令 $S' = 0$ 可得

$$\tan^2 \alpha + 1 = \tan^2 \beta + 1 \Rightarrow \tan^2 \alpha = \tan^2 \beta$$

因为 $0° < \alpha, \beta < 90°$,而 $\tan x$ 在 $(0°, 90°)$ 上单调递增且恒大于 0. 所以

$$\tan \alpha = \tan \beta$$

所以

$$\alpha = \beta = \frac{90° - \theta}{2}$$

即当 $\alpha = \beta = \dfrac{90° - \theta}{2}$ 时,$S_{\triangle AEF}$ 有最小值.

所以

$$(S_{\triangle AEF})_{\min} = \tan\left(\frac{90° - \theta}{2}\right)\tan \theta$$

(此证法由叶丰硕提供.)

3. 叶军教授点评

(1)第(1)问重点是利用数量特征 x,y 进行几何计算,刘家瑜、刘衍、温玟杰、艾宇航、叶丰硕、陈苗卓、龙飞雨这几位同学的解答抓住了这一核心特征,值得点赞;第(2)问重点是巧用三角函数求面积最值,温玟杰、刘家瑜两位同学将问题转化为三角函数进行处理,借助三

角函数的单调性从而求得最值,非常巧妙. 特别要提出表扬的是来自江西南昌的阙子述同学,阙子述同学第(1)问中使用共边比例定理对线段比例进行转化得技巧运用的十分熟练,值得点赞,第(2)问中直接刻画出面积最小的位置,然后用最值原理进行说明,十分巧妙,值得同学们学习. 叶丰硕同学更是借助导数的知识巧妙地解决了第(2)问,非常漂亮.

(2)考虑到阙子述同学优异的表现,从 2017 年秋季起特批准招收阙子述同学为 2016 届天问叶班正式学员,享受天问叶班学员的所有待遇.

(3)叶丰硕同学今年 11 岁,学习小目标是冲刺 IMO,大目标是数学 Fields 奖、物理 Nobel 奖. 考虑到叶丰硕同学远大的理想抱负,从 2017 年秋季起特批准招收叶丰硕同学为 2016 届天问叶班正式学员,享受天问叶班学员的所有待遇.

等差幂线,巧妙放缩
——2016 届叶班数学问题征解 051 解析

1. 问题征解 051

解答下列问题:

(1) 如图 51.1 所示,在 $\triangle ABC$ 中,I 为内心,$BE \perp CI$ 于 E,$CF \perp BI$ 于 F,联结 AE,AF. 求证

$$AF^2 + IE^2 = AE^2 + IF^2$$

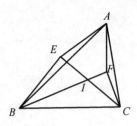

图 51.1

(2) 设 a,b,c 是三个正数,且满足 $abc = 1$,求证

$$\frac{1}{a^3 + b^3 + 1} + \frac{1}{b^3 + c^3 + 1} + \frac{1}{c^3 + a^3 + 1} \leqslant 1$$

(《数学爱好者通讯》编辑部提供,2017 年 8 月 26 日.)

2. 问题 051 解析

几何问题

证明　先证明一个引理(等差幂线定理):

如图 51.2,若 $MK \perp AB$ 于 H,则

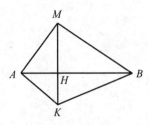

图 51.2

$$AM^2 - AK^2 = BM^2 - BK^2$$

引理的证明

$$AM^2 - AK^2 = MH^2 + AH^2 - HK^2 - AH^2 =$$

$$MH^2 - HK^2 =$$
$$MH^2 + HB^2 - HK^2 - HB^2 =$$
$$BM^2 - BK^2$$

引理证毕.

回到原题：

如图 51.3 所示，联结 AI, EF.

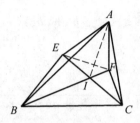

图 51.3

由上述引理可知：只需证 $AI \perp EF$.

因为

$$\angle BEC = \angle BFC = 90°$$

所以 B, E, F, C 四点共圆.

所以

$$\angle FEI = \angle IBC$$

又

$$\angle AIE = 90° + \frac{\angle C}{2} - \angle BIE = 90° + \frac{\angle C}{2} - \frac{\angle C}{2} - \frac{\angle B}{2} = 90° - \frac{\angle B}{2}$$

故

$$\angle AIE + \angle IEF = 90° - \frac{\angle B}{2} + \frac{\angle B}{2} = 90°$$

所以

$$AI \perp EF$$

故命题得证.

（此证法由刘家瑜、陈苗卓、杨旸、温玟杰、陈石提供.）

不等式问题

证法一 先证明一个引理：若 $a > 0, b > 0$，则 $a^3 + b^3 \geqslant ab(a+b)$.

引理的证明

$$a^3 + b^3 - ab(a+b) = (a+b)(a^2 - ab + b^2) - ab(a+b) =$$
$$(a+b)(a-b)^2 \geqslant 0$$

引理得证.

下面证明本题

$$\frac{1}{a^3 + b^3 + 1} + \frac{1}{b^3 + c^3 + 1} + \frac{1}{c^3 + a^3 + 1} \leqslant$$
$$\frac{1}{ab(a+b) + 1} + \frac{1}{bc(b+c) + 1} + \frac{1}{ca(c+a) + 1} =$$

$$\frac{c}{abc(a+b+c)}+\frac{a}{abc(a+b+c)}+\frac{b}{abc(a+b+c)}=$$

$$\frac{1}{abc}=1$$

证毕.

(此证法由杨旸、陈苗卓、刘家瑜、温玟杰、蒋鑫邦、陈伟伦提供.)

证法二　由柯西不等式得

$$(a+b+c)^2\leqslant(a^3+b^3+abc)(\frac{1}{a}+\frac{1}{b}+\frac{c}{ab})$$

所以

$$\frac{1}{a^3+b^3+1}=\frac{1}{a^3+b^3+abc}\leqslant\frac{\frac{1}{a}+\frac{1}{b}+\frac{c}{ab}}{(a+b+c)^2}$$

所以

$$\frac{1}{a^3+b^3+1}+\frac{1}{b^3+c^3+1}+\frac{1}{c^3+a^3+1}\leqslant$$

$$\frac{(\frac{1}{a}+\frac{1}{b}+\frac{c}{ab})+(\frac{1}{b}+\frac{1}{c}+\frac{a}{bc})+(\frac{1}{c}+\frac{1}{a}+\frac{b}{ca})}{(a+b+c)^2}=$$

$$\frac{\frac{(a+b+c)^2}{abc}}{(a+b+c)^2}=1$$

证毕.

(此证法由陈石提供.)

3. 叶军教授点评

(1) 第一道平面几何题杨旸、陈苗卓、刘家瑜、温玟杰、蒋鑫邦、陈伟伦、陈石七位同学转化待证结论合理,可以看出对等差幂线定理掌握的非常好,后面的倒角计算也非常成功,值得点赞.

(2) 第二道不等式题需要有良好的代数感觉和变形能力,杨旸、陈苗卓、刘家瑜、温玟杰、蒋鑫邦、陈伟伦六位同学放缩巧妙,值得称赞,而陈石同学采用柯西不等式配凑,将问题解决,非常巧妙,值得学习.

(3) 陈石同学在本次征解题解答中表现优异,前段时间独立地解决了西部数学邀请赛和女子奥林匹克数学几何试题,从 2017 年秋季起特批准招收陈石同学为 2016 届天问叶班正式学员,享受天问叶班学员的所有待遇.

反证法在同余中的应用
——2016 届叶班数学问题征解 052 解析

1. 问题征解 052

设四个都小于 2 017 的正整数 a_1, a_2, a_3, a_4 满足 $a_1^2 + a_2^2 \equiv a_3^2 + a_4^2 \equiv 0 \pmod{2\,017}$，则 $a_1 a_3 + a_2 a_4$ 与 $a_1 a_4 + a_2 a_3$ 中有且只有一个是 2 017 的倍数.

（《数学爱好者通讯》编辑部提供，2017 年 9 月 2 日.）

2. 问题 052 解析

证法一　由题意,有
$$(a_1 a_3 + a_2 a_4)(a_1 a_4 + a_2 a_3) = a_1^2 a_3 a_4 + a_2^2 a_3 a_4 + a_3^2 a_1 a_2 + a_4^2 a_1 a_2 = $$
$$(a_1^2 + a_2^2) a_3 a_4 + (a_3^2 + a_4^2) a_1 a_2 \equiv$$
$$0 \pmod{2\,017}$$

因为 2 017 是质数,所以 $a_1 a_3 + a_2 a_4$ 与 $a_1 a_4 + a_2 a_3$ 中至少有一个能被 2 017 整除.

接下来证最多只有一个能被 2 017 整除.

假设 $a_1 a_3 + a_2 a_4$ 和 $a_1 a_4 + a_2 a_3$ 都能被 2 017 整除,则
$$(a_1 a_3 + a_2 a_4) - (a_1 a_4 + a_2 a_3) = (a_1 - a_2)(a_3 - a_4) \equiv 0 \pmod{2\,017}$$

因为
$$a_1 < 2\,017$$
$$a_2 < 2\,017$$
$$a_3 < 2\,017$$
$$a_4 < 2\,017$$

且
$$a_1, a_2, a_3, a_4 \in \mathbf{N}^*$$

所以
$$-2\,017 < a_1 - a_2 < 2\,017$$
$$-2\,017 < a_3 - a_4 < 2\,017$$

所以 $a_1 - a_2, a_3 - a_4$ 中至少有一个为 0.

若 $a_1 - a_2 = 0$,则
$$a_1 = a_2, a_1^2 + a_2^2 = 2a_1^2 \equiv 0 \pmod{2\,017}$$

所以 $a_1 = a_2 = 0$,矛盾.

所以
$$a_1 - a_2 \neq 0$$

同理
$$a_3 - a_4 \neq 0$$

则假设不成立.

综上所述,$a_1a_3 + a_2a_4$,$a_1a_4 + a_2a_3$ 中有且只有一个是 2 017 的倍数.

(此证法由叶丰硕、温玟杰提供.)

证法二 因为

$$a_1^2 + a_2^2 \equiv a_3^2 + a_4^2 \equiv 0 (\bmod 2\ 017)$$

所以可设

$$a_1^2 + a_2^2 = 2\ 017k, a_3^2 + a_4^2 = 2\ 017l \quad (k, l\ \text{为正整数})$$

则

$$(a_1a_3 + a_2a_4)(a_1a_4 + a_2a_3) = a_1^2 a_3 a_4 + a_2^2 a_3 a_4 + a_3^2 a_1 a_2 + a_4^2 a_1 a_2 = (a_1^2 + a_2^2)a_3 a_4 + (a_3^2 + a_4^2)a_1 a_2 = 2\ 017(ka_3 a_4 + la_1 a_2)$$

因为 $(ka_3 a_4 + la_1 a_2)$ 为整数,所以

$$2\ 017 \mid (a_1a_3 + a_2a_4)(a_1a_4 + a_2a_3)$$

因为 2 017 是质数,所以 $a_1a_3 + a_2a_4$ 与 $a_1a_4 + a_2a_3$ 中至少有一个能被 2 017 整除.

设 $a_1a_3 + a_2a_4$ 和 $a_1a_4 + a_2a_3$ 都能被 2 017 整除,不妨设

$$a_1a_3 + a_2a_4 = 2\ 017p$$

$$a_1a_4 + a_2a_3 = 2\ 017q \quad (p, q\ \text{为正整数})$$

两式相加得

$$(a_1a_3 + a_2a_4) + (a_1a_4 + a_2a_3) = (a_1 + a_2)(a_3 + a_4) = 2\ 017(p + q)$$

则

$$2\ 017 \mid (a_1 + a_2)(a_3 + a_4)$$

因为 2 017 是质数,所以 $a_1 + a_2$,$a_3 + a_4$ 中必有一个或两个能被 2 017 整除.

不妨设

$$2\ 017 \mid a_1 + a_2$$

因为

$$0 < a_1 < 2\ 017$$

$$0 < a_2 < 2\ 017$$

所以

$$0 < a_1 + a_2 < 4\ 034$$

所以

$$a_1 + a_2 = 2\ 017$$

所以

$$a_1^2 + a_2^2 + 2a_1 a_2 = 2\ 017^2$$

$$2a_1 a_2 = 2\ 017^2 - 2\ 017k = 2\ 017(2\ 017 - k)$$

所以

$$2\ 017 \mid 2a_1 a_2$$

因为 2 017 为质数,则有 $2\ 017 \mid a_1$ 或 $2\ 017 \mid a_2$,矛盾,所以假设不成立.

所以 $a_1a_3 + a_2a_4$,$a_1a_4 + a_2a_3$ 中有且只有一个是 2 017 的倍数.

(此证法由阙子述提供.)

证法三 因为

$$a_1^2 - a_3^2 \equiv -a_2^2 + a_4^2 \pmod{2\ 017}$$

$$\Leftrightarrow a_1^4 + a_3^4 - 2a_1^2 a_3^2 \equiv a_2^4 + a_4^4 - 2a_2^2 a_4^2 \pmod{2\ 017}$$

$$\Leftrightarrow 2a_1^2 a_3^2 - 2a_2^2 a_4^2 \equiv a_1^4 - a_2^4 + a_3^4 - a_4^4 \equiv$$

$$(a_1^2 + a_2^2)(a_1^2 - a_2^2) + (a_3^2 + a_4^2)(a_3^2 - a_4^2) \pmod{2\ 017}$$

$$\Leftrightarrow 2a_1^2 a_3^2 \equiv 2a_2^2 a_4^2 \pmod{2\ 017}$$

因为

$$(2, 2\ 017) = 1$$

所以

$$a_1^2 a_3^2 \equiv a_2^2 a_4^2 \pmod{2\ 017} \Leftrightarrow (a_1 a_3 - a_2 a_4)(a_1 a_3 + a_2 a_4) \equiv 0 \pmod{2\ 017}$$

同理可得

$$a_1^2 - a_4^2 \equiv a_3^2 - a_2^2 \pmod{2\ 017} \Leftrightarrow (a_1 a_4 - a_2 a_3)(a_1 a_4 + a_2 a_3) \equiv 0 \pmod{2\ 017}$$

若

$$2\ 017 \mid a_1 a_3 + a_2 a_4, 2\ 017 \mid a_1 a_4 + a_2 a_3$$

则

$$a_1 a_3 \equiv -a_2 a_4 \pmod{2\ 017}$$

$$a_1 a_4 \equiv -a_2 a_3 \pmod{2\ 017}$$

所以

$$a_1^2 a_3 a_4 \equiv a_2^2 a_3 a_4 \pmod{2\ 017}$$

因为 2 017 是质数，$a_3 < 2\ 017, a_4 < 2\ 017, a_3, a_4 \in \mathbf{N}^*$，所以

$$(a_3, 2\ 017) = 1$$

$$(a_4, 2\ 017) = 1$$

所以

$$a_1^2 \equiv a_2^2 \pmod{2\ 017}$$

所以

$$a_1^2 + a_2^2 \equiv 2a_1^2 \equiv 0 \pmod{2\ 017}$$

因为

$$(2, 2\ 017) = 1$$

$$a_1 < 2\ 017$$

且

$$a_1 \in \mathbf{N}^*$$

所以 $a_1 = 0$，矛盾.

若

$$2\ 017 \mid a_1 a_3 - a_2 a_4$$

$$2\ 017 \mid a_1 a_4 - a_2 a_3$$

则

$$a_1 a_3 \equiv a_2 a_4 \pmod{2\ 017}$$

$$a_1 a_4 \equiv a_2 a_3 \pmod{2\ 017}$$

所以

$$a_1^2 a_3 a_4 \equiv a_2^2 a_3 a_4 \pmod{2\,017}$$

因为 2 017 是质数, $a_3 < 2\,017$, $a_4 < 2\,017$, a_3, $a_4 \in \mathbf{N}^*$, 所以

$$(a_3, 2\,017) = 1$$
$$(a_4, 2\,017) = 1$$

所以

$$a_1^2 \equiv a_2^2 \pmod{2\,017}$$

所以

$$a_1^2 + a_2^2 \equiv 2a_1^2 \equiv 0 \pmod{2\,017}$$

因为

$$(2, 2\,017) = 1$$
$$a_1 < 2\,017$$

且

$$a_1 \in \mathbf{N}^*$$

所以 $a_1 = 0$, 矛盾.

综上所述, $a_1 a_3 + a_2 a_4$, $a_1 a_4 + a_2 a_3$ 中有且只有一个是 2 017 的倍数.

(此证法由刘家瑜提供.)

3. 叶军教授点评

(1)从阙子述同学的解答可以看出他对模的运用已经非常熟练,而且思路严谨,值得点赞.刘家瑜同学的解答采用分类讨论的解法,非常熟练.特别值得表扬的是叶丰硕、温玟杰同学的解答,利用反证法,言简意赅,非常漂亮.

(2)以上四位是问题征解 052 公布后率先做出解答并获得满分的同学.依据时间顺序,还有下面同学上传了解答并获得满分,他们是艾宇航、李岩、龙飞雨、陈茁卓.

巧用等比求不定方程解的个数问题
——2016届叶班数学问题征解053解析

1. 问题征解 053

设 x, y, z, w 是 $1, 2, 3, \cdots, 100$ 中 4 个互不相同的正整数. 求满足等式

$$(x^2 + y^2 + z^2)(y^2 + z^2 + w^2) = (xy + yz + zw)^2$$

的所有 4 元有序数组 (x, y, z, w) 的个数.

（《数学爱好者通讯》编辑部提供，2017 年 9 月 9 日.）

2. 问题 053 解析

解法一　原等式可化为

$$y^4 + z^4 + x^2 z^2 + x^2 w^2 + y^2 w^2 + y^2 z^2 - 2xy^2 z - 2xy^2 z - 2yz^2 w - 2xyzw = 0$$
$$\Leftrightarrow (y^2 - xz)^2 + (z^2 - yw)^2 + (xw - yz)^2 = 0$$

则

$$\begin{cases} y^2 - xz = 0 \\ z^2 - yw = 0 \\ xw - yz = 0 \end{cases} \Rightarrow \begin{cases} y^2 = xz \\ z^2 = yw \\ xw = yz \end{cases}$$

则有 $\dfrac{x}{y} = \dfrac{y}{z} = \dfrac{z}{w}$，即 x, y, z, w 成等比数列.

① 以 2 或 $\dfrac{1}{2}$ 为公比，则有 $x = 2y = 4z = 8w$ 或 $8x = 4y = 2z = w$，有 $\left[\dfrac{100}{8}\right] \times 2 = 24$ 组.

② 以 3 或 $\dfrac{1}{3}$ 为公比，则有 $x = 3y = 9z = 27w$ 或 $27x = 9y = 3z = w$，有 $\left[\dfrac{100}{27}\right] \times 2 = 6$ 组.

③ 以 4 或 $\dfrac{1}{4}$ 为公比，则有 $x = 4y = 16z = 64w$ 或 $64x = 16y = 4z = w$，有 $\left[\dfrac{100}{64}\right] \times 2 = 2$ 组.

④ 以 $\dfrac{3}{2}$ 或 $\dfrac{2}{3}$ 为公比，则有 $27x = 18y = 12z = 8w$ 或 $8x = 12y = 18z = 27w$，有 $\left[\dfrac{100}{27}\right] \times 2 = 6$ 组.

⑤ 以 $\dfrac{3}{4}$ 或 $\dfrac{4}{3}$ 为公比，则有 $64x = 48y = 36z = 27w$ 或 $27x = 36y = 48z = 64w$，有 $\left[\dfrac{100}{64}\right] \times 2 = 2$ 组.

综上所述，共有 $24 + 6 + 2 + 6 + 2 = 40$ 组.

（此解法由刘衍、温玟杰提供.）

解法二　原等式可化为

$$y^4 + z^4 + x^2 z^2 + x^2 w^2 + y^2 w^2 + y^2 z^2 - 2xy^2 z - 2xy^2 z - 2yz^2 w - 2xyzw = 0$$

$$\Leftrightarrow (y^2 - xz)^2 + (z^2 - yw)^2 + (xw - yz)^2 = 0$$

则

$$\begin{cases} y^2 = xz \\ z^2 = yw \\ xw = yz \end{cases} \Rightarrow \begin{cases} xw = yz \\ \dfrac{z}{y} = \dfrac{y}{x} \\ \dfrac{y}{x} = \dfrac{z}{y} \end{cases} \Rightarrow \dfrac{y}{x} = \dfrac{z}{y} = \dfrac{w}{z} = k$$

即 x,y,z,w 是以 x 为首项,k 为公比的等比数列.

只需 $1 \leqslant xk^3 \leqslant 100, xk^3 \in \mathbf{N}^*, x \in \mathbf{N}^*$.

① 当 $k \in \mathbf{N}^*$ 时,因为 x,y,z,w 互不相同,所以 $k \geqslant 2$.

因为

$$1 \leqslant xk^3 \leqslant 100$$

所以

$$k = 2, 3, 4$$

此时共有 $\left[\dfrac{100}{8}\right] + \left[\dfrac{100}{27}\right] + \left[\dfrac{100}{64}\right] = 16$ 组.

② 当 $k \notin \mathbf{N}^*$ 时,不妨设 $k = \dfrac{q}{p}, (p, q) = 1, p \neq 1$.

因为

$$x \cdot \dfrac{q^3}{p^3} \in \mathbf{N}^*$$

所以 $p^3 \mid x$.

若 $p = 2$,$\begin{cases} x = 8 \\ q = 1,3 \end{cases}$,$\begin{cases} x = 16 \\ q = 1,3 \end{cases}$,$\begin{cases} x = 24 \\ q = 1,3 \end{cases}$,$\begin{cases} x = 32 \\ q = 1 \end{cases}$,$\begin{cases} x = 40 \\ q = 1 \end{cases}$,$\cdots$,$\begin{cases} x = 96 \\ q = 1 \end{cases}$,有 $6 + 9 = 15$ 组;

若 $p = 3$,$\begin{cases} x = 27 \\ q = 1 \end{cases}$,$\begin{cases} x = 54 \\ q = 1 \end{cases}$,$\cdots$,$\begin{cases} x = 81 \\ q = 1 \end{cases}$,有 7 组;

若 $p = 4$,$\begin{cases} x = 64 \\ q = 1,3 \end{cases}$,有 2 组.

此时共有 $15 + 7 + 2 = 24$ 组.

综上所述,共有 $16 + 24 = 40$ 组.

(此解法由刘家瑜提供.)

解法三　由柯西不等式知

$$(x^2 + y^2 + z^2)(y^2 + z^2 + w^2) \geqslant (xy + yz + zw)^2$$

等号成立当且仅当 $\dfrac{x}{y} = \dfrac{y}{z} = \dfrac{z}{w}$.

即 x, y, z, w 成等比数列. 于是问题转化为计算满足 $\{x, y, z, w\} \subseteq \{1, 2, 3, \cdots, 100\}$ 的等比数列 x, y, z, w 的个数.

设该等比数列的公比为 q,依题意,q 为有理数且 $q \neq 1$. 记 $q = \dfrac{n}{m}$,其中 $(m, n) = 1$,$m \neq n$.

先考虑 $n > m$ 的情形:此时 $w = xq^3 = \dfrac{xn^3}{m^3}$.

因为

$$(m, n) = 1$$

所以

$$(m^3, n^3) = 1$$

所以 $l = \dfrac{x}{m^3}$ 是正整数,且 $w = n^3 \cdot l$.

同理可知,$z = mn^2 l$,$y = m^2 nl$,$x = m^3 l$.

这说明,对于任意给定的 $q = \dfrac{n}{m} > 1$,满足题设条件并以 q 为公比的等比数列 (x, y, z, w) 的个数即为满足不等式 $n^3 l \leqslant 100$ 的正整数 l 的个数,即 $\left[\dfrac{100}{n^3}\right]$.

由于 $5^3 > 100$,故仅需考虑 $q = 2, 3, \dfrac{3}{2}, 4, \dfrac{4}{3}$ 这些情况,相应的等比数列的个数为

$$\left[\dfrac{100}{8}\right] + \left[\dfrac{100}{27}\right] + \left[\dfrac{100}{27}\right] + \left[\dfrac{100}{64}\right] + \left[\dfrac{100}{64}\right] = 12 + 3 + 3 + 1 + 1 = 20$$

当 $n < m$ 时,由对称性可知,同样有 20 个满足条件的等比数列.

综上所述,共有 40 个满足条件的 4 元有序数组 (x, y, z, w).

(此解法由石方梦圆提供.)

3. 叶军教授点评

(1)本题的关键是得出 x, y, z, w 构成一个等比数列,核心是对该等比数列公比的讨论. 刘衎、温玟杰两位同学通过分析得到满足题意的公比,进而以公比为标准进行分类讨论,得出符合条件的有序数组,分类过程清晰明了、一目了然,值得点赞;而刘家瑜同学则是以公比是否是正整数为分类标准进行讨论,做得漂亮;而石老师则在以上几位同学的基础上进行概括解答,解答过程更具一般性,值得学习.

(2)以上三位是问题征解 053 公布后率先做出解答并获得满分的同学. 依据时间顺序,还有下面同学上传了解答并获得满分,他们是李岩、蒋鑫邦.

巧用同余分析法证明不等式
——2016 届叶班数学问题征解 054 解析

1. 问题征解 054

设 p 为奇质数，a,b,c 为互不相等的正整数，且满足 $ab \equiv bc \equiv ca \equiv -1(\bmod p)$. 求证：$a+b+c \geqslant 3p+6$，并指出等号成立的充要条件.

（《数学爱好者通讯》编辑部提供，2017 年 9 月 16 日.）

2. 问题 054 解析

证法一　因为

$$ab \equiv bc \equiv ca \equiv -1(\bmod p)$$

所以

$$p \nmid a,b,c$$

所以

$$(a,p)=(b,p)=(c,p)=1$$

又因为

$$a(b-c) \equiv b(a-c) \equiv c(a-b) \equiv 0(\bmod p)$$

所以

$$a \equiv b \equiv c(\bmod p)$$

设

$$a \equiv b \equiv c \equiv d(\bmod p) \quad (0 < d < p, d \text{ 为正整数})$$

所以

$$a+b+c \geqslant d+(p+d)+(2p+d)=3p+3d$$

因为

$$d^2+1 \equiv 0(\bmod p)$$

用反证法：

假设 $d=1$，则

$$d^2+1=2 \equiv 0(\bmod p)$$

所以

$$p \mid 2$$

所以 $p=2$ 为偶数. 矛盾！

所以

$$d \geqslant 2$$

所以

$$a+b+c \geqslant 3p+3d \geqslant 3p+6$$

等号成立当且仅当 $d=2$,则

$$d^2 + 1 = 5 \equiv 0 (\bmod p)$$

所以

$$p = 5$$

所以

$$p + 2 = 7$$
$$2p + 2 = 12$$

综上所述,$a+b+c \geqslant 3p+6$,等号成立的充要条件是 $p=5$. 此时 $(a,b,c)=(2,7,12)$,$(7,2,12),(12,2,7),(2,12,7),(12,7,2),(7,12,2)$.

(此证法由叶丰硕提供.)

证法二 因为

$$ab \equiv bc \equiv ca \equiv -1 (\bmod p)$$

所以

$$ab - bc = b(a-c) \equiv 0 (\bmod p)$$

即

$$p \mid b(a-c)$$

又 p 为奇质数,所以 $p \mid b$ 或 $p \mid a-c$(不妨设 $a>b>c$).

同理 $p \mid c$ 或 $p \mid a-b$,$p \mid a$ 或 $p \mid b-c$.

显然 $p \nmid a,b,c$,则

$$p \mid a-b, a-c, b-c$$

所以

$$a-b, a-c, b-c \geqslant p \quad (\text{因为 } a>b>c)$$

① 若 $c=1$,则

$$b \equiv c \equiv 1 (\bmod p)$$

又 $bc \equiv -1 (\bmod p)$,所以

$$bc \equiv 1^2 \equiv 1 (\bmod p)$$

所以

$$p = 1 + 1 = 2$$

矛盾!(舍去)

② 若 $c \geqslant 2$,则

$$b \geqslant p+2, a \geqslant 2p+2$$

所以

$$a+b+c \geqslant 3p+6$$

当 $c=2,b=p+2,a=2p+2$ 时,$4p+4 \equiv -1 (\bmod p)$,即 $p \mid 5$.

所以

$$p = 5$$

所以 $c=2,b=7,a=12$ 等号成立.

综上所述,$a+b+c \geqslant 3p+6$,等号成立的充要条件是 $p=5$.

取消不妨设,得

$$(a,b,c)=(2,7,12),(7,2,12),(12,2,7),(2,12,7),(12,7,2),(7,12,2)$$

（此证法由温玟杰、刘家瑜提供.）

3. 叶军教授点评

（1）叶丰硕同学的解答,利用反证法,言简意赅,非常漂亮. 从温玟杰的解答可以看出他对模的运用已经非常熟练,而且思路严谨,值得点赞. 刘家瑜同学的解答采用上面两种解法,过程非常漂亮.

（2）以上三位是问题征解 054 公布后率先做出解答并获得满分的同学. 依据时间顺序,还有下面两位同学上传了解答并获得满分,他们是陈苗卓、陈伟伦.

整除问题
——2016 届叶班数学问题征解 055 解析

1. 问题征解 055

设 a, b, c 是两两互质的正整数, 满足 $a^2 \mid b^3 + c^3, b^2 \mid c^3 + a^3, c^2 \mid a^3 + b^3$. 试求出符合条件的所有数组 (a, b, c).

（《数学爱好者通讯》编辑部提供，2017 年 9 月 23 日．）

2. 问题 055 解析

解法一 因为

$$a^2 \mid b^3 + c^3, b^2 \mid c^3 + a^3, c^2 \mid a^3 + b^3, (a, b, c) = 1$$

所以

$$a^2 b^2 c^2 \mid a^3 + b^3 + c^3$$

因为

$$a, b, c \in \mathbf{N}^*$$

所以

$$a^3 + b^3 + c^3 \geqslant a^2 b^2 c^2$$

依对称性不妨设 $a \leqslant b \leqslant c$, 令

$$f(a, b, c) = a^3 + b^3 + c^3 - a^2 b^2 c^2$$

当 $f(a, b, c) < 0$ 时, 则

$$\frac{\mathrm{d} f(a, b, c)}{\mathrm{d} a} = 3a^2 - 2ab^2 c^2 = \frac{1}{a}(3a^3 - 2a^2 b^2 c^2) \leqslant$$

$$\frac{1}{a}(a^3 + b^3 + c^3 - 2a^2 b^2 c^2) \leqslant$$

$$\frac{1}{a}(a^2 b^2 c^2 - 2a^2 b^2 c^2) < 0$$

$$\frac{\mathrm{d} f(a, b, c)}{\mathrm{d} b} = \frac{1}{b}(3b^3 - 2a^2 b^2 c^2) \leqslant \frac{1}{b}(b^3 - 2a^3 - 2c^3) < 0$$

$$\frac{\mathrm{d} f(a, b, c)}{\mathrm{d} c} = \frac{1}{c}(3c^3 - 2a^2 b^2 c^2) \leqslant \frac{1}{c}(3c^3 - 2c^6) < 0$$

因为 $f(2, 2, 2) < 0$, 设 $a, b, c \geqslant 2$, 所以

$$f(a, 2, 2) \leqslant f(2, 2, 2) < 0$$
$$f(a, b, 2) \leqslant f(a, 2, 2) < 0$$
$$f(a, b, c) \leqslant f(a, b, 2) < 0$$

所以 a, b, c 中至少有一个小于 2.

因为 $a, b, c \in \mathbf{N}^*$, 所以 $a = 1$.

因为 $f(1,3,3) < 0$,设 $b,c \geqslant 3$.所以

$$f(1,b,3) \leqslant f(1,3,3) < 0$$
$$f(1,b,c) \leqslant f(1,b,3) < 0$$

所以

$$b \leqslant 2$$

① 当 $b=1$ 时,由 $c^2 \mid b^3+a^3$,可得 $c^2 \mid 2$,则 $c=1$.

② 当 $b=2$ 时,由 $c^2 \mid b^3+a^3$,可得 $c^2 \mid 9$,则 $c=3$.

综上所述,取消不妨设,得

$$(a,b,c)=(1,1,1),(1,2,3),(1,3,2),(2,3,1),(2,1,3),(3,1,2),(3,2,1)$$

(此解法由叶丰硕提供.)

解法二 因为

$$a,b,c \in \mathbf{N}^*$$

所以

$$a^2 \mid a^3$$

所以

$$a^2 \mid a^3+b^3+c^3$$

同理可得

$$b^2 \mid a^3+b^3+c^3, c^2 \mid a^3+b^3+c^3$$

因为

$$(a,b,c)=1$$

所以

$$(a^2,b^2,c^2)=1$$

所以

$$a^2 b^2 c^2 \mid a^3+b^3+c^3$$

依对称性不妨设 $a \geqslant b \geqslant c$,则

$$a^2 b^2 c^2 \leqslant a^3+b^3+c^3 \leqslant 3a^3$$

① 当 $a^3+b^3+c^3 \geqslant 3a^2 b^2 c^2$ 时,有 $3a^3 \geqslant 3a^2 b^2 c^2$,即 $a \geqslant b^2 c^2$.

因为

$$a^2 \mid b^3+c^3$$

所以

$$a^2 \leqslant b^3+c^3$$

若 $a \geqslant b^2 c^2$,则

$$a^2 \geqslant b^4 c^4$$

所以

$$b^4 c^4 \leqslant b^3+c^3$$

当且仅当 $b=c=1$.

所以

$$a^2 \mid 2$$

所以

$$a = 1$$

此时

$$(a,b,c) = (1,1,1)$$

② 当 $a^3 + b^3 + c^3 = 2a^2b^2c^2$ 时，则 $3a^3 \geqslant 2a^2b^2c^2$，即 $3a \geqslant 2b^2c^2$.

所以

$$9a^2 \geqslant 4b^4c^4$$

因为

$$a^2 \leqslant b^3 + c^3$$

所以

$$9(b^3 + c^3) \geqslant 4b^4c^4$$

因为

$$b^3 + c^3 \leqslant 2b^3$$

所以

$$18b^3 \geqslant 4b^4c^4$$

所以

$$9 \geqslant 2bc^4$$

当且仅当 $c = 1$.

因为

$$b \neq 1, 9b^3 + 9 \geqslant 4b^4$$

所以

$$b < 3$$

所以

$$b = 2$$

则

$$a^2 \mid 9$$

所以

$$a = 3$$

此时

$$(a,b,c) = (3,2,1)$$

③ 当 $a^3 + b^3 + c^3 = a^2b^2c^2$ 时，则 $3a^3 \geqslant a^2b^2c^2$，即 $3a \geqslant b^2c^2$.

所以

$$9a^2 \geqslant b^4c^4$$

因为

$$a^2 \leqslant b^3 + c^3$$

所以

$$9(b^3 + c^3) \geqslant b^4c^4$$

所以

$$18b^3 \geqslant b^4c^4$$

所以

$$18 \geqslant bc^4$$

所以

$$c < 3$$

若 $c = 1$，则

$$a^3 + b^3 + 1 = a^2 b^2$$

因为

$$9b^3 + 9 \geqslant b^4$$

所以

$$b \leqslant 9$$

将 $b = 2, 3, \cdots, 9$ 分别代入得 $(a, b) = (3, 2), (2, 3)$(舍去)$, \cdots$(后几组均无解).

若 $c = 2$，则

$$a^3 + b^3 + 8 = 4a^2 b^2$$

所以

$$9(b^3 + 8) \geqslant 16b^4$$

无解.

综上所述，取消不妨设，得

$$(a, b, c) = (1, 1, 1), (1, 2, 3), (1, 3, 2), (3, 2, 1), (3, 1, 2), (2, 1, 3), (2, 3, 1)$$

（此解法由温玟杰提供.）

3. 叶军教授点评

（1）本题是数论问题中的整除性问题，解决本题的核心思想即关键便是根据三个已知整除式发现对称性再利用分类讨论处理，从这两位同学的解答过程中就可以充分体现这一点.

（2）细读叶丰硕同学的解答过程，可以充分感受到叶丰硕同学扎实的数学基础功底以及宽广的数学知识，在解决本题时用到了偏导数，这对一个 12 岁的学生来说实属不易，值得大家学习；温玟杰同学的解答依旧如行云流水般清晰明了，分类讨论处理得很好，同时字迹工整、卷面整洁，值得点赞.

整除中的不等式问题
——2016 届叶班数学问题征解 056 解析

1. 问题征解 056

已知正整数 a,b 满足 $a>b>1$,且 $a+b\,|\,(ab+1)$,$a-b\,|\,(ab-1)$.求证:$a\leqslant[\sqrt{3}\,b]$. 其中 $[x]$ 为不超过 x 的最大整数.

(《数学爱好者通讯》编辑部提供,2017 年 9 月 30 日.)

2. 问题 056 解析

证法一 令
$$ab+1=k_1(a+b) \qquad ①$$
$$ab-1=k_2(a-b)$$

其中 $k_1,k_2\in\mathbf{N}^*$.

故
$$2=(k_1-k_2)a+(k_1+k_2)b \qquad ②$$
$$2ab=(k_1+k_2)a+(k_1-k_2)b \qquad ③$$

显然 $k_1<k_2$.

由 ① 可知
$$(k_1-b)a+k_1b=1$$

故 $(a,b)=1$.

由 ③ 可知
$$a\,|\,(k_1-k_2)b,\ b\,|\,(k_1+k_2)a$$

所以
$$a\,|\,k_2-k_1,\ b\,|\,k_1+k_2$$

令
$$k_2-k_1=r_1a$$
$$k_1+k_2=r_2b$$

代入 ③ 得
$$2ab=(r_2-r_1)ab$$

所以
$$r_2-r_1=2$$

由 ② 可知
$$2=r_2b^2-r_1a^2$$

所以

$$a^2 = (1 + \frac{2}{r_1})b^2 - \frac{2}{r_1} < (1 + \frac{2}{r_1})b^2 \leqslant 3b^2$$

所以

$$a < \sqrt{3}\,b$$

显然 $\sqrt{3}\,b \notin \mathbf{Z}$，所以

$$a \leqslant [\sqrt{3}\,b]$$

（此证法由侯立勋提供.）

证法二　由整除的性质可知

$$a + b \mid [b(a + b) - (ab + 1)]$$
$$\Rightarrow a + b \mid (b^2 - 1)$$

另一方面

$$a - b \mid [b(a - b) - (ab - 1)]$$
$$\Rightarrow a - b \mid (b^2 - 1)$$

注意到 $a > b > 1$，则

$$b^2 - 1 > 0, a - b > 0$$

所以有

$$[a + b, a - b] \mid b^2 - 1$$
$$\Rightarrow [a + b, a - b] \leqslant b^2 - 1$$

设 $d = (a, b)$，则

$$d \mid a + b$$

又 $a + b \mid (ab + 1)$，故

$$d \mid ab + 1$$

又 $d \mid ab$，故有

$$d \mid 1$$

从而

$$d = 1, (a, b) = 1$$
$$\Rightarrow (a + b, a - b) = (a + b, 2a) = (a + b, 2b) \leqslant (2a, 2b) = 2$$
$$\Rightarrow [a + b, a - b] = \frac{(a + b)(a - b)}{(a + b, a - b)} \geqslant \frac{a^2 - b^2}{2}$$
$$\Rightarrow b^2 - 1 \geqslant \frac{a^2 - b^2}{2}$$
$$\Rightarrow a^2 \leqslant 3b^2 - 2 < 3b^2$$
$$\Rightarrow a < \sqrt{3}\,b$$

又 $\sqrt{3}\,b$ 是无理数，所以

$$a = [a] \leqslant [\sqrt{3}\,b]$$

命题得证.

（此证法由叶志文提供.）

证法三 因为

$$a+b\,|\,ab+1$$
$$a-b\,|\,ab-1$$

所以

$$(a+b)(a-b)\,|\,(ab+1)(ab-1)\Rightarrow a^2-b^2\,|\,a^2b^2-1$$

所以

$$a^2-b^2\,|\,a^2b^2-1-b^2(a^2-b^2)=b^4-1 \qquad\qquad ①$$

又因为

$$a+b\,|\,ab+1$$
$$a-b\,|\,ab-1$$

所以

$$a+b\,|\,ab+1-b(a+b)=-b^2+1\Rightarrow a+b\,|\,b^2-1$$
$$a-b\,|\,ab-1-b(a-b)=b^2-1$$

所以

$$(a+b)(a-b)\,|\,(b^2-1)^2$$

即

$$a^2-b^2\,|\,b^4-2b^2+1 \qquad\qquad ②$$

①② 结合,得

$$a^2-b^2\,|\,b^4-1-(b^4-2b^2+1)=2b^2-2$$

所以

$$a^2-b^2\leqslant 2b^2-2$$

所以

$$a^2\leqslant 3b^2-2\leqslant 3b^2$$

反证法:若 $a>[\sqrt{3}\,b]$,因为 $a,[\sqrt{3}\,b]\in \mathbf{N}^*$,所以

$$a\geqslant[\sqrt{3}\,b]+1>\sqrt{3}\,b$$

所以 $a^2>3b^2$.矛盾!

综上所述,$a\leqslant[\sqrt{3}\,b]$.

(此证法由温玟杰提供.)

3. 叶军教授点评

(1) 从温玟杰同学的解答可以看出,他已经非常熟练掌握了整除的性质,同时善于利用反证法,言简意赅,思路严谨,值得点赞.

(2) 依据时间顺序,还有下面两位同学上传了解答并获得满分,他们是刘家瑜、刘衍.

定面积动边长问题
——2016 届叶班数学问题征解 057 解析

1. 问题征解 057

设 $\triangle ABC$ 的三边长成公差为 d 的等差数列,且其面积为定值 t. 试求 $\triangle ABC$ 的最大边长.

(《数学爱好者通讯》编辑部提供,2017 年 10 月 7 日.)

2. 问题 057 解析

解法一　设三边长分别为 $a-d,a,a+d$,则三边关系为 $a>2d$. 由海伦公式可得

$$S_{\triangle ABC}=\sqrt{\frac{3}{2}a\cdot\left(\frac{1}{2}a-d\right)\cdot\frac{1}{2}a\cdot\left(\frac{1}{2}a+d\right)}=t$$

$$\Leftrightarrow\sqrt{\frac{3}{16}a\cdot(a-2d)\cdot a\cdot(a+2d)}=t$$

$$\Leftrightarrow 3a^2(a^2-4d^2)=16t^2$$

设 $a^2=y$,则上式化为

$$3y(y-4d^2)=16t^2\Leftrightarrow 3y^2-12d^2\cdot y-16t^2=0$$

则

$$y=\frac{12d^2\pm\sqrt{144d^4+192t^2}}{6}=a^2$$

所以

$$a=\pm\sqrt{\frac{12d^2\pm\sqrt{144d^4+192t^2}}{6}}$$

因为

$$a>2d>0$$

所以

$$a=\sqrt{\frac{12d^2+\sqrt{144d^4+192t^2}}{6}}=$$

$$\sqrt{2d^2+\frac{\sqrt{36d^4+48t^2}}{3}}=$$

$$\sqrt{2d^2+\frac{2\sqrt{9d^4+12t^2}}{3}}$$

所以最长边为 $a+d=\sqrt{2d^2+\frac{2\sqrt{9d^4+12t^2}}{3}}+d.$

(此解法由刘衍提供.)

解法二　设三边长分别为 $2a-d,2a,2a+d$,则半周长 $p=3a$.

由海伦公式可得

$$t=\sqrt{3a\cdot(a+d)\cdot a\cdot(a-d)}$$
$$\Leftrightarrow t^2=3a^2(a^2-d^2)$$
$$\Leftrightarrow 3a^4-3a^2d^2-t^2=0$$

令 $x=a^2,y=d^2$,则

$$\Leftrightarrow 3x^2-3xy-t^2=0$$

由求根公式可得

$$x=\frac{3y\pm\sqrt{9y^2+12t^2}}{6}$$

因为

$$x\geqslant 0$$

所以

$$x=\frac{3y+\sqrt{9y^2+12t^2}}{6}$$

所以

$$a=\sqrt{\frac{3y+\sqrt{9y^2+12t^2}}{6}}$$

所以

$$2a=\sqrt{\frac{6y+\sqrt{36y^2+48t^2}}{3}}$$

因为

$$y=d^2$$

所以

$$2a=\sqrt{\frac{6d^2+2\sqrt{9d^4+12t^2}}{3}}=\sqrt{2d^2+\frac{2}{3}\sqrt{9d^4+12t^2}}$$

所以最长边为

$$\sqrt{2d^2+\frac{2\sqrt{9d^4+12t^2}}{3}}+d$$

（此解法由艾宇航、蒋鑫邦提供.）

3. 叶军教授点评

出现三角形三边长和面积,自然就要能联想到海伦面积公式,刘衍、艾宇航、蒋鑫邦三位同学都充分注意到了这一点,在解答过程中巧用变量替换、方程求根公式,并且将相对复杂的计算化简过程写得清清楚楚,一方面展示了这三位同学扎实的数学计算功底,另一方面凸显了三位同学综合运用数学知识解题的能力,非常漂亮,值得所有学生学习.

反证法在整除问题中的应用
——2016 届叶班数学问题征解 058 解析

1. 问题征解 058

设 p 是质数,且 $p^2 \mid (1^2+1)(2^2+1)\cdots(n^2+1)$,求证:

(1) 在区间 $[1,n]$ 中存在两个正整数 k_1,k_2 使 $p \mid (k_1^2+1)$,$p \mid (k_2^2+1)$.

(2) $n \geqslant \left[\dfrac{p}{2}\right]+1$.(其中 $[x]$ 为不超过 x 的最大整数)

(《数学爱好者通讯》编辑部提供,2017 年 10 月 14 日.)

2. 问题 058 解析

证法一 (1) 假设区间 $[1,n]$ 中不存在两个正整数 k_1,k_2 满足 $p \mid (k_1^2+1)$,$p \mid (k_2^2+1)$,则

因为

$$p^2 \mid (1^2+1)(2^2+1)\cdots(n^2+1)$$

又 p 为质数,所以

$$p^2 \mid (k_3^2+1)$$

且

$$p \nmid (k_4^2+1),\ 1 \leqslant k_3,k_4 \leqslant n,\ k_4 \neq k_3$$

则

$$p \nmid (k_3^2-k_4^2)=(k_3-k_4)(k_3+k_4)$$

所以

$$p \nmid (k_3-k_4),(k_3+k_4)$$

① 若 $n \geqslant k_3 > p$,则只要 $k_4=k_3-\varphi p\,(\varphi p < k_3 < (\varphi+1)p,\ \varphi \in \mathbf{N}^*)$.

因为

$$k_3^2 \equiv -1 (\bmod p)$$

所以

$$k_4^2 \equiv -1 (\bmod p)$$

则 $p \mid k_4^2+1$ 存在,故矛盾.

② 若 $k_3=p$,则 $p^2 \mid p^2+1$ 无解,故舍去.

③ 若 $p > k_3 > 1$,则 $p^2 > k_3^2+1 > 0$.

所以 $p^2 \nmid k_3^2+1$,矛盾.

综上所述,区间 $[1,n]$ 中必存在两个正整数 k_1,k_2 使得 $p \mid k_1^2+1,k_2^2+1$.

(2) 若 $n < \left[\dfrac{p}{2}\right]+1$,即 $n \leqslant \left[\dfrac{p}{2}\right]$,且满足 $p^2 \mid (1^2+1)(2^2+1)\cdots(n^2+1)$.

由(1)可知,$p^2 \nmid a_1^2 + 1 (0 \leqslant a_1 \leqslant n)$.

不妨设 $p \mid a_2^2 + 1, a_3^2 + 1 (a_2 \neq a_3, a_2, a_3 \leqslant n)$,则

$$p \mid a_2^2 + 1 - (a_3^2 + 1) = a_2^2 - a_3^2 = (a_2 - a_3)(a_2 + a_3)$$

因为

$$a_2, a_3 \leqslant n \leqslant \left[\frac{p}{2}\right]$$

又 $a_2 \neq a_3$,所以

$$a_2 + a_3 \leqslant \left[\frac{p}{2}\right] + (\left[\frac{p}{2}\right] - 1) < p$$

又 p 为质数,$p \nmid (a_2 + a_3), (a_2 - a_3)$,所以

$$p \nmid (a_2 + a_3)(a_2 - a_3)$$

矛盾.

所以

$$n \geqslant \left[\frac{p}{2}\right] + 1$$

（此证法由温玫杰提供.）

证法二 （1）若仅存在 1 个正整数 $k \in [1, n]$ 满足 $p \mid k^2 + 1$,则 $p^2 \mid k^2 + 1$. 显然 $k \neq p$,设

$$a_m = m^2 + 1, m \in [1, n]$$

所以

$$k^2 + 1 \geqslant p^2 \Leftrightarrow k > p$$

则 $k - p > 0$,又 $k, p \in \mathbf{N}^*$,所以 $k - p \geqslant 1$ 且 $k - p \in \mathbf{N}^*$. 故

$$a_k - a_{k-p} = (k^2 + 1) - [(k - p)^2 + 1] = p(2k - p)$$

所以 $p \mid a_{k-p}$,矛盾.

故存在两个正整数 k_1, k_2 使 $p \mid (k_1^2 + 1), p \mid (k_2^2 + 1)$.

（2）若 $n < \left[\frac{p}{2}\right] + 1$,则 $n \leqslant \left[\frac{p}{2}\right]$.

① 若 $p = 2$,则 $n \leqslant 1, 2^2 \nmid (1^2 + 1)$,矛盾.

② 若 $p \geqslant 3$,则 $n \leqslant \frac{p-1}{2}$.

此时必有 $k_1, k_2 \in [1, n] (k_1 > k_2)$ 满足 $p \mid (k_1^2 + 1), p \mid (k_2^2 + 1)$.

所以

$$k_1 + k_2 < 2n \leqslant p - 1$$

即

$$k_1 + k_2 \leqslant p - 2 < p$$

所以

$$a_{k_2} - a_{k_1} = (k_1 + k_2)(k_2 - k_1)$$

因为 $k_2 + k_1, k_2 - k_1 < p$ 且 p 为质数,所以

$$p \nmid (k_2 + k_1), p \nmid (k_2 - k_1)$$

这与 $p \mid a_{k_1}, p \mid a_{k_2}$ 矛盾.

故 $n \geqslant \left[\dfrac{p}{2}\right] + 1$.

（此证法由陈苗卓提供.）

3. 叶军教授点评

　　一般证明存在性问题我们会联想到使用反证法,在本题中温玟杰同学和陈苗卓同学就充分利用这一方法完美地解决了两个问题,并且反证法运用得得心应手,值得点赞.

巧用整除的对称性求解不定方程
——2016 届叶班数学问题征解 059 解析

1. 问题征解 059

求所有的正整数 k,使关于 x,y 的不定方程

$$x^3 - kyx + k + 1 = 0$$

有正整数解.

(《数学爱好者通讯》编辑部提供,2017 年 10 月 21 日.)

2. 问题 059 解析

解　因为

$$x^3 + 1 = k(xy - 1)$$

所以

$$xy - 1 \mid x^3 + 1$$

所以

$$xy - 1 \mid (x^3 + 1)y - x^2(xy - 1) = x^2 + y \quad\quad ①$$
$$xy - 1 \mid y(x^2 + y) - x(xy - 1) = y^2 + x \quad\quad ②$$

注意到条件①②关于 x,y 对称,故可不妨设 $x \leqslant y$.

(1) 当 $y + x^2 \geqslant 2(xy - 1)$ 时,则

$$(1 - 2x)y + x^2 + 2 \geqslant 0$$

又

$$(1 - 2x)y + x^2 + 2 \leqslant (1 - 2x)x + x^2 + 2$$

即

$$-x^2 + x + 2 \geqslant 0$$

所以

$$(x - 2)(x + 1) \leqslant 0$$

因为

$$x \in \mathbf{N}^*$$

所以

$$x = 1 \text{ 或 } 2$$

① 若 $x = 2$,则

$$y + 4 \geqslant 2(2y - 1)$$

所以

$$y \leqslant 2$$

所以

$$y = 2$$

② 若 $x = 1$,则

$$y + 1 \geqslant 2(y - 1)$$

所以

$$y \leqslant 3$$

所以

$$y = 1 \text{ 或 } 2 \text{ 或 } 3$$

显然当 $y = 1$ 时 ①② 无意义,故 $y = 2$ 或 3.

此时 $(x,y) = (2,2),(1,2),(1,3),(2,1),(3,1)$,对应的 $k = 3,2,1$.

(2) 当 $y + x^2 = xy - 1$ 时,则

$$x^2 - xy + y + 1 = 0$$

设上述关于 x 的方程有两个解 x_1, x_2,则由韦达定理可知

$$\begin{cases} x_1 + x_2 = y \\ x_1 x_2 = y + 1 \end{cases}$$

故

$$(x_1 - 1)(x_2 - 1) = 2$$

所以

$$x_1 = 2, x_2 = 3$$

此时 $(x,y) = (2,5),(3,5),(5,2),(5,3)$,对应的 $k = 9,14$.

综上所述,满足题意的 $k = 1,2,3,9,14$.

（此解法由刘家瑜提供.）

3. 叶军教授点评

这是关于求解一个不定方程正整数解的问题,但问题的实质还是利用整除中的对称性,这是解决本题的关键,也是核心.将原不定方程变形即将 k 分离出来即得到 $xy - 1 \mid x^3 + 1$,由此可进一步证明 $xy - 1 \mid y^3 + 1$.故整除的条件具有对称性,从而可做出不妨设 $x \leqslant y$.这种将整除问题转化为不等式分析估值的方法值得学习与点赞.

取整最值问题
——2016 届叶班数学问题征解 060 解析

1. 问题征解 060

设 $[x]$ 为不超过实数 x 的最大整数,试求

$$u = |[x[x[x]]] - 2018|$$

的最小值.

(《数学爱好者通讯》编辑部提供,2017 年 10 月 28 日.)

2. 问题 060 解析

解法一 (1) 当 $[x] \geqslant 13$,即 $x \geqslant 13$ 时,$[x[x[x]]] \geqslant 13^3 = 2\,197$.所以 $u \geqslant 179$.

(2) 当 $[x] \leqslant 11$,即 $x \leqslant 12$ 时,$[x[x[x]]] \leqslant 12^3 = 1\,728$.所以 $u \geqslant 290$.

(3) 当 $[x] = 12$,即 $12 \leqslant x < 13$ 时,$u = |[x[12x]] - 2\,018|$.

① 若 $12 \leqslant x \leqslant 12\frac{10}{12}$,则

$$12x \leqslant 154$$

所以

$$[12x] \leqslant 154$$

所以

$$x[12x] \leqslant 154 \times \frac{154}{12} < 1\,977$$

所以

$$[x[12x]] \leqslant 1\,976$$

所以

$$u \geqslant 42$$

② 若 $12\frac{10}{12} < x \leqslant 12\frac{11}{12}$,则

$$12x \leqslant 155$$

所以

$$[x[12x]] \leqslant \left[155 \times \frac{155}{12}\right] = 2\,002$$

所以

$$u \geqslant 16$$

③ 若 $12\frac{11}{12} < x < 13$,则

$$155 < 12x < 156$$

所以

$$[12x] = 155$$

所以

$$u = |[155x] - 2\ 018|$$

所以

$$155x < 155 \times 13 = 2\ 015$$

所以

$$u > |2\ 015 - 2\ 018| = 3$$

所以

$$u \geqslant 4$$

④ 若 $x \leqslant 0$,则

$$[x[x[x]]] \leqslant 0$$

所以

$$u = |[x[x[x]]] - 2\ 018| \geqslant |0 - 2\ 018| = 2\ 018$$

综上所述,当 $\dfrac{2\ 014}{155} < x < 13$ 时,$u_{\min} = 4$.

（此解法由温玟杰提供.）

解法二 （1）若 $x \geqslant 13$,则

$$[x] \geqslant 13, [x[x]] \geqslant 169, [x[x[x]]] \geqslant 2\ 197$$

所以

$$u = |[x[x[x]]] - 2\ 018| \geqslant |2\ 917 - 2\ 018| = 179$$

（2）若 $x \leqslant 0$,则

$$[x] \leqslant 0, [x[x]] \geqslant 0, [x[x[x]]] \leqslant 0$$

所以

$$u = |[x[x[x]]] - 2\ 018| \geqslant |0 - 2\ 018| = 2\ 018$$

（3）若 $0 < x < 13$,则

$$0 \leqslant [x] \leqslant 12, 0 \leqslant [x[x]] \leqslant 12 \times 13 - 1 = 155$$
$$0 \leqslant [x[x[x]]] \leqslant 155 \times 13 - 1 = 2\ 014$$

所以

$$u = |[x[x[x]]] - 2\ 018| \geqslant |2\ 014 - 2\ 018| = 4$$

因为

$$179 > 4$$

所以 $u \geqslant 4$,等号成立当且仅当

$$12 \leqslant x < 13, 155 \leqslant 12x < 156, 2\ 014 \leqslant 155x < 2\ 015$$

即

$$\frac{2\ 014}{155} < x < 13$$

综上所述,$u_{\min} = 4$.

（此解法由刘衍、刘家瑜提供.）

解法三　当 $x=13$ 时，$[x[x[x]]]=2\,197>2\,018$.

当 $x=12$ 时，$[x[x[x]]]=1\,728<2\,018$.

故要使 u 最小，则 x 需介于 12 到 13 之间.

所以

$$u=\left|x[12x]-2\,018\right|$$

设

$$x=12+a(0<a<1),a=\frac{b}{12}+c\quad(b\in\mathbf{Z},b\in[1,11],0\leqslant c<\frac{1}{12})$$

则

$$u=\left|\left[(12+\frac{b}{12}+c)(144+b)-2018\right]\right|=\left|\left[\frac{b^2}{12}+(144+b)c\right]+24b-290\right|$$

① 当 $b=6$ 时

$$\left[\frac{b^2}{12}+(144+b)c\right]+24b-290=[3+150c]-146<0$$

② 当 $b=9$ 时

$$\left[\frac{b^2}{12}+(144+b)c\right]+24b-290=\left[\frac{127}{4}+153c\right]-74$$

又

$$\frac{27}{4}+153c<\frac{27}{4}+\frac{51}{4}<20$$

故

$$\left[\frac{27}{4}+153c\right]-74<0$$

③ 当 $b=10$ 时

$$\left[\frac{b^2}{12}+(144+b)c\right]+24b-290=\left[\frac{25}{5}+154c\right]-50$$

又

$$\frac{25}{3}+154c<\frac{25}{3}+\frac{77}{6}<22$$

故

$$\left[\frac{25}{3}+154c\right]-50<0$$

u 最小当且仅当 $b=11$.

此时，$u=\left|\left[\frac{121}{12}+155c\right]-26\right|$.

因为

$$\frac{121}{12}+155c<\frac{276}{12}=23$$

所以

$$\left[\frac{121}{12}+155c\right]_{\max}=22.$$

所以

$$u_{\min} = 4$$

（此解法由陈苗卓提供.）

3. 叶军老师点评

（1）处理最值问题需谨慎,必须把握最值原则.求最小值首先要构造欲求代数式大于或等于某个常数,其次要构造或验证等号成立的条件,两者同时成立才能说明最小值.以上温玟杰、刘衍、刘家瑜、陈苗卓四位同学都充分认识到了这一点,没有遗漏,解答严谨,值得点赞.

（2）本题我们主要采用不等式估值法.显然 u 取最小值时必有 $x > 0$.而且注意到 $12^3 < 2\,018 < 13^3$,故可以分 $0 < x \leqslant 12, x \geqslant 13, 12 < x < 13$ 这三种情况加以讨论.以上温玟杰、刘衍、刘家瑜、陈苗卓四位同学均进行了分类讨论,特别值得提出表扬的是陈苗卓同学,用到了二分法处理并解决问题,值得学习.

整除中的对称性问题
——2016 届叶班数学问题征解 061 解析

1. 问题征解 061

设 p,q 为质数,求所有的质数对 (p,q) 使得 $pq \mid p^3 + q^3 + 1$.

(《数学爱好者通讯》编辑部提供,2017 年 11 月 4 日.)

2. 问题 061 解析

解 当 $p = q$ 时,则依题意可得

$$p^2 \mid 2p^3 + 1$$

所以

$$p^2 \mid 1$$

这与 p 为质数相矛盾,故

$$p \neq q$$

又 p,q 为质数,故可不妨设

$$q \geqslant p + 1$$

因为

$$pq \mid p^3 + q^3 + 1$$

所以

$$q \mid p^3 + q^3 + 1 \text{ 或 } p \mid p^3 + q^3 + 1$$

所以

$$q \mid p^3 + 1 = (p+1)(p^2 - p + 1)$$

或

$$p \mid q^3 + 1 = (q+1)(q^2 - q + 1)$$

(1) 若 $q \mid p + 1$,则

$$p + 1 \geqslant q \geqslant p + 1 \Rightarrow q = p + 1$$

又 p,q 均为质数,故

$$(p,q) = (2,3)$$

经检验满足 $pq \mid p^3 + q^3 + 1$,成立.

(2) 若 $q \mid p^2 - p + 1$,则令

$$p^2 - p + 1 = mq \quad (m \in \mathbf{N}^*)$$

有

$$m = \frac{p^2 - p + 1}{q} < \frac{p^2 - p + 1}{p} < p - 1 + \frac{1}{p}$$

故

$$m \leqslant p - 1$$

在此条件下,另一方面又有 $p \mid (q+1)(q^2-q+1)$.

①若 $p \mid q+1$,不妨设

$$q + 1 = np \quad (n \in \mathbf{N}^*, n \geqslant 2)$$

所以

$$p^2 - p + 1 = mq$$
$$\Leftrightarrow p^2 - p + (q+1) = (m+1)q$$
$$\Leftrightarrow p^2 - p + np = (m+1)q$$
$$\Leftrightarrow p(p + n - 1) = (m+1)q$$

因为

$$(p, q) = 1$$

所以

$$p \mid m + 1$$

所以

$$p \leqslant m + 1 \leqslant p$$

即

$$m = p - 1$$

所以

$$p^2 - p + 1 = (p-1)q$$

即

$$q = \frac{p^2 - p + 1}{p - 1} = p + \frac{1}{p - 1} \in \mathbf{Z}$$

所以

$$(p, q) = (2, 3)$$

②若 $p \mid q^2 - q + 1$,不妨设

$$q^2 - q + 1 = kp \quad (k \in \mathbf{N}^*)$$

当 $m = k$ 时

$$q^2 - q + 1 = mp, \quad p^2 - p + 1 = mq$$

所以 $p + q - 1 = -m < 0$,显然不成立.

当 $m \neq k$ 时

$$mq \cdot kp = (p^2 - p + 1)(q^2 - q + 1)$$

即

$$m \cdot k = (p - 1 + \frac{1}{p})(q - 1 + \frac{1}{q}) =$$
$$pq - p - q + 1 + \frac{p^2 + q^2 - p - q + 1}{pq} \notin \mathbf{Z}$$

这与 $m, k \in \mathbf{N}^*$ 相矛盾.

综上所述,满足题意的有序质数对为 $(p, q) = (2, 3), (3, 2)$.

(此解法由陈苗卓提供.)

3. 叶军老师点评

显然,我们交换 p,q 的位置,该整除的性质依然成立,故该整除的条件关于 p,q 具有对称性,在对称的情况下可不妨设 $p \geqslant q$,又判断出 $p=q$ 的时候不满足为质数的条件,故设 $p \geqslant q+1$. 接下来利用整除的性质分类讨论处理即可. 在分类讨论时重点是利用整数这一性质得出结果或推出矛盾. 陈茁卓同学的解答非常完美,每一步步骤都是有条有理的,展现了较强的数论之整除问题的功底,值得点赞,更值得大家学习.

求解含参数不定方程的最值问题
——2016 届叶班数学问题征解 062 解析

1. 问题征解 062

试求整数 m 的最大值与最小值,使关于 x,y 的不定方程 $7x+11y=m$ 无非负整数解.

(《数学爱好者通讯》编辑部提供,2017 年 11 月 11 日.)

2. 问题 062 解析

解 (1)先求不定方程的 $7x+11y=m$ 的整数解.

事实上,对方程两边同时 $\mod 7$ 可得

$$4y \equiv m(\mod 7), y \equiv 2m(\mod 7)$$

所以

$$y=2m-7t$$

代入原方程可得

$$7x+11(2m-7t)=m$$

所以

$$x=-3m+11t$$

故原不定方程的整数通解为

$$\begin{cases} x=-3m+11t \\ y=2m-7t \end{cases} \quad (t \in \mathbf{Z})$$

故原问题等价于不等式组

$$\begin{cases} -3m+11t \geqslant 0 \\ 2m-7t \geqslant 0 \end{cases} \qquad ①$$

无整数解.

(2)再求 m 的最大值.

当 $m>0$ 时,不等式组 ① 化为

$$\frac{3m}{11} \leqslant t \leqslant \frac{2m}{7} \qquad ②$$

如图 62.1 所示,不等式 ② 无整数解,当且仅当存在正整数 α 使得

$$\begin{cases} \alpha < \dfrac{3m}{11} < \alpha+1 \\ \alpha < \dfrac{2m}{7} < \alpha+1 \end{cases} \Leftrightarrow \begin{cases} 0 < 3m-11\alpha < 11 \\ 0 < 2m-7\alpha < 7 \end{cases}$$

令

$$3m-11\alpha=r_1 \quad (0 < r_1 < 11)$$

$$2m-7\alpha=r_2 \quad (0 < r_2 < 7)$$

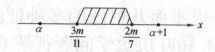

图 62.1

则

$$\begin{cases} 3m = 11\alpha + r_1 \\ 2m = 7\alpha + r_2 \end{cases}$$

消去 α 可得

$$m = 11r_2 - 7r_1$$

因为

$$r_2 \leqslant 6, r_1 \geqslant 1$$

所以

$$m \leqslant 11 \times 6 - 7 \times 1 = 59$$

当 $m = 59$ 时,不等式 ② 化为

$$\frac{3 \times 59}{11} \leqslant t \leqslant \frac{2 \times 59}{7} \Leftrightarrow 16\frac{1}{11} \leqslant t \leqslant 16\frac{6}{7}$$

故不等式 ② 无整数解,从而原不定方程无非负整数解.

所以

$$m_{\max} = 59$$

（3）最后求 m 的最小值.

当 $m < 0$ 时,不等式组 ① 显然无整数解,故 $m < 0$ 时原不定方程无非负整数解,m 无最小值.

综上所述,所求 m 的最大值为 $m_{\max} = 59$,且 m 无最小值.

（此解法由刘家瑜提供.）

3. 叶军教授点评

（1）本题题意简洁、形式简单,虽然 $7x + 11y = m$ 中含有字母参数,但是这依然是一个不定方程的问题. 要求非负整数解,我们只需先确定该不定方程的整数通解,然后根据通解,确定一个满足题意的不等式组即可. 特别要注意的是,这里还涉及求最大值与最小值,那么就一定要用到最值原则来处理最值问题. 一般地,处理最值时大于等于或小于等于的那个值不一定能取到,所以处理时必须保证每一步都是等价的,刘家瑜同学的解答不仅严谨美观,而且是严格按照上述要求和步骤来完成的,可以说提供了解决该类题目的一种通法,值得学习与点赞.

（2）在此题的基础上我们可以做进一步地推广:已知正整数 a, b 互质,且关于 x, y 的不定方程 $ax + by = m$ 无非负整数解,求整数 m 的最大值与最小值.

一道平面几何题的多种证法
——2016 届叶班数学问题征解 063 解析

1. 问题征解 063

如图 63.1 所示，AD 与 BC 交于点 O，$OE \parallel CD$，$OF \parallel AB$，求证：$\dfrac{AB}{BE} = \dfrac{CD}{DF}$.

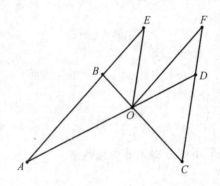

图 63.1

（《数学爱好者通讯》编辑部提供，2017 年 11 月 18 日.）

2. 问题 063 解析

证法一　如图 63.2 所示，延长 AE，CF 交于点 G.

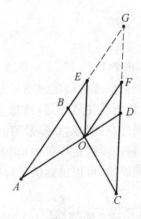

图 63.2

因为

$$EO \parallel GC$$

所以

$$\frac{BE}{EG} = \frac{BO}{OC}$$

因为

$$EO \mathbin{/\mkern-5mu/} GD$$

所以

$$\frac{AE}{EG} = \frac{AO}{OD}$$

所以

$$\frac{AE}{BE} = \frac{OA \cdot OC}{OB \cdot OD}$$

所以

$$\frac{AB}{BE} = \frac{AE - BE}{BE} = \frac{OA \cdot OC}{OB \cdot OD} - 1 \qquad \qquad ①$$

因为

$$FO \mathbin{/\mkern-5mu/} GB$$

所以

$$\frac{CF}{FG} = \frac{CO}{OB}$$

因为

$$FO \mathbin{/\mkern-5mu/} GA$$

所以

$$\frac{DF}{FG} = \frac{DO}{OA}$$

所以

$$\frac{CF}{DF} = \frac{CO \cdot AO}{BO \cdot DO}$$

所以

$$\frac{CD}{DF} = \frac{CF - DF}{DF} = \frac{CO \cdot AO}{BO \cdot DO} - 1 \qquad \qquad ②$$

由 ①② 得

$$\frac{AB}{BE} = \frac{CD}{DF}$$

（此证法由刘衍提供.）

证法二　因为

$$AB \mathbin{/\mkern-5mu/} OF$$

所以

$$\angle OBE = \angle COF, \angle A = \angle DOF$$

因为

$$OE \mathbin{/\mkern-5mu/} CD$$

所以

$$\angle BOE = \angle C, \angle AOE = \angle ODF$$

所以

$$\triangle AOE \backsim \triangle ODF, \triangle OBE \backsim \triangle COF$$

所以

$$\frac{AE}{OF} = \frac{OE}{DF}$$

且

$$\frac{BE}{OF} = \frac{OE}{CF}$$

所以

$$AE \cdot DF = OE \cdot OF \qquad\qquad ①$$

同理可得

$$BE \cdot CF = OE \cdot OF \qquad\qquad ②$$

由 ①② 可得

$$AE \cdot DF = BE \cdot CF$$

所以

$$\frac{AE}{BE} = \frac{CF}{DF}$$

因为

$$AE = AB + BE, CF = CD + DF$$

所以

$$\frac{AB + BE}{BE} = \frac{CD + DF}{DF}$$

所以

$$\frac{AB}{BE} = \frac{CD}{DF}$$

（此证法由黄云轲提供.）

证法三　如图 63.3 所示,作 $CM \parallel OF$ 交 AD 延长线于点 M.

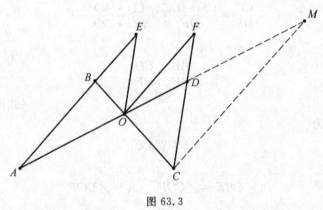

图 63.3

因为

$$AE \parallel OF \parallel CM$$

所以

$$\triangle AOB \backsim \triangle MOC$$
$$\triangle FDO \backsim \triangle CDM$$

所以

$$\frac{AB}{MC} = \frac{OB}{OC}, \frac{FO}{CM} = \frac{FD}{CD}$$

因为

$$BE \parallel OF, OE \parallel CF$$

所以 B, O, C 三点共线. 所以

$$\triangle BOE \backsim \triangle OCF$$

所以

$$\frac{BO}{OC} = \frac{BE}{OF}$$

又因为

$$\frac{AB}{CM} = \frac{BO}{CO}$$

$$\frac{FO}{CM} = \frac{DF}{CD}$$

所以

$$\frac{AB}{CM} = \frac{BO}{CO} = \frac{BE}{FO}$$

所以

$$\frac{AB}{BE} = \frac{CM}{FO}$$

又

$$\frac{CM}{FO} = \frac{CD}{DF}$$

所以

$$\frac{AB}{BE} = \frac{CD}{DF}$$

（此证法由艾宇航提供.）

证法四　如图 63.4 所示，延长 AE, CF 交于点 K.
因为

$$OE \parallel CD, OF \parallel AB$$

所以

$$\angle BOE = \angle OCD$$
$$\angle BEO = \angle EKF = \angle OFD$$
$$\angle AOB = \angle COD$$
$$\angle BAO = \angle FOD$$

所以

$$\frac{AB}{BE} = \frac{S_{\triangle AOB}}{S_{\triangle BOE}} = \frac{\frac{1}{2} \cdot AO \cdot OB \cdot \sin \angle AOB}{\frac{1}{2} \cdot BO \cdot OE \cdot \sin \angle BOE} =$$

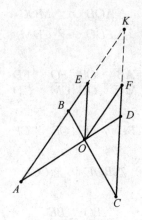

图 63.4

$$\frac{AO \cdot \sin \angle AOB}{OE \cdot \sin \angle BOE} =$$

$$\frac{\sin \angle AEO \cdot \sin \angle AOB}{\sin \angle EAO \cdot \sin \angle BOE} =$$

$$\frac{\sin \angle OFD \cdot \sin \angle COD}{\sin \angle FOD \cdot \sin \angle OCD} =$$

$$\frac{OD \cdot CD}{FD \cdot OD} =$$

$$\frac{CD}{FD}$$

证毕.

（此证法由刘家瑜提供.）

证法五　在 $\triangle ABO$ 中由正弦定理可知

$$\frac{AB}{\sin \angle AOB} = \frac{AO}{\sin \angle ABO} = \frac{OB}{\sin \angle A}$$

即有

$$AB = \frac{AO \cdot \sin \angle AOB}{\sin \angle ABO}$$

$$AO = \frac{OB \cdot \sin \angle ABO}{\sin \angle A}$$

同理在 $\triangle EBO$ 中由正弦定理可知

$$BE = \frac{OE \cdot \sin \angle BOE}{\sin \angle OBE}$$

$$OE = \frac{OB \cdot \sin \angle OBE}{\sin \angle E}$$

所以

$$\frac{AB}{BE} = \frac{AO \cdot \sin \angle AOB}{OE \cdot \sin \angle BOE} \cdot \frac{\sin \angle OBE}{\sin \angle ABO}$$

因为

$$\angle ABO + \angle OBE = 180°$$

所以

$$\sin \angle OBE = \sin \angle ABO$$

所以

$$\frac{AB}{BE} = \frac{\sin \angle E \cdot \sin \angle AOB}{\sin \angle A \cdot \sin \angle BOE} \qquad ①$$

同理可得

$$\frac{CD}{DF} = \frac{\sin \angle F \cdot \sin \angle COD}{\sin \angle C \cdot \sin \angle DOF} \qquad ②$$

因为

$$AB \parallel OF, OE \parallel CD$$

所以

$$\sin \angle E = \sin \angle F$$

因为

$$\angle AOB = \angle COD$$

所以

$$\sin \angle AOB = \sin \angle COD$$

因为

$$AB \parallel OF$$

所以

$$\sin \angle A = \sin \angle DOF$$

因为

$$OE \parallel CD$$

所以

$$\sin \angle BOE = \sin \angle C$$

故代入 ①② 可知

$$\frac{AB}{BE} = \frac{CD}{DF}$$

（此证法由石方梦圆提供.）

3. 叶军教授点评

（1）本题虽然已知条件简单、欲证等式简洁,但是解决本题的方法却是多种多样的,有添加辅助线、无辅证明、计算证明、三角法、面积法,等等.

（2）刘衍同学的辅助线做得十分巧妙,通过延长 AE, CF 相交于点 G 构造出平行线截线段成比例的性质加以解决,证得漂亮;艾宇航同学也是添加了辅助线,这一辅助线也是做得非常成功的;黄云轲同学则利用相似三角形的对应线段成比例关系进而导出结论,无辅证明思路值得点赞;特别值得一提的是刘家瑜同学和石方梦圆老师提供的"三角与面积"的解法,这是对张景中院士提出的"重建三角,全局皆活"的主张的积极实践,值得大家学习.

（3）本次征解题除以上几位同学,还有阙子述同学成功解决了这一问题.对阙子述同学特提出表扬,希望其他同学也能够继续努力.

一道几何题的无辅计算
——2016 届叶班数学问题征解 064 解析

1. 问题征解 064

如图 64.1 所示,在等腰 Rt△ABC 中,∠BAC＝90°,点 D 是直角边 AC 上的动点,过点 C 作 CE ⊥ BD 于点 E,当 $\dfrac{BD}{CE}=\dfrac{4}{3}$ 时,求 $\dfrac{AD}{DC}$ 的值.

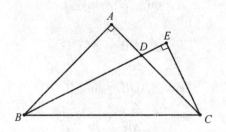

图 64.1

(《数学爱好者通讯》编辑部提供,2017 年 11 月 25 日.)

2. 问题 064 解析

解法一   设 $DC=x$, $AD=\lambda x\,(\lambda>0)$,则
$$AB=AC=(\lambda+1)x$$
$$BC=(\lambda+1)\sqrt{2}\,x$$

在 Rt△ABD 中

$$BD=\sqrt{2\lambda^2+2\lambda+1}\,x$$

所以

$$CE=\frac{3}{4}\sqrt{2\lambda^2+2\lambda+1}\,x$$

因为

$$\angle ADB=\angle DCE,\angle A=\angle E$$

所以

$$\triangle ABD \backsim \triangle ECD$$

所以

$$\frac{BD}{AB}=\frac{CD}{EC}$$

即

$$\frac{\sqrt{2\lambda^2+2\lambda+1}}{\lambda+1}=\frac{1}{\frac{3}{4}\sqrt{2\lambda^2+2\lambda+1}}$$

$$\Leftrightarrow 6\lambda^2+2\lambda-1=0$$

故 $\lambda=\dfrac{-1+\sqrt{7}}{6}$（负值舍去），所以

$$\frac{AD}{CD}=\frac{-1+\sqrt{7}}{6}$$

（此解法由刘家瑜、周瀚森、刘衍提供.）

解法二 不妨设 $BD=4$，$CE=3$. 设 $AD=x$，则

$$BA=\sqrt{16-x^2}$$

$$AC=\sqrt{16-x^2}$$

$$CD=\sqrt{16-x^2}-x$$

因为

$$\angle ADB=\angle DCE,\angle A=\angle E$$

所以

$$\triangle ABD\backsim\triangle EDC$$

所以

$$BD\cdot CE=AB\cdot CD$$

即

$$12=16-x^2-x\cdot\sqrt{16-x^2}$$

$$\Leftrightarrow x^4-12x^2+8=0\quad(0\leqslant x^2\leqslant4)$$

令 $y=x^2$，则

$$方程\Leftrightarrow y^2-12y+8=0$$

解得

$$y=6\pm2\sqrt{7}$$

又

$$0\leqslant y=x^2\leqslant4$$

所以

$$y=6-2\sqrt{7}$$

$$x=\sqrt{6-2\sqrt{7}}$$

故

$$\frac{AD}{DC}=\frac{x}{\sqrt{16-x^2}-x}=\frac{1}{\sqrt{7}+1}=\frac{\sqrt{7}-1}{6}$$

（此解法由李岩提供.）

3. 叶军教授点评

（1）几何计算法是确定动点 D 位置的较好方法，往往可通过勾股定理构造方程求解.

（2）若 $\dfrac{BD}{CE}=t$，$f(t)=\dfrac{AD}{DC}$，试求出函数 $f(t)$ 的表达式.

（3）定义域的确定：因为 $BD \geqslant AB = AC$，所以 $t = \dfrac{BD}{CE} \geqslant \dfrac{AC}{CE} \geqslant 1$. 等号成立当且仅当点 D 与点 A 重合. 又当 $D \to C$ 时，$CE \to 0$，故 t 的取值范围是 $[1, +\infty)$. 所以 $f(t)$ 的定义域为 $[1, +\infty)$.

（4）该平面几何题代数特征比较鲜明，需要通过计算求解. 刘家瑜、周瀚森、刘衍同学直接通过找相似建立方程求解，思路流畅自然，无辅计算法值得表扬；李岩勾股定理运用恰当，解方程能力较强，值得学习.

巧用不定方程求解一道数论问题
——2016 届叶班数学问题征解 065 解析

1. 问题征解 065

求所有的质数 p，使得 $\dfrac{2^{p-1}-1}{p}$ 是完全平方数.

（《数学爱好者通讯》编辑部提供，2017 年 12 月 2 日.）

2. 问题 065 解析

解法一　若 $p=2$，则 $\dfrac{2^{p-1}-1}{p}=\dfrac{2^{2-1}-1}{2}=\dfrac{1}{2}$，显然不是完全平方数.

所以 p 为奇质数，故可不妨设

$$p=2m+1 \quad (m \in \mathbf{N}^*)$$

所以

$$\frac{2^{p-1}-1}{p}=\frac{(2^m-1)(2^m+1)}{2m+1}$$

由费马小定理可知

$$2^{p-1} \equiv 1(\bmod p)$$

所以

$$p \mid (2^m-1)(2^m+1)$$

又 p 为质数，所以

$$p \mid 2^m-1 \text{或} p \mid 2^m+1$$

（1）当 $p \mid 2^m-1$ 时，因为

$$(2^m-1, 2^m+1)=1$$

所以

$$(\frac{2^m-1}{p}, 2^m+1)=1$$

因为 $\dfrac{2^m-1}{p} \times (2^m+1)$ 为完全平方数，所以

$$2^m+1=x^2 \quad (x \in \mathbf{N}^*)$$

所以

$$2^m=(x-1)(x+1)$$

可设 $x-1=2^\alpha, x+1=2^\beta$，则

$$2^\beta-2^\alpha=2$$

若 $\alpha>1, \beta>2$，则有

$$2 \equiv 0(\bmod 4)$$

显然矛盾.

所以

所以

$$m = \alpha + \beta = 3, p = 7$$

经检验当 $p = 7$ 时,$\dfrac{2^{p-1}-1}{p} = \dfrac{2^6 - 1}{7} = 9$ 为完全平方数满足题意.

(2)当 $p \mid 2^m + 1$ 时,因为

$$(2^m - 1, 2^m + 1) = 1$$

所以

$$(\dfrac{2^m + 1}{p}, 2^m - 1) = 1$$

同理有

$$2^m - 1 = y^2 \quad (y \in \mathbf{N}^*)$$

因为 y 为奇数,所以

$$y^2 \equiv 1 \pmod 4$$

所以

$$2^m \equiv 2 \pmod 4$$

所以

$$m = 1$$

否则 $0 \equiv \pmod 4$,矛盾.

此时 $p = 3$,$\dfrac{2^{p-1}-1}{p} = \dfrac{2^2 - 1}{3} = 1$ 为完全平方数满足题意.

综上所述,$p = 3$ 或 7.

(此解法由刘家瑜提供.)

解法二 由已知 $\dfrac{2^{p-1}-1}{p}$ 为完全平方数,故可设

$$\dfrac{2^{p-1}-1}{p} = m^2,\text{其中 } m \in \mathbf{N}^*$$

所以

$$2^{p-1} - 1 = pm^2$$

$$\Leftrightarrow (2^{\frac{p-1}{2}} - 1)(2^{\frac{p-1}{2}} + 1) = pm^2$$

因为

$$(2^{\frac{p-1}{2}} - 1, 2^{\frac{p-1}{2}} + 1) = 1$$

所以

$$\begin{cases} 2^{\frac{p-1}{2}} - 1 = x^2, px^2 \\ 2^{\frac{p-1}{2}} + 1 = py^2, y^2 \end{cases}$$

(1)当 $\begin{cases} 2^{\frac{p-1}{2}} - 1 = x^2 \\ 2^{\frac{p-1}{2}} + 1 = py^2 \end{cases}$ 时,有

$$2^{\frac{p-1}{2}}=x^2+1$$

所以 x^2+1 为偶数. 所以 x 为奇数.

所以

$$x^2\equiv 1(\bmod 8)$$

所以

$$x^2+1\equiv 2(\bmod 8)$$

所以

$$\frac{p-1}{2}=1$$

即 $p=3$.

当 $p=3$ 时, $\dfrac{2^{p-1}-1}{p}=\dfrac{2^2-1}{3}=1$ 为完全平方数满足题意.

(2) 当 $\begin{cases} 2^{\frac{p-1}{2}}-1=px^2 \\ 2^{\frac{p-1}{2}}+1=y^2 \end{cases}$ 时, 显然可知 y 为奇数且 $y\geq 3$.

所以

$$2^{\frac{p-1}{2}}=y^2-1$$

$$\Leftrightarrow \frac{2^{\frac{p-1}{2}}}{4}=\frac{y^2-1}{4}$$

$$\Leftrightarrow 2^{\frac{p-5}{2}}=\frac{y-1}{2}\cdot\frac{y+1}{2}$$

因为

$$\left(\frac{y-1}{2},\frac{y+1}{2}\right)=1$$

所以

$$\frac{y-1}{2}=1$$

所以

$$y=3,p=7$$

经检验当 $p=7$ 时, $\dfrac{2^{p-1}-1}{p}=\dfrac{2^6-1}{7}=9$ 为完全平方数满足题意.

综上所述, $p=3$ 或 7.

(此解法由石方梦圆提供.)

3. 叶军教授点评

(1) 本题题干简洁明了, 解题关键就在于抓住质数 p 以及利用完全平方数这一数学概念. 刘家瑜同学首先排除 $p=2$, 确定 p 为奇质数, 增设 $p=2m+1$, 结合费马小定理得出 $p\mid 2^m-1$ 或 $p\mid 2^m+1$. 再分两种情况讨论得出最后的 p 值, 思路合理清晰, 过程完整流畅, 展示了较强的数论功底, 值得点赞.

(2) 既然 $\dfrac{2^{p-1}-1}{p}$ 为完全平方数, 故可不妨设 $\dfrac{2^{p-1}-1}{p}=m^2$, 进而等价变形得到 $(2^{\frac{p-1}{2}}-$

$1)(2^{\frac{p-1}{2}}+1)=pm^2$. 问题做到这一步接下来的处理方式就很常规了,利用 $2^{\frac{p-1}{2}}-1$ 与 $2^{\frac{p-1}{2}}+1$ 互质,再分类讨论即可解决,这就是石方梦圆老师的解法,值得同学们学习.

三角法求解一道几何问题
——2016 届叶班数学问题征解 066 解析

1. 问题征解 066

如图 66.1 所示,在 $\triangle ABC$ 中,$\angle A=30°$,点 D,E 分别在 AB,AC 边上,$BD=CE=BC$,点 F 在 BC 边上,DF 与 BE 交于点 G,若 $BG=1$,$\angle BDF=\frac{1}{2}\angle ACB$,求线段 EG 的长.

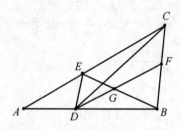

图 66.1

(《数学爱好者通讯》编辑部提供,2017 年 12 月 9 日.)

2. 问题 066 解析

解法一 设 $\angle ACB=\alpha$,则

$$\angle AEB=90°+\frac{\alpha}{2}$$

$$\angle ABE=60°-\frac{\alpha}{2}$$

$$\angle BDF=\frac{1}{2}\angle ACB=\frac{\alpha}{2}$$

所以

$$\angle BGD=120°$$

所以

$$\frac{BG}{BD}=\frac{\sin\angle BDG}{\sin\angle BGD}=\frac{\sin\frac{\alpha}{2}}{\sin 120°}$$

所以

$$BG=BD\cdot\frac{\sin\frac{\alpha}{2}}{\sin 120°}=BC\cdot\frac{\sin\frac{\alpha}{2}}{\sin 120°}$$

因为

$$\frac{BE}{AB} = \frac{\sin \angle BAE}{\sin \angle AEB} = \frac{\frac{1}{2}}{\sin \left(90° + \frac{\alpha}{2}\right)}$$

所以

$$BE = \frac{AB}{2\sin \left(90° + \frac{\alpha}{2}\right)}$$

所以

$$\frac{BE}{BG} = \frac{AB \times \sin 120°}{BC \times \sin \frac{\alpha}{2} \times 2\sin \left(90° + \frac{\alpha}{2}\right)} =$$

$$\frac{\sin \alpha \times \sin 120°}{\sin 30° \times \sin \frac{\alpha}{2} \times \cos \frac{\alpha}{2} \times 2} =$$

$$\frac{\sin 120°}{\sin 30°} = \sqrt{3}$$

所以

$$BE = \sqrt{3}$$

$$EG = \sqrt{3} - 1$$

（此解法由刘家瑜提供.）

解法二 如图 66.2 所示,作 $\angle ACB$ 的角平分线 CK 交 DF 于点 K,联结 EK,KB.

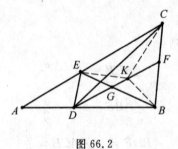

图 66.2

因为

$$\angle KCB = \frac{1}{2}\angle ACB = \angle BDF$$

且

$$BD = BC$$

所以 BK 为 $\angle ABC$ 的角平分线.

所以 K 为 $\triangle ABC$ 的内心.

所以

$$\angle CKB = \frac{1}{2}\angle A + 90° = 105°$$

因为 $\triangle CEB$,$\triangle CBD$ 为等腰三角形,所以

$$\triangle ECK \cong \triangle BCK \cong \triangle BDK$$

所以
$$\angle CKB = \angle CKE = \angle BKD = 105°$$
$$\angle EKG = 45°$$
$$\angle KEB = 15°$$

所以
$$EG = \frac{GK \cdot \sin 45°}{\sin 15°} = \frac{BG \cdot \sin 15° \cdot \sin 45°}{\sin 105° \cdot \sin 15°} =$$
$$\frac{BG \cdot \sin 15° \cdot \sin 45°}{\frac{1}{2}\sin 30°} =$$
$$\frac{\frac{\sqrt{6}-\sqrt{2}}{4} \cdot \frac{\sqrt{2}}{2}}{\frac{1}{4}} = \sqrt{3} - 1$$

（此解法由陈苗卓提供.）

解法三　令 $\angle ACB = 2\theta$，则
$$\angle BDF = \frac{1}{2}\angle ACB = \theta$$

因为
$$CE = CB$$

所以
$$\angle CEB = 90° - \theta$$

所以
$$\angle EBA = \angle CEB - \angle A = 60° - \theta$$

所以
$$\angle DGB = 180° - \angle FDB - \angle EBA = 120°$$

在 $\triangle DBG$ 中，由正弦定理可知
$$\frac{BG}{\sin \angle FDB} = \frac{BD}{\sin \angle DGB}$$

即
$$\frac{1}{\sin \theta} = \frac{BD}{\sin 120°}$$

所以
$$DB = \frac{\sqrt{3}}{2\sin \theta}$$

因为
$$CE = CB$$
$$\angle ACB = 2\theta$$

所以
$$BE = 2 \cdot BC\sin \theta = 2 \cdot DB\sin \theta = \sqrt{3}$$

所以

$$EG = \sqrt{3} - 1$$

（此解法由石方梦圆提供.）

3. 叶军教授点评

（1）注意到线段 EG 是在线段 BE 上的，故已知 $BG = 1$，可以先通过计算出线段 BE 的长度，再由 $BE - BG$，即为线段 EG 的长度.

（2）张景中院士提出"重建三角"实验方案，强调代数、几何与三角一线串通，三角法在解决几何问题时有其独特的优势与魅力，同时也是解题利器，让学生思路更广阔，学习变轻松.

（3）正弦定理在处理几何问题时的作用非常之大，刘家瑜、陈苗卓两位同学和石方梦圆老师均采用了正弦定理来解决本题. 陈苗卓同学先通过添加辅助线得出一些具体的角度，再代入正弦定理中求出 EG，辅助线添加的十分恰当. 刘家瑜同学采取无辅计算，两次运用正弦定理加以解决，值得点赞；石方梦圆老师则更加精简计算，结合等腰三角形的特点，只用一次正弦定理就求出 EG，非常漂亮，值得大家学习.

巧用四点共圆证明线段相等
——2016 届叶班数学问题征解 067 解析

1. 问题征解 067

如图 67.1 所示,在等边 △ABC 中,点 D 是 BC 边上的一点,圆 E,圆 F 分别是 △ACD 和 △ADB 的内切圆,GK 是圆 E,圆 F 外公切线,△AGK 的外心为点 O,求证:OF = OE.

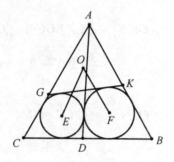

图 67.1

(《数学爱好者通讯》编辑部提供,2017 年 12 月 16 日.)

2. 问题 067 解析

证明　如图 67.2 所示,延长 CE,BF 交于点 M,则点 M 为等边 △ABC 的内心.

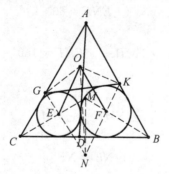

图 67.2

所以点 M 在 ∠BAC 的角平分线上.

延长 GE,KF 交于点 N,联结 OG,OK,ON,则点 N 为 △AGK 的旁心.

所以点 N 在 ∠BAC 的角平分线上.

所以 A,M,N 三点共线.

所以

$$NM \perp BC$$

即 NM 为 BC 的垂直平分线.

所以

$$\angle NME = \angle NMF = \frac{1}{2}\angle CMB = \frac{1}{2}(90 L + \frac{1}{2}\angle BAC) = 60°$$

因为点 O 是 $\triangle AGK$ 的外心,所以

$$\angle GOK = 2\angle BAC = 120°$$

因为

$$OG = OK$$

所以

$$\angle OGK = \angle OKG = 30°$$

因为

$$\angle KGN + \angle GKN = \frac{1}{2}(\angle KGC + \angle GKB) =$$
$$\frac{1}{2}(360° - 2 \times 60°) = 120°$$

所以

$$\angle OGN + \angle OKN = 180°$$

所以 O, G, N, K 四点共圆.

所以

$$\angle GNK = 60°$$

所以

$$\angle ONE = \angle ONF$$

因为

$$\angle CMB = 120°$$
$$\angle ENF = 60°$$

所以

$$\angle CMB + \angle ENF = 180°$$

所以 M, E, N, F 四点共圆.

因为

$$\angle NME = \angle NMF$$

所以

$$NE = NF$$

所以

$$\triangle ONE \cong \triangle ONF(SAS)$$

所以

$$OE = OF$$

（此证法由石方梦圆提供.）

3. 叶军教授点评

本几何问题难度系数较大,欲证的两条相等线段分别是 $\triangle AGK$ 的外心 O 与 $\triangle ACD$ 和

$\triangle ADB$ 的内切圆圆心 E,F 的连线.

一般这类证明线段相等的问题我们容易想到的是通过构造全等三角形,而在涉及圆的问题中,利用四点共圆往往是一大解题利器.

找到 $\triangle AGK$ 的旁心 N 和等边 $\triangle ABC$ 的中心 M,即可发现 NM 为 BC 的垂直平分线,根据计算发现 $\angle OGN + \angle OKN = 180°$,得出 O,G,N,K 四点共圆,从而有 $\angle ONE = \angle ONF$ 并且 $\angle GNK = 60°$. 故有 $\angle CMB + \angle GNK = 180°$,故 M,E,N,F 四点共圆. 进一步得出 $\triangle ONE \cong \triangle ONF$,问题解决.

不等式中的最值问题
——2016 届叶班数学问题征解 068 解析

1. 问题征解 068

若关于 x 的方程 $ax^2 + bx + c = 0 (ac \neq 0)$ 有实根,且

$$(a-b)^2 + (b-c)^2 + (c-a)^2 \geqslant \lambda c^2$$

对实数 a,b,c 恒成立,求 λ 的最大值.

(《数学爱好者通讯》编辑部提供,2017 年 12 月 23 日.)

2. 问题 068 解析

解　因为

$$ac \neq 0$$

且方程 $ax^2 + bx + c = 0$ 有实根,所以

$$b^2 - 4ac \geqslant 0$$

令

$$b = c(\mu + \nu), a = c\mu\nu \quad (\mu, \nu \in \mathbf{R}, \mu\nu \neq 0)$$

因为

$$(a-b)^2 + (b-c)^2 + (c-a)^2 \geqslant \lambda c^2$$

所以

$$\lambda \leqslant \left(\frac{a}{c} - \frac{b}{c}\right)^2 + \left(\frac{b}{c} - 1\right)^2 + \left(\frac{a}{c} - 1\right)^2$$

$$\Leftrightarrow \lambda \leqslant (\mu\nu - \mu - \nu)^2 + (\mu + \nu - 1)^2 + (\mu\nu - 1)^2 = f(\mu, \nu)$$

上式对 $\mu, \nu \in \mathbf{R}, \mu\nu \neq 0$ 恒成立.

另一方面

$$f(\mu, \nu) = (\mu\nu - \mu - \nu)^2 + (\mu + \nu - 1)^2 + (\mu\nu - 1)^2 =$$
$$2(\mu^2\nu^2 - \mu^2\nu - \mu\nu^2 + \mu^2 + \nu^2 + \mu\nu - \mu - \nu + 1) =$$
$$2(\mu^2 - \mu + 1)(\nu^2 - \nu + 1) \geqslant$$
$$2 \times \frac{3}{4} \times \frac{3}{4} = \frac{9}{8}$$

等号成立当且仅当 $\mu = \nu = \frac{1}{2}$,即 $b = c, a = \frac{1}{4}c$.

所以

$$\lambda_{\max} = f\left(\frac{1}{2}, \frac{1}{2}\right) = \frac{9}{8}$$

(此解法由刘家瑜提供.)

3. 叶军教授点评

要求 λ 的最大值，根据 $(a-b)^2+(b-c)^2+(c-a)^2 \geqslant \lambda c^2$ 对任意实数 a,b,c 恒成立，只需求出 $\left(\dfrac{a}{c}-\dfrac{b}{c}\right)^2+\left(\dfrac{b}{c}-1\right)^2+\left(\dfrac{a}{c}-1\right)^2$ 的最小值. 再对 b,c 进行变量替换即可得出结果，刘家瑜同学思路清晰、过程简洁，值得点赞.

夹角公式的运用
——2016 届叶班数学问题征解 069 解析

1. 问题征解 069

在平面直角坐标系中,已知直线 $l_1:y=k_1x+b_1$;直线 $l_2:y=k_2x+b_2$. 直线 l_1 与直线 l_2 相交于点 P. 直线 l_1 绕点 P 逆时针旋转到直线 l_2 所成的角 θ 称为直线 l_1 到直线 l_2 的夹角,如图 69.1 所示,且有夹角公式 $\tan\theta=\dfrac{k_2-k_1}{1+k_1\cdot k_2}$.

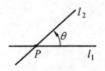

图 69.1

利用夹角公式求解下列问题:

如图 69.2 所示,正方形 $ABCD$ 的四个顶点的坐标依次为 $A(0,1),B(0,0),C(1,0)$,$D(1,1)$,其内部两点 $E(\frac{1}{6},\frac{1}{2}),F(\frac{6}{7},\frac{4}{7})$.

(Ⅰ)计算 $\angle EAF,\angle ECF$ 的大小.

(Ⅱ)计算 $S_{\triangle EAB}+S_{\triangle FAD}+S_{\triangle CEF}$ 的值.

(Ⅲ)当正方形 $ABCD$ 内两动点 E,F 满足 $\angle EAF=\angle ECF=45°$ 的时,试探究:

(1)$S_{\triangle EAB}+S_{\triangle FAD}+S_{\triangle CEF}$ 的变化规律,并证明你的结论;

(2)BE 与 FD 的位置关系,并证明你的结论.

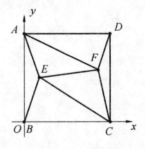

图 69.2

(《数学爱好者通讯》编辑部提供,2017 年 12 月 30 日.)

2. 问题 069 解析

(Ⅰ)解 设直线 AE 的表达式为 $y=k_{AE}\cdot x+b$,则由 AE 经过两点 $A(0,1),E(\frac{1}{6},\frac{1}{2})$

得

$$\begin{cases} k_{AE} \cdot 0 + b = 1 \\ k_{AE} \cdot \dfrac{1}{6} + b = \dfrac{1}{2} \end{cases}$$

两式相减,得

$$-\frac{1}{6}k_{AE} = \frac{1}{2}$$

故

$$k_{AE} = -3$$

同理可求得

$$k_{AF} = -\frac{1}{2}, k_{CE} = -\frac{3}{5}, k_{CF} = -4$$

由夹角公式,得

$$\tan \angle EAF = \frac{k_{AF} - k_{AE}}{1 + k_{AF} \cdot k_{AE}} = \frac{-\dfrac{1}{2} - (-3)}{1 + \left(-\dfrac{1}{2}\right) \times (-3)} = \frac{\dfrac{5}{2}}{1 + \dfrac{3}{2}} = 1$$

$$\tan \angle ECF = \frac{k_{CE} - k_{CF}}{1 + k_{CE} \cdot k_{CF}} = \frac{-\dfrac{3}{5} - (-4)}{1 + \left(-\dfrac{3}{5}\right) \times (-4)} = \frac{\dfrac{17}{5}}{1 + \dfrac{12}{5}} = 1$$

又 $\angle EAF$,$\angle ECF$ 均为锐角,故

$$\angle EAF = \angle ECF = 45°$$

（此解法由石方梦圆提供.）

（Ⅱ）**解**　由三角形面积公式,得

$$S_{\triangle EAB} = \frac{1}{2} \times 1 \times \frac{1}{6} = \frac{1}{12}$$

$$S_{\triangle FAD} = \frac{1}{2} \times 1 \times \left(1 - \frac{4}{7}\right) = \frac{3}{14}$$

下面计算 $\triangle CEF$ 的面积.

如图 69.3 所示,作 $EE_1 \perp CD$ 于 E_1,$FF_1 \perp CD$ 于 F_1,则

$$FF_1 = \frac{1}{7}, EE_1 = \frac{5}{6}, CE_1 = \frac{1}{2}, E_1F_1 = \frac{4}{7} - \frac{1}{2} = \frac{1}{14}$$

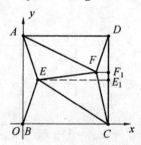

图 69.3

故

$$S_{梯形FF_1E_1E} = \frac{1}{2}\left(\frac{1}{7} + \frac{5}{6}\right) \times \frac{1}{14} = \frac{41}{49 \times 24}$$

$$S_{\triangle CEE_1} = \frac{1}{2} \times \frac{1}{2} \times \frac{5}{6} = \frac{5}{24}$$

$$S_{\triangle CFF_1} = \frac{1}{2} \times \frac{4}{7} \times \frac{1}{7} = \frac{2}{49}$$

故

$$S_{\triangle CEF} = \frac{41}{49 \times 24} + \frac{5}{24} - \frac{2}{49} = \frac{17}{7 \times 12}$$

故

$$S_{\triangle EAB} + S_{\triangle FAD} + S_{\triangle CEF} = \frac{1}{12} + \frac{3}{14} + \frac{17}{7 \times 12} = \frac{7 + 17}{7 \times 12} + \frac{3}{14} =$$

$$\frac{2}{7} + \frac{3}{14} = \frac{7}{14} = \frac{1}{2}$$

（此解法由石方梦圆提供.）

（Ⅲ）（1）证法一 设 E,F 的坐标为 $E(x_1,y_1),F(x_2,y_2)$,不妨设 $x_2 \geqslant x_1,y_2 \geqslant y_1$,直线 AE 的表达式为

$$y = k_{AE} \cdot x + b$$

则由 AE 经过两点 $A(0,1),E(x_1,y_1)$ 得

$$\begin{cases} k_{AE} \cdot 0 + b = 1 \\ k_{AE} \cdot x_1 + b = y_1 \end{cases}$$

两式相减,得

$$k_{AE}x_1 = y_1 - 1$$

故

$$k_{AE} = \frac{y_1 - 1}{x_1}$$

同理可求得

$$k_{AF} = \frac{y_2 - 1}{x_2}, k_{CE} = \frac{y_1}{x_1 - 1}, k_{CF} = \frac{y_2}{x_2 - 1}$$

因为

$$\angle EAF = \angle ECF = 45°$$

所以由夹角公式,得

$$\tan \angle EAF = \frac{k_{AF} - k_{AE}}{1 + k_{AF} \cdot k_{AE}} = 1$$

$$\tan \angle ECF = \frac{k_{CE} - k_{CF}}{1 + k_{CE} \cdot k_{CF}} = 1$$

故

$$k_{AF} - k_{AE} = 1 + k_{AF} \cdot k_{AE} \tag{①}$$

$$k_{CE} - k_{CF} = 1 + k_{CE} \cdot k_{CF} \tag{②}$$

由 ① 得

$$\frac{y_2-1}{x_2}-\frac{y_1-1}{x_1}=1+\frac{(y_1-1)(y_2-1)}{x_1 x_2}$$

故

$$x_1(y_2-1)-x_2(y_1-1)=x_1 x_2+(y_1-1)(y_2-1) \qquad ③$$

由 ② 得

$$\frac{y_1}{x_1-1}-\frac{y_2}{x_2-1}=1+\frac{y_1 y_2}{(x_1-1)(x_2-1)}$$

故

$$y_1(x_2-1)-y_2(x_1-1)=y_1 y_2+(x_1-1)(x_2-1) \qquad ④$$

③－④ 得

$$2x_1 y_2-2x_2 y_1-x_1+x_2+y_1-y_2=-y_1-y_2+x_1+x_2$$

故

$$x_1(y_2-1)+y_1(1-x_2)=0 \qquad ⑤$$

另一方面

$$S_{\triangle EAB}=\frac{1}{2}x_1, \; S_{\triangle FAD}=\frac{1}{2}(1-y_2)$$

$$S_{梯形 FF_1 E_1 E}=\frac{1}{2}\left[(1-x_2)+(1-x_1)\right]\cdot(y_2-y_1)$$

$$S_{\triangle CEE_1}=\frac{1}{2}(1-x_1)y_1$$

$$S_{\triangle CFF_1}=\frac{1}{2}(1-x_2)y_2$$

故

$$S_{\triangle CEF}=S_{梯形 FF_1 E_1 E}+S_{\triangle CEE_1}-S_{\triangle CFF_1}=$$

$$\frac{1}{2}(2-x_1-x_2)(y_2-y_1)+$$

$$\frac{1}{2}(1-x_1)y_1-\frac{1}{2}(1-x_2)y_2$$

从而有

$$S_{\triangle EAB}+S_{\triangle FAD}+S_{\triangle CEF}=\frac{1}{2}x_1+\frac{1}{2}(1-y_2)+\frac{1}{2}(2-x_1-x_2)(y_2-y_2)+$$

$$\frac{1}{2}(1-x_1)y_1-\frac{1}{2}(1-x_2)y_2=$$

$$\frac{1}{2}x_1+\frac{1}{2}-\frac{1}{2}y_2+y_2-y_1-\frac{1}{2}(x_1+x_2)(y_2-y_1)+$$

$$\frac{1}{2}y_1-\frac{1}{2}x_1 y_1-\frac{1}{2}y_2+\frac{1}{2}x_2 y_2=$$

$$\frac{1}{2}+\frac{1}{2}x_1-\frac{1}{2}y_1-\frac{1}{2}x_1 y_2+\frac{1}{2}x_2 y_1=$$

$$\frac{1}{2}+\frac{1}{2}\left[x_1(1-y_2)+y_1(x_2-1)\right](代入 ①)=\frac{1}{2}$$

（此证法由李月梅提供.）

证法二(纯平几证法)　如图 69.4 所示,将 $\triangle FAD$ 绕点 A 顺时针旋转 $90°$ 至 $\triangle F'AB$,将 $\triangle FCD$ 绕点 C 逆时针旋转 $90°$ 至 $\triangle F''CB$,联结 $F'E,F''E$.

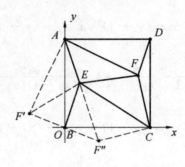

图 69.4

因为
$$\angle F'BA + \angle F''BC = \angle FDA + \angle FDC = 90°$$
所以
$$\angle F'BA + \angle F''BC + \angle ABC = 90° + 90° = 180°$$
故 F',B,F'' 三点共线,且
$$F'B = F''B$$
故
$$S_{\triangle EF'B} = S_{\triangle EF''B}$$
又易证明
$$\triangle AF'E \cong \triangle AFE, \triangle CF''E \cong \triangle CFE$$
故
$$S_{\triangle AF'E} = S_{\triangle AFE}$$
$$S_{\triangle CF'E} = S_{\triangle CFE}$$
故
$$S_{\triangle EAB} + S_{\triangle FAD} + S_{\triangle CEF} = S_{\triangle EAB} + S_{\triangle F'AB} + S_{\triangle EF''C} =$$
$$S_{\triangle AEF'} + S_{\triangle EBF'} + S_{\triangle EF''C} =$$
$$S_{\triangle AEF} + S_{\triangle EBF''} + S_{\triangle EF''C} =$$
$$S_{\triangle AEF} + S_{\triangle EBC} + S_{\triangle F''BC} =$$
$$S_{\triangle AEF} + S_{\triangle EBC} + S_{\triangle FCD} =$$
$$\frac{1}{2} S_{ABCD} = \frac{1}{2}$$

(此证法由李月梅提供.)

(Ⅲ)(2)BE,FD 的位置关系是 $BE \parallel FD$ 或 BE,FD 共线.证明如下:

证法一　由(1)中证法一的等式 ⑤ 知 $k_{BE} = k_{FD}$,故 $BE \parallel FD$,或 BE,FD 共线.

(此证法由李月梅提供.)

证法二　如图 69.4 所示,因为 $BA \parallel CD$,所以只需证 $\angle ABE = \angle FDC$.

事实上,$EF' = EF''$,B 为 $F'F''$ 的中点,故
$$EB \perp F'F''$$

故
$$\angle ABE = 90° - \angle EBC = \angle F''BC = \angle FDC$$

故 $BE \parallel FD$,或 BE,FD 共线.

（此证法由李月梅提供.）

证法三（塞瓦定理） 如图 69.5 所示,只需证明 $\angle 1 = \angle 2 \Leftrightarrow AP = CQ \Leftrightarrow \dfrac{AP}{PC} = \dfrac{CQ}{QA}$.

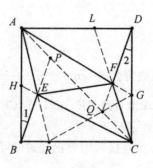

图 69.5

由塞瓦定理,得

$$\frac{AP}{PC} \cdot \frac{CR}{RB} \cdot \frac{BH}{HA} = 1$$

$$\frac{CQ}{QA} \cdot \frac{AL}{LD} \cdot \frac{DG}{GC} = 1$$

故只需证

$$\frac{HA}{BH} \cdot \frac{RB}{CR} = \frac{GC}{DG} \cdot \frac{LD}{AL}$$

$$\Leftrightarrow \frac{BR}{RC} \cdot \frac{DG}{GC} = \frac{DL}{LA} \cdot \frac{BH}{HA} \tag{$*$}$$

事实上,因为 $\angle RAG = 45°$,所以

$$GR = BR + DG$$

令

$$BR = x$$
$$DG = y$$
$$BC = DC = 1$$

则

$$RC = 1 - x$$
$$GC = 1 - y$$

故

$$(x + y)^2 = (1 - x)^2 + (1 - y)^2$$

故

$$xy = 1 - x - y$$
$$2xy = (1 - x)(1 - y)$$

故

$$\frac{BR}{RC} \cdot \frac{DG}{GC} = \frac{x}{1-x} \cdot \frac{y}{1-y} = \frac{xy}{2xy} = \frac{1}{2}$$

由 $\angle ECF = 45°$,同理可证

$$\frac{DL}{LA} \cdot \frac{BH}{HA} = \frac{1}{2}.$$

故(∗)成立,命题得证.

(此证法由李月梅提供.)

3. 叶军教授点评

本题首先给出命题背景以及夹角公式 $\tan\theta = \dfrac{k_2 - k_1}{1 + k_1 \cdot k_2}$.

第(Ⅰ)问比较基础,只需要求出直线 AE,AF,CE,CF 的斜率,再代入夹角公式即可求得正切值为 1,从而得出 $\angle EAF = \angle ECF = 45°$.

对于第(Ⅱ)问,$S_{\triangle EAB}$ 与 $S_{\triangle FAD}$ 直接利用面积公式即可求出,故重点是计算 $\triangle CEF$ 的面积.

第(Ⅱ)问其实是为(Ⅲ)的第(1)问做铺垫.

如图 69.6 所示,当 E,F 在正方形内满足 $\angle EAF = \angle ECF = 45°$ 时,取 E,F 在对角线 BD 上,由对称性可知,$\triangle EAB \cong \triangle EBC$,$\triangle AEF \cong \triangle CEF$,$\triangle FAD \cong \triangle FCD$,所以有

$$S_{\triangle EAB} + S_{\triangle FAD} + S_{\triangle CEF} = S_{\triangle ABD} = \frac{1}{2}$$

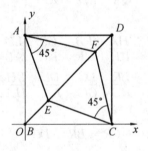

图 69.6

结合(Ⅰ)的结论,我们猜测 $S_{\triangle EAB} + S_{\triangle FAD} + S_{\triangle CEF}$ 为定值 $\dfrac{1}{2}$.

第(Ⅲ)问的第(2)问关于 BE 与 FD 的位置关系,其实也很容易猜测,要么平行,要么共线.

巧用四点共圆与三角函数
——2016 届叶班数学问题征解 070 解析

1. 问题征解 070

如图 70.1 所示，$ABCD$ 为圆 Γ_1 的内接四边形，E 在线段 AB 上，过 A，E 且与 AD 相切的圆 Γ_2 与过 B，E 且与 BC 相切的圆 Γ_3 相交于另一点 G. 求证：

（Ⅰ）若在线段 CD 上存在一点 F 使得 $\angle AGE = \angle BGF$，则 $\dfrac{AE}{EB} = \dfrac{DF}{FC}$.

（Ⅱ）若在线段 CD 上存在一点 F 使得 $\dfrac{AE}{EB} = \dfrac{DF}{FC}$，则 $\angle AGE = \angle BGF$.

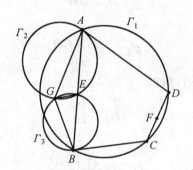

图 70.1

（《数学爱好者通讯》编辑部提供，2017 年 1 月 6 日.）

2. 问题 070 解析

证法一　如图 70.2 所示，延长 AD，BC 相交于 H，连 GH 交 CD 于 F'.

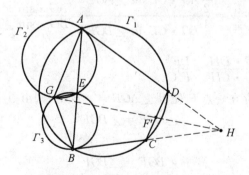

图 70.2

依题意有

$$\angle BGE = \angle ABC = \angle CDH$$

$$\angle AGE = \angle BAD = \angle DCH$$

所以

$$\angle GAH + \angle GBH = (\angle GAB + \angle BAD) + (\angle GBA + \angle ABC) =$$
$$(\angle GAB + \angle GBA) + (\angle BAD + \angle ABC) =$$
$$180° - \angle AGB + (\angle AGE + \angle BGE) =$$
$$180° - \angle AGB + \angle AGB =$$
$$180°$$

所以 A,G,B,H 四点共圆.

所以

$$\angle AGE = \angle BAH = \angle BGF' = \angle DCH \qquad ①$$
$$\angle AGH = \angle ABH = \angle BGE = \angle CDH \qquad ②$$

由 ① 可知 $\triangle HCF' \backsim \triangle HGB$,所以

$$\frac{F'C}{CH} = \frac{BG}{GH}$$

所以

$$F'C = \frac{BG \cdot CH}{GH} \qquad ③$$

由 ② 可知 $\triangle HDF' \backsim \triangle HGA$,所以

$$\frac{DF'}{HD} = \frac{GA}{HG}$$

所以

$$DF' = \frac{GA \cdot HD}{HG} \qquad ④$$

④ ÷ ③,得

$$\frac{DF'}{F'C} = \frac{GA \cdot DH}{GB \cdot HC}$$

另一方面

$$\frac{AE}{EB} = \frac{S_{\triangle GAE}}{S_{\triangle GBE}} = \frac{\frac{1}{2}AG \cdot GE \sin \angle AGE}{\frac{1}{2}BG \cdot GE \sin \angle BGE} = \frac{AG \cdot \sin \angle DCH}{BG \cdot \sin \angle CDH} =$$

$$\frac{AG \cdot DH}{BG \cdot CH} = \frac{DF'}{F'C} \qquad ⑤$$

（Ⅰ）若线段 CD 上存在一点 F 使得 $\angle AGE = \angle BGF$,则由 ① 有

$$\angle AGE = \angle BGF'$$

所以

$$\angle BGF = \angle BGF'$$

故 F 与 F' 重合.

由 ⑤ 可知

$$\frac{AE}{EB} = \frac{DF}{FC}$$

（Ⅱ）若线段 CD 上存在一点 F 使得

$$\frac{AE}{EB} = \frac{DF}{FC}$$

则由 ⑤ 可知

$$\frac{AE}{EB} = \frac{DF'}{F'C}$$

故

$$\frac{DF}{FC} = \frac{DF'}{F'C}$$

故

$$\frac{DF}{CD} = \frac{DF'}{CD}$$

所以

$$DF = DF'$$

故 F 与 F' 重合.

再由 ① 知

$$\angle AGE = \angle BGF' = \angle BGF$$

（此证法由徐斌提供.）

证法二　如图 70.3 所示,延长 AD,BC 相交于 H,连 GH 交 CD 于 F'. 记 GH 交圆 Γ_3 于 M,联结 BM 并延长交 AD 于 N,连 EM,则 $\angle MBH = \angle BEM$.

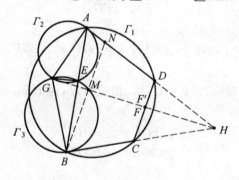

图 70.3

依题意有

$$\angle BGE = \angle ABC = \angle CDH$$
$$\angle AGE = \angle BAD = \angle DCH$$

所以

$$\angle GAH + \angle GBH = (\angle GAB + \angle BAD) + (\angle GBA + \angle ABC) =$$
$$(\angle GAB + \angle GBA) + (\angle BAD + \angle ABC) =$$
$$180° - \angle AGB + (\angle AGE + \angle BGE) =$$
$$180° - \angle AGB + \angle AGB =$$
$$180°$$

所以 A,G,B,H 四点共圆.

故
$$\angle NBH = \angle MEB = \angle BGM = \angle BGH = \angle BAH = \angle DCH$$

故
$$BN \parallel CD$$
$$EM \parallel AD$$

所以
$$\frac{AE}{EB} = \frac{NM}{MB} = \frac{DF'}{F'C}$$

（ I ）因为
$$\angle AGE = \angle BGF$$

所以
$$\angle BGF = \angle AGE = \angle BAH = \angle BGF'$$

故 G,F',H 三点共线，故 F 与 F' 重合，所以
$$\frac{AE}{EB} = \frac{DF'}{F'C} = \frac{DF}{FC}$$

（ II ）因为
$$\frac{AE}{ED} = \frac{DF}{FC}$$

所以
$$\frac{DF'}{F'C} = \frac{DF}{FC}$$

故 F 与 F' 重合，故
$$\angle AGE = \angle BAH = \angle BGH = \angle BGF$$

（此证法由徐斌提供.）

证法三　如图 70.4 所示，延长 AD,BC 相交于 H，连 HF.
依题意，有
$$\angle BGE = \angle ABH$$
$$\angle AGE = \angle BAH$$

所以
$$\angle AGB + \angle AHB = \angle AGE + \angle BGE + \angle AHB =$$
$$\angle BAH + \angle ABH + \angle AHB = 180°$$

所以 A,G,B,H 四点共圆.
由割线定理可知
$$\frac{DH}{CH} = \frac{BH}{AH}$$

因为
$$\frac{AE}{EB} = \frac{S_{\triangle AEG}}{S_{\triangle BEG}} = \frac{\frac{1}{2}AG \cdot GE \sin \angle AGE}{\frac{1}{2}BG \cdot GE \sin \angle BGE} = \frac{AG}{BG} \cdot \frac{\sin \angle BAH}{\sin \angle ABH} =$$

$$\frac{AG}{BG} \cdot \frac{BH}{AH}$$

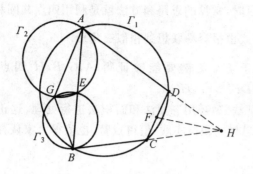

图 70.4

$$\frac{DF}{FC} = \frac{S_{\triangle DHF}}{S_{\triangle CHF}} = \frac{\frac{1}{2}DH \cdot HF\sin\angle DHF}{\frac{1}{2}CH \cdot HF\sin\angle CHF} = \frac{DH}{CH} \cdot \frac{\sin\angle DHF}{\sin\angle CHF} =$$

$$\frac{BH}{AH} \cdot \frac{\sin\angle DHF}{\sin\angle CHF}$$

所以

$$\frac{AE}{EB} = \frac{DF}{FC} \Leftrightarrow \frac{AG}{BG} = \frac{\sin\angle DHF}{\sin\angle CHF} \tag{$*$}$$

由正弦定理可知

$$\frac{AG}{BG} = \frac{\sin\angle AHG}{\sin\angle BHG}$$

因为

$$\angle DHF + \angle CHF = \angle AHB = \angle AHG + \angle BHG$$

所以

$$(*) \Leftrightarrow \frac{\sin(\angle AHB - \angle CHF)}{\sin\angle CHF} = \frac{\sin(\angle AHB - \angle BHG)}{\sin\angle BHG}$$

$$\Leftrightarrow \sin\angle AHB \cdot \cot\angle CHF - \cos\angle AHB =$$
$$\quad \sin\angle AHB \cdot \cot\angle BHG - \cos\angle AHB$$

$$\Leftrightarrow \cot\angle CHF = \cot\angle BHG$$

$$\Leftrightarrow \angle CHF = \angle BHG$$

$$\Leftrightarrow H, F, G \text{ 三点共线}$$

$$\Leftrightarrow \angle BGF = \angle BGH = \angle BAH = \angle AGE$$

得证.

（此证法由徐斌提供.）

3. 叶军教授点评

要求证的两个小问其实是等价的可合成一个问题,即若在线段 CD 上存在一点 F,则 $\angle AGE = \angle BGF$ 的充要条件为 $\frac{AE}{EB} = \frac{DF}{FC}$. 故在证明的时候可以从充分性和必要性两方面入手,也可考虑直接进行等价证明.

在处理有关圆的题目时,常见的思路和方法就是利用四点共圆和圆幂定理,而题中出现的 $\dfrac{AE}{EB}=\dfrac{DF}{FC}$ 这一比例等式也很容易联想到相似三角形.

延长 AD,BC 相交于 H,关键要能够证得 A,G,B,H 四点共圆,再进一步得到 $\triangle HCF' \backsim \triangle HGB$,$\triangle HDF' \backsim \triangle HGA$.

特别值得提出的是证法三,巧用三角法和面积法进行处理,这正是张景中院士"重建三角,全局皆活"教育数学思想的积极实践,值得点赞,也值得大家认真学习.

巧用平行与四点共圆
——2016 届叶班数学问题征解 071 解析

1. 问题征解 071

如图 71.1 所示,已知平行四边形 $ABCD$ 中,点 E 在 BC 上,点 F 在 AE 上,$\triangle ABE$ 的外心为点 O,且满足 $\angle CFE = \angle DFA$,$\angle OCF = 20°$,求 $\angle AOB$.

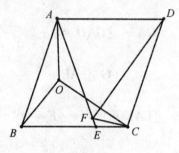

图 71.1

（《数学爱好者通讯》编辑部提供,2018 年 1 月 13 日.）

2. 问题 071 解析

解 如图 71.2 所示,过点 E 作 $EG \parallel DF$ 交 DC 于点 G,交 FC 于点 H,联结 AG 交 DF 于点 J,联结 OG 并延长交 AD 延长线于点 K,则

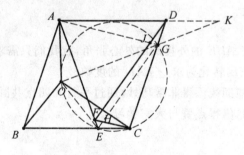

图 71.2

$$AG \parallel CF$$

所以

$$\angle GAE = \angle CFE$$

因为

$$\angle CFE = \angle DFA$$

所以

$$\angle GAE = \angle DFA = \angle GEF$$

所以

$$GA = GE$$

因为点 O 为 $\triangle ABE$ 的外心，所以

$$OA = OE$$

所以

$$OG \perp AE$$

不妨设 $\angle ECF = \alpha$，则由 $AG \parallel CF$，$AD \parallel BC$ 可知

$$\angle GAD = \alpha$$

由 O,E,C,G 四点共圆可知

$$\angle OCE = \alpha + 20° = \angle OGE = \angle OGA$$

所以

$$\angle K = \angle OGA - \angle GAD = \alpha + 20° - \alpha = 20°.$$

因为

$$OG \perp AE$$

所以

$$\angle EAK = 90° - \angle K = 70°$$

因为

$$AD \parallel BC$$

所以

$$\angle AEB = \angle EAD = 70°$$

故由外心张角内定理得

$$\angle AOB = 2\angle AEB = 140°$$

（此解法由李月梅提供.）

3. 叶军教授点评

注意到 $\angle AOB$ 为 $\triangle ABE$ 的外接圆的外心张角，故我们只需求出 $\angle AEB$ 的度数. 又因为 $AD \parallel BC$，故求 $\angle AEB$ 转化为求 $\angle EAD$ 的度数.

李月梅老师的这一辅助线添得非常巧妙，通过平行和四点共圆成功地求出了 $\angle AEB$ 的度数，进而完美解决本题，值得点赞与大家学习.

巧用同一法与四点共圆
——2016届叶班数学问题征解072解析

1. 问题征解 072

如图 72.1 所示,AB 是半圆 O 的直径,AM,BN 为半圆 O 的切线,在 AM 上取点 D,联结 BD,过点 O 作 $OE \perp BD$ 于点 E,延长 OE 交 BN 于点 F,过点 D 作半圆 O 的切线 DP,切点为点 P,求证:A,P,F 三点共线.

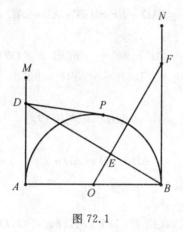

图 72.1

（《数学爱好者通讯》编辑部提供,2018 年 1 月 20 日.）

2. 问题 072 解析

证法一　如图 72.2 所示,连 AF 交圆 O 于 P',则
$$P,P' \text{ 重合} \Leftrightarrow DP' = DA \Leftrightarrow FD^2 = AD^2 + FD' \cdot FA \text{（斯特瓦尔特定理）}$$

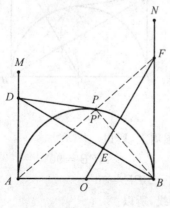

图 72.2

因为

$$\angle FP'B = \angle ABF = 90°$$
$$\angle P'FB = \angle AFB$$

所以

$$\triangle BFP' \backsim \triangle AFB$$

所以

$$BF^2 = FP' \cdot FA$$

所以

$$FD^2 = AD^2 + FP' \cdot FA \Leftrightarrow FD^2 = AD^2 + BF^2$$

又

$$FD^2 = AB^2 + (FB - AD)^2 (勾股定理及 AD \perp AB, AB \perp BF)$$

所以只需

$$AB^2 = 2AD \cdot BF \Leftrightarrow OB \cdot AB = AD \cdot BF$$

又

$$\angle OBE = 90° - \angle FOB = \angle OFB$$
$$\angle DAB = \angle OBF = 90°$$

所以

$$\triangle ABD \backsim \triangle BFO$$

所以

$$AB \cdot BO = AD \cdot BF$$

证毕.

(此证法由刘家瑜提供.)

证法二　如图 72.3 所示,联结 PA, PF, PB, PE, PO, DO.

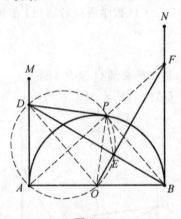

图 72.3

因为 AB 为直径,点 P 在圆周上,所以

$$\angle APB = 90°$$

要证 A, P, F 三点共线,只需证 $\angle BPF = 90°$.

因为 DA, DP 为圆 O 的切线,所以

$$\angle DAO = \angle DPO = 90°$$

所以 D, A, O, P 四点共圆.

因为
$$OE \perp BD$$
所以
$$\angle DEO = \angle DPO = 90°$$
所以 D,P,E,O 四点共圆.

所以 D,A,O,E,P 五点共圆. 所以
$$\angle EPA = \angle BOE$$
因为
$$\angle EPA + \angle EPB = 90°$$
$$\angle BOE + \angle BFE = 90°$$
所以
$$\angle BPE = \angle BFE$$
所以 E,P,F,B 四点共圆. 所以
$$\angle BPF = \angle BEF = 90°$$
即有 A,P,F 三点共线.

(此证法由石方梦圆提供.)

3. 叶军教授点评

证明三点共线的方法有很多,其中最直接的一种是利用同一法证明,刘家瑜同学的证明思路清晰,简洁明了,非常值得点赞;另一思路是利用两个角相加等于 180°. 注意到 $\angle APB = 90°$,因而只需要说明 $\angle BPF = 90°$ 就可以得到 A,P,F 三点共线. 在本题中出现了许多直角,因而很容易联想到四点共圆. 石方梦圆老师巧用三次四点共圆完美地解决了这一问题,非常漂亮,值得学习.

巧用同余分析法
——2016 届叶班数学问题征解 073 解析

1. 问题征解 073

在一个 9×9 的方格表的每个方格内写上一个奇数,记第 i 行各数之和为 a_i,记第 j 列各数之和为 $b_j(1 \leqslant i,j \leqslant 9)$,$A = \sum_{i=1}^{9}(4i-1)a_i$,$B = \sum_{j=1}^{9}(4j+1)b_j$,求证:$A \neq B$.

（《数学爱好者通讯》编辑部提供,2018 年 1 月 27 日.）

2. 问题 073 解析

证明   注意到

$$A \equiv \sum_{i=1}^{9}(-a_i) \equiv -\sum_{i=1}^{9}a_i \equiv -B(\bmod 4)$$

故

$$A + B \equiv 0(\bmod 4)$$

故只需证 $B \equiv 0,2(\bmod 4)$.

另一方面,因为 $B \equiv \sum_{j=1}^{9}b_j(\bmod 4)$,即 B 与方格表中所有数之和模 4 同余.

又方格表内所有数之和为奇数,故 B 也是奇数.

故

$$B \equiv 0,2(\bmod 4)$$

故

$$A \neq B$$

（此证法由徐斌提供.）

3. 叶军教授点评

同余分析法在解决数论问题中的作用十分明显,是一大解题利器.

根据 A,B 的表达式 $A = \sum_{i=1}^{9}(4i-1)a_i$,$B = \sum_{j=1}^{9}(4j+1)b_j$,我们很容易观察到 $A \equiv \sum_{i=1}^{9}(-a_i) \equiv -\sum_{i=1}^{9}a_i \equiv -B(\bmod 4)$.因此要证 $A \neq B$,只需证明 $B \equiv 0,2(\bmod 4)$,这样问题就能轻松解决了.

一道数列问题
——2016 届叶班数学问题征解 074 解析

1. 问题征解 074

已知两个整数数列 $\{a_n\}$，$\{b_n\}$ 满足

$$(a_n - a_{n-1})(a_n - a_{n-2}) + (b_n - b_{n-1})(b_n - b_{n-2}) = 0 \quad (n = 3, 4, \cdots)$$

求证:存在正整数 M 使得当 $n \geqslant M$ 时有

$$a_n + b_n = a_{n+2\,018} + b_{n+2\,018}$$

（《数学爱好者通讯》编辑部提供,2018 年 2 月 24 日.）

2. 问题 074 解析

证明　当 $n \in \mathbf{N}^*$，$n \geqslant 3$ 时,由题设等式知

$$(a_n - a_{n-1})^2 + (a_n - a_{n-2})^2 + (b_n - b_{n-1})^2 + (b_n - b_{n-2})^2 =$$
$$(a_n - a_{n-1})^2 - 2(a_n - a_{n-1})(a_n - a_{n-2}) + (a_n - a_{n-2})^2 +$$
$$(b_n - b_{n-1})^2 - 2(b_n - b_{n-1})(b_n - b_{n-2}) + (b_n - b_{n-2})^2 =$$
$$[(a_n - a_{n-1}) - (a_n - a_{n-2})]^2 + [(b_n - b_{n-1}) - (b_n - b_{n-2})]^2 =$$
$$(a_{n-1} - a_{n-2})^2 + (b_{n-1} - b_{n-2})^2$$

令

$$c_n = a_{n+1} - a_n, d_n = b_{n+1} - b_n \quad (n \in \mathbf{N}^*)$$

则

$$c_{n-2}^2 + d_{n-2}^2 = c_{n-1}^2 + d_{n-1}^2 + (a_n - a_{n-2})^2 + (b_n - b_{n-2})^2 \quad (n \geqslant 3)$$

所以

$$c_{n-2}^2 + d_{n-2}^2 \geqslant c_{n-1}^2 + d_{n-1}^2$$

由于数列 $\{c_n^2 + d_n^2\}$ 为非负整数数列,所以存在正整数 M 使得当 $n \geqslant M$ 时有

$$c_n^2 + d_n^2 = c_{n+1}{}^2 + d_{n+1}{}^2$$

从而有

$$(a_{n+2} - a_n)^2 + (b_{n+2} - b_n)^2 = 0$$

所以

$$a_n = a_{n+2}, b_n = b_{n+2}$$

所以

$$a_n + b_n = a_{n+2} + b_{n+2} = a_{n+4} + b_{n+4} = \cdots = a_{n+2\,018} + b_{n+2\,018}$$

（此证法由叶军提供.）

二次函数中的最值问题
——2016 届叶班数学问题征解 075 解析

1. 问题征解 075

已知二次函数 $f(x)$ 的图像开口向上,与 x 轴交于 A,B 两点,与 y 轴交于点 C,以点 D 为顶点,若 $\triangle ABC$ 的外接圆与 y 轴相切,且 $\angle DAC = 150°$,则当 $x \neq 0$ 时,求 $\dfrac{f(x)}{|x|}$ 的最小值.

(《数学爱好者通讯》编辑部提供,2018 年 3 月 3 日.)

2. 问题 075 解析

解　不妨设该二次函数的解析式为 $f(x) = ax^2 + bx + c$ 且 $a > 0$,则欲求代数式可化为

$$\frac{f(x)}{|x|} = a\,\frac{x^2}{|x|} + b\,\frac{x}{|x|} + \frac{c}{|x|} =$$

$$a|x| + b\,\frac{x}{|x|} + \frac{c}{|x|}$$

引入符号函数 $\mathrm{sgn}(x)$,则

$$\frac{f(x)}{|x|} = a|x| + \frac{c}{|x|} + b \cdot \mathrm{sgn}(x)$$

由均值不等式可知

$$a|x| + \frac{c}{|x|} \geqslant 2\sqrt{ac}$$

故

$$\frac{f(x)}{|x|} \geqslant 2\sqrt{ac} + b \cdot \mathrm{sgn}(x)$$

不妨指定 $b < 0$,将 $f(x)$ 的对称轴落在 y 轴右侧来进行考虑.

如图 75.1 所示,设 A,B 两点的横坐标分别为 x_A, x_B.

令 $ax^2 + bx + c = 0$,则由韦达定理可知

$$x_A \cdot x_B = \frac{c}{a} = OA \cdot OB$$

依题意 $\triangle ABC$ 的外接圆与 y 轴相切,故由切线长定理可知

$$OC^2 = OA \cdot OB = c^2$$

所以

$$c^2 = \frac{c}{a}$$

即

$$ac = 1$$

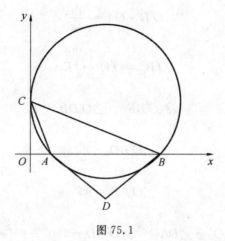

图 75.1

所以

$$\frac{f(x)}{|x|} \geqslant 2 + b \cdot \text{sgn}(x)$$

接下来只需要求解出 b 的值.

如图 75.2 所示,设 $\triangle ABC$ 的外接圆的圆心为 O',联结 $O'D$ 交 AB 于点 E,联结 $O'A$,$O'B$,则 $O'D$ 为 $f(x)$ 的对称轴,故

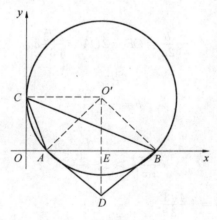

图 75.2

$$OE = O'C = O'B = -\frac{b}{2a}$$

$$O'D = O'E + ED = c + \frac{b^2 - 4ac}{4a} = \frac{b^2}{4a}$$

因为

$$ac = 1$$

所以

$$O'B^2 = \frac{b^2}{4a^2} = \frac{b^2}{4a \cdot \frac{1}{c}} = \frac{b^2 c}{4a}$$

因为

$$O'D \cdot O'E = \frac{b^2 c}{4a}$$

所以

$$O'B^2 = O'D \cdot O'E$$

又 $AB \perp O'D$,故

$$\triangle O'BE \backsim \triangle O'DB$$

所以

$$\angle O'BD = 90°$$

同理

$$\angle O'AD = 90°$$

因为

$$\angle CAO' = \angle DAC - \angle O'AD = 150° - 90° = 60°$$
$$O'A = O'C$$

所以 $\triangle O'CA$ 为等腰三角形.

故点 A 为 OE 的中点,且

$$\triangle AOC \cong \triangle AEO' \text{(SAS)}$$

故

$$\angle CAO = 60°$$

所以

$$-\frac{b}{2a} = OE = 2OA = \frac{2\sqrt{3}}{3}c$$

所以

$$b = -\frac{4\sqrt{3}}{3}$$

所以

$$\frac{f(x)}{|x|} \geqslant 2 - \frac{4\sqrt{3}}{3}$$

等号成立当且仅当 $ac = 1, b = \pm\frac{4\sqrt{3}}{3}$.

故

$$\left(\frac{f(x)}{|x|}\right)_{\min} = 2 - \frac{4\sqrt{3}}{3}$$

(此解法由徐斌提供.)

3. 叶军教授点评

(1) 本题是一道难得的好题,巧妙地将二次函数问题、不等式问题、平面几何问题、最值问题等结合在一起考查,非常值得深入挖掘和思考.

(2) 初看本题就连二次函数的表达式都没有给出,似乎无从下手. 但是认真分析题中有很多几何条件,这些几何条件就可以告诉我们一些线段的长度或者线段长度跟二次函数系数之间的关系.

（3）解决本题的关键在于如何将"$\triangle ABC$ 的外接圆与 y 轴相切"这一条件进行等价转化以及如何处理 $\angle DAC = 150°$ 这一条件，这是问题的难点，也是解题的突破口.

数学归纳法的应用
——2016 届叶班数学问题征解 076 解析

1. 问题征解 076

求证:存在一个各个数码都是奇数的 2 018 位数,使得它是 $5^{2\,018}$ 的倍数.

(《数学爱好者通讯》编辑部提供,2018 年 3 月 10 日.)

2. 问题 076 解析

证明 下面证明更强的结论:对任意正整数 n,存在一个各个数码都是奇数的 n 位数,使得它是 5^n 的倍数.

证明如下:不妨设这样的数为 x_n.

当 $n=1$ 时,$x_1=5$ 满足要求.

假设当 $n=k$ 时,x_k 满足要求,设 $x_k=5^k \cdot y_k$.

下面考虑 $\overline{1x_k},\overline{3x_k},\overline{5x_k},\overline{7x_k},\overline{9x_k}$ 这 5 个数.

因为 $\overline{ax_k}=10^k a + x_k = 5^k(2^k a + y_k)$.

所以这 5 个数都是 5^k 的倍数.

又当 $a=1,3,5,7,9$ 时,$2^k a + y_k$ 除以 5 的余数互不相同.

故恰有一个 $a=a_0$,使得 $2^k a_0 + y_k$ 是 5 的倍数.

故 $x_{k+1}=\overline{a_0 x_k}$ 是一个 $k+1$ 位数,且是 5^{k+1} 的倍数.

由数学归纳法原理,加强命题成立.

取 $n=2\,018$,则原命题得证.

(此证法由徐斌提供.)

3. 叶军教授点评

这是一道非常巧妙的数论题.

徐斌老师首先给出了更一般性的结论,即对任意正整数 n,存在一个各个数码都是奇数的 n 位数,使得它是 5^n 的倍数.再巧用数学归纳法进行证明,最后只需取 $n=2\,018$,原题就得证了.不仅完美地解决了原题,而且还在此基础上给出了更强的结论,值得点赞.

巧解一道数论问题
——2016 届叶班数学问题征解 077 解析

1. 问题征解 077

求所有正整数 n，使得可以在一个 $n \times n$ 的方格表的每个方格内写上一个整数，满足：每个写有偶数的方格的相邻方格中恰有一个方格内写有奇数，每个写有奇数的方格的相邻方格中恰有一个方格内写有偶数.（这里的相邻方格指的是有公共边的方格.）

（《数学爱好者通讯》编辑部提供，2018 年 3 月 17 日.）

2. 问题 077 解析

解 记第 i 行 j 列的方格内写的数字为 a_{ij}，分别用 0 和 1 来表示偶数和奇数.

不妨设 $a_{11} = 0$，则 a_{12}, a_{21} 中恰有一个为 1，不妨设 $a_{21} = 1$.

因为每个写有 0 的方格的相邻方格中只有一个方格内写有 1，所以 $a_{12} = 0$.

类似可知 $a_{22} = a_{31} = 1, \cdots$

故第 1 行的每个方格内都写有 0，第 2，3 行的每个方格内都写有 1，第 4，5 行的每个方格内都写有 0，第 6，7 行的每个方格内都写有 1，第 8，9 行的每个方格内都写有 0，如此下去. 方格表如下：

0	0	0	0	0	0	0	0	0	...
1	1	1	1	1	1	1	1	1	...
1	1	1	1	1	1	1	1	1	...
0	0	0	0	0	0	0	0	0	...
0	0	0	0	0	0	0	0	0	...
1	1	1	1	1	1	1	1	1	...
1	1	1	1	1	1	1	1	1	...
0	0	0	0	0	0	0	0	0	...
0	0	0	0	0	0	0	0	0	...
⋮	⋮	⋮	⋮	⋮	⋮	⋮	⋮	⋮	

若 n 为奇数，则最底下的两行相同，若这两行的每个方格内均为 0，则最后一行的第 1 个方格的相邻方格中没有方格内写着 1，与题意矛盾，若这两行均为 0 也同理可得矛盾，故 n 为偶数.

当 n 为偶数时,对每个 $1 \leqslant k \leqslant n$,当 $k \equiv 0, 1 \pmod{4}$ 时,第 k 行的每个方格内都写有 0,当 $k \equiv 2, 3 \pmod{4}$ 时,第 k 行的每个方格内都写有 1,可满足要求.

综上所述,n 为全体偶数.

(此解法由徐斌提供.)

3. 叶军教授点评

本题同样是一个非常巧妙,也十分有趣的数论问题. 为了解析能够更清晰地表述,徐斌老师分别用 0 和 1 来表示偶数和奇数,并且在解答过程中列出一张表格,就更加直观形象. 最后分 n 为奇数和 n 为偶数两种情况讨论,不重不漏,得出只有当 n 为全体偶数时才符合要求.

巧解一道代数问题

——2016 届叶班数学问题征解 078 解析

1. 问题征解 078

设 x,y 是两个大于 1 的实数，$a=\sqrt{x-1}+\sqrt{y-1}$，$b=\sqrt{x+1}+\sqrt{y+1}$，若 a,b 是两个不相邻的正整数，求 x,y 的值.

（《数学爱好者通讯》编辑部提供，2018 年 3 月 24 日.）

2. 问题 078 解析

解 显然有 $x \geqslant 1, y \geqslant 1$，故

$$b-a=(\sqrt{x+1}-\sqrt{x-1})+(\sqrt{y+1}-\sqrt{y-1})=$$

$$\frac{2}{\sqrt{x+1}+\sqrt{x-1}}+\frac{2}{\sqrt{y+1}+\sqrt{y-1}}\leqslant$$

$$\frac{2}{\sqrt{2}}+\frac{2}{\sqrt{2}}=2\sqrt{2}<3$$

因为 a,b 为不相邻的正整数，所以

$$b-a=2$$

即

$$\frac{2}{\sqrt{x+1}+\sqrt{x-1}}+\frac{2}{\sqrt{y+1}+\sqrt{y-1}}=2$$

故

$$\frac{2}{\sqrt{x+1}+\sqrt{x-1}}=2-\frac{2}{\sqrt{y+1}+\sqrt{y-1}}\geqslant 2-\frac{2}{\sqrt{2}}=2-\sqrt{2}$$

故

$$\sqrt{x+1}+\sqrt{x-1}\leqslant \frac{2}{2-\sqrt{2}}=2+\sqrt{2}$$

同理可得

$$\sqrt{y+1}+\sqrt{y-1}\leqslant 2+\sqrt{2}$$

故

$$a+b=(\sqrt{x+1}+\sqrt{x-1})+(\sqrt{y+1}+\sqrt{y-1})\leqslant 4+2\sqrt{2}<7$$

故

$$a+b\leqslant 6$$

又

$$b-a=2$$

故 $a+b=4$ 或 6.

记 $u=\sqrt{x+1}+\sqrt{x-1}, v=\sqrt{y+1}+\sqrt{y-1}$,并不妨设 $x \geqslant y$,则

$$u \geqslant v \geqslant \sqrt{2}$$

$$\begin{cases} b-a=\dfrac{2}{u}+\dfrac{2}{v}=2 \\ b+a=u+v=4 \text{ 或 } 6 \end{cases}$$

故

$$\begin{cases} u+v=4 \\ uv=4 \end{cases} \text{ 或 } \begin{cases} u+v=6 \\ uv=6 \end{cases}$$

故 u,v 为方程 $t^2-4t+4=0$ 的两根,或 u,v 为方程 $t^2-6t+6=0$ 的两根.

故

$$u=v=2 \text{ 或 } \begin{cases} u=3+\sqrt{3} \\ v=3-\sqrt{3}<\sqrt{2} \end{cases} (舍)$$

故

$$\sqrt{x+1}+\sqrt{x-1}=\sqrt{y+1}+\sqrt{y-1}=2$$

故

$$x+1=(2-\sqrt{x-1})^2=4+x-1-4\sqrt{x-1}$$

故

$$x=\frac{5}{4}$$

同理可得

$$y=\frac{5}{4}$$

（此解法由徐斌提供.）

3. 叶军教授点评

（1）这一看似简单的代数问题却包含了丰富的知识点以及解题技巧：不等式分析法、变量代换、对称性、韦达定理、一元二次方程等.

（2）要想求 x,y 的值,我们必须求出 a,b 的值.首先根据 $x \geqslant 1, y \geqslant 1$ 以及 a,b 是两个不相邻的正整数求出 $b-a$ 的值,再利用 $b-a$ 的值求出 $b+a$ 的值,接下来转化为一个一元二次方程,问题就迎刃而解了.

四点共圆的证明
——2016届叶班数学问题征解079解析

1. 问题征解 079

如图 79.1 所示,设 ω 为非等腰 $\triangle ABC$ 的外接圆,H 为 $\triangle ABC$ 的垂心,点 M 为线段 AB 的中点,点 P,Q 为圆 ω 不含 C 的劣弧 AB 上的两点,且满足 $\angle ACP = \angle BCQ < \angle ACQ$,设 R,S 分别为 H 向 CQ,CP 上的投影. 证明:P,Q,R,S 四点共圆,且 M 是该圆圆心.

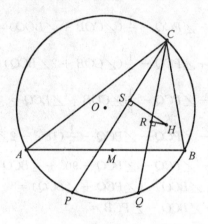

图 79.1

(《数学爱好者通讯》编辑部提供,2018 年 3 月 31 日.)

2. 问题 079 解析

证明 如图 79.2 所示,联结 OC,CH,OB,OQ. 因为
$$\angle CSH = \angle CRH$$
所以 C,S,R,H 四点共圆.

设该圆圆心为 N,熟知 O,H 为 $\triangle ABC$ 的一组等角共轭点,所以
$$\angle ACO = \angle BCH$$
因为
$$\angle ACP = \angle BCQ$$
所以
$$\angle OCP = \angle RCH = \angle RSH$$
所以
$$\angle RSP = 90° - \angle RSH$$
所以
$$\angle PQR = 180° - \angle PCQ - \angle CPQ = 180° - \angle PCQ - \frac{1}{2}\angle COQ =$$

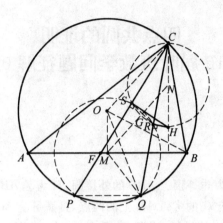

图 79.2

$$180° - \angle PCQ - \frac{1}{2}(\angle COB + \angle BOQ) =$$

$$180° - \angle PCQ - \frac{1}{2}(\angle COB + 2\angle BCQ) =$$

$$180° - \angle PCQ - \frac{1}{2}\angle COB - \angle BCQ =$$

$$180° - \angle PCQ - \angle BCQ - \frac{1}{2}(180° - 2\angle BCO) =$$

$$180° - \angle PCQ - \angle BCQ - 90° + \angle BCO =$$

$$90° + \angle BCO - (\angle PCQ + \angle BCQ) =$$

$$90° + \angle BCO - \angle PCB =$$

$$90° + \angle OCP =$$

$$90° + \angle RSH$$

所以

$$\angle RSP + \angle PQR = 180°$$

所以 P, Q, R, S 四点共圆.

联结 PQ, QM, SR, MN, 设 AB 与 PC 交于点 F.

因为 PQ 为圆 (PQR) 与圆 (O) 的公共弦, 且

$$\angle QPC = \frac{1}{2}\angle QOC = \frac{1}{2}(180° - 2\angle OCQ) = 90° - \angle OCQ = 90° - \angle PCH$$

$$\angle BFC = 180° - \angle ABC - \angle BCP = 180° - \angle ABC - (\angle PCH + \angle BCH) =$$

$$180° - (\angle ABC + \angle BCH) - \angle PCH =$$

$$180° - 90° - \angle PCH =$$

$$90° - \angle PCH$$

所以

$$\angle QPC = \angle BFC$$

所以

$$AB \parallel PQ$$

所以 OM 垂直平分 PQ. 所以圆 (PQR) 的圆心必在直线 OM 上.

熟知 $CH = 2OM$，所以

$$OM = CN$$

且

$$OM \parallel CN$$

所以四边形 $OMNC$ 为平行四边形.

所以

$$OC \parallel MN$$

即

$$\angle OCH = \angle MNH$$

所以 SR 为圆(PQR) 与圆 N 的公共弦.

因为

$$\begin{aligned}
\angle SGN &= 360° - \angle CSG - \angle PCN - \angle CNM = \\
& 360° - \angle CSH - \angle RSH - \angle PCN - \angle CNM = \\
& 360° - 90° - \angle RSH - \angle PCN - (180° - \angle MNH) = \\
& 90° + \angle MNH - \angle RSH - \angle PCN = \\
& 90° + \angle MNH - \angle RCH - \angle PCN = \\
& 90° + \angle MNH - \angle RCH - \angle RCO = \\
& 90° + \angle MNH - \angle OCH = \\
& 90°
\end{aligned}$$

所以

$$MN \perp SR$$

易知 MN 垂直平分 SR，所以圆(PQR) 的圆心必在直线 MN 上.

因为 OM 与 MN 交于点 M，所以 M 为圆(PQR) 的圆心.

（此证法由刘为之提供.）

3. 叶军教授点评

（1）本题是 2017 年哈萨克斯坦 Zhautykov 国际数学竞赛第一题，该几何题有一定的难度. 此题难点除了要证明 P,Q,R,S 四点共圆之外，还要证明线段 AB 的中点 M 恰好是该四点圆的圆心.

（2）一般要证明四点共圆我们往往通过去找一组张角相等、一组对角互补或一个外角等于其内对角. 注意到 $\angle RSP = 90° - \angle RSH$，如果我们能证明其对角 $\angle PQR = 90° + \angle RSH$，那就四点共圆了. 至于证明点 M 是圆心，我们只需说明圆(PQR) 的圆心既在直线 OM 上，也在直线 MN 上. 山东刘为之老师的证明过程不仅思路清晰，而且表述流畅，值得我们大家学习！

四点共圆的证明
——2016 届叶班数学问题征解 080 解析

1. 问题征解 080

如图 80.1 所示,已知点 O 是 $\triangle ABC$ 的外心,$AE \perp BC$ 交 OC 于点 E,点 M 是 AE 的中点,MO 交 BC 于点 D,点 K 是 AC 的中点,圆(BCK) 交 AB 于点 F,求证:F,O,D,B 四点共圆.

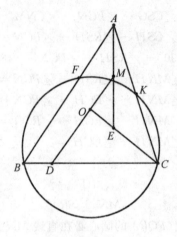

图 80.1

（《数学爱好者通讯》编辑部提供,2018 年 4 月 7 日.）

2. 问题 080 解析

证明 由题意,有

$$\angle FKO = 90° - \angle AKF = 90° - \angle ABC = \angle ACO = \angle AKM \qquad ①$$

如图 80.2 所示,延长 KF 至点 I,使得

$$\angle KIO = \angle EAC$$

所以

$$\angle OIK = \angle BAO$$

因为

$$90° = \angle BAO + \angle ACB = \angle BAO + \angle AFK$$

所以

$$AO \perp IK$$

得到

$$IO \perp AB$$

所以点 F 是 $\triangle AIO$ 的垂心,于是

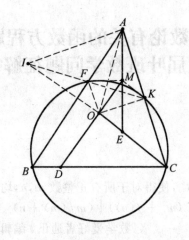

图 80.2

$$\angle AOF = \angle AIF$$

由 ① 易知

$$\triangle AMK \backsim \triangle IOK$$

故

$$\triangle AIK \backsim \triangle MOK$$

所以

$$\angle AOF = \angle MOK$$

即

$$\angle MOF = \angle AOK = \angle ABC$$

所以 F,O,D,B 四点共圆.

（此证法由潘成华提供.）

3. 叶军教授点评

本题是 2017 年伊朗数学奥林匹克几何试题,同样也是一个证明四点共圆的问题. 联结 OF , $\angle ABC$ 是 $\angle MOF$ 的一个内对角,要证 F,O,D,B 四点共圆,只需证 $\angle MOF = \angle ABC$ 即可.

与数论有关的函数方程题
——2016 届叶班数学问题征解 081 解析

1. 问题征解 081

求所有的函数 $f: \mathbf{N}^* \rightarrow \mathbf{N}^*$，使得对于所有正整数 m, n，均有

$$(m^2 + f(n)) \mid (mf(m) + n)$$

（《数学爱好者通讯》编辑部提供，2018 年 4 月 14 日．）

2. 问题 081 解析

解 （1）当 $n \geqslant 2$ 时，令 $m = n$，可得

$$n^2 + f(n) \leqslant nf(n) + n$$

进而可得

$$n^2 - n \leqslant nf(n) - f(n) \Rightarrow n(n-1) \leqslant (n-1)f(n) \Rightarrow f(n) \geqslant n$$

（2）令 $m = 1, n \geqslant 2$，可得

$$1 + f(n) \leqslant f(1) + n$$

则

$$0 \leqslant f(n) - n \leqslant f(1) - 1$$

可得

$$f(1) \geqslant 1$$

令 $f(1) - 1 = k$，可得当 $n \geqslant 2$ 时，$f(n) \leqslant n + k$．

（3）令 $n = 1$，当 $m > \max(2, k)$ 时，可得

$$\frac{mf(m) + 1}{m^2 + f(1)} \leqslant \frac{mf(m) + 1}{m^2 + 1} \leqslant \frac{mf(m)}{m^2} = \frac{f(m)}{m} \leqslant \frac{m + k}{m} = 1 + \frac{k}{m} < 2$$

所以只能

$$\frac{mf(m) + 1}{m^2 + f(1)} = 1$$

则

$$m \leqslant f(m) = m + \frac{f(1) - 1}{m} = m + \frac{k}{m} < m + 1$$

可得

$$f(m) = m$$

（4）取 $m_0 > \max(2, k), n \geqslant 2$，由（3）知 $f(m_0) = m_0$．

由

$$m_0^2 + f(n) \leqslant m_0 f(m_0) + n = m_0^2 + n$$

得

$$f(n) \leqslant n$$

由(1)和(4)可得,对于 $n \geqslant 2$ 都有 $f(n) = n$.

(5)令 $m = 1, n = 2$,可得

$$1 + f(2) \leqslant f(1) + 2 \Rightarrow f(1) \geqslant 1$$

令 $m = 2, n = 1$,可得

$$4 + f(1) \leqslant 2f(2) + 1 \Rightarrow f(1) \leqslant 1$$

所以

$$f(1) = 1$$

综上所述,对于任意正整数 n,都有 $f(n) = n$.

(此解法由彭泽提供.)

3. 叶军教授点评

本题十分新颖,将数论问题和函数方程问题巧妙的有机结合.彭泽分五类展开讨论,不重复不遗漏,最终得出结论对于任意正整数 $x, f(x) = x$ 满足使得对于所有正整数 m, n,$(m^2 + f(n)) \mid (mf(m) + n)$ 成立.

四点共圆的证明
——2016 届叶班数学问题征解 082 解析

1. 问题征解 082

如图 82.1 所示,点 H 为 $\triangle ABC$ 的垂心,AD 交 EF 于点 G,点 M 为 EF 的中点.求证:B,M,G,C 四点共圆.

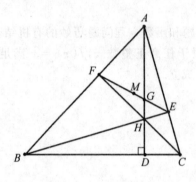

图 82.1

（《数学爱好者通讯》编辑部提供,2018 年 4 月 21 日.）

2. 问题 082 解析

证法一　如图 82.2 所示,设 N 是 AH 的中点,AD 交 $\triangle BGC$ 的外接圆于点 K,则由圆幂定理可知

$$DK \cdot DG = CD \cdot BD = DH \cdot DA = DG \cdot DN$$

故

$$DK = DN$$

所以

$$\angle BGC = 180° - \angle BKC = 180° - \angle BNC \qquad ①$$

由 $\angle BEC = \angle CFB = 90°$ 可知 B,C,E,F 四点共圆.故

$$\angle FEB = \angle FCB = \angle DAB$$

故

$$\triangle ABH \backsim \triangle EBF$$

从而有

$$\triangle ABN \backsim \triangle EBM$$

故

$$\angle ABN = \angle EBM$$

所以

$$\angle BMC = \angle BHC - \angle EBM - \angle FCM =$$
$$180° - \angle BAC - \angle ABN - \angle ACN =$$
$$180° - \angle BNC \qquad ②$$

由①②得

$$\angle BMC = \angle BGC$$

故 B,M,G,C 四点共圆.

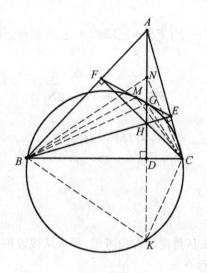

图 82.2

（此证法由潘成华提供.）

证法二 如图 82.3 所示,延长 FE,CB 交于点 T,则

$$B,M,G,C \text{ 四点共圆} \Leftrightarrow TG \cdot TM = TB \cdot TC$$

取 BC 的中点 S,联结 SM,SF,DE.

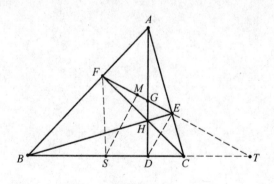

图 82.3

由 $\angle BEC = \angle CFB = 90°$ 可知 B,C,E,F 四点共圆.
故

$$TE \cdot TF = TC \cdot TB \qquad ①$$

且 S 为圆心.
又点 M 为弦 EF 的中点,故由垂径定理逆定理可知

$$SM \perp EF$$

故

$$\angle SMG + \angle GDB = 180°$$

从而 S, M, G, D 四点共圆.

故

$$TG \cdot TM = TD \cdot TS \qquad ②$$

又

$$\angle EFS = \angle EFC + \angle CFS = \angle EBC + \angle SCF = \angle EHC = \angle EDC$$

故 F, S, D, E 四点共圆.

故

$$TF \cdot TE = TD \cdot TS \qquad ③$$

由 ①②③ 可知

$$TG \cdot TM = TB \cdot TC$$

故 B, M, G, C 四点共圆.

（此证法由陈苗卓提供.）

3. 叶军教授点评

(1) 四点共圆的证明要么从角度的方向考虑,要么从线段的角度入手.本题虽然题设简洁、图形简单,但是难点还是存在的.

(2) 潘成华老师的解题思路是利用张角相等,要证 B, M, G, C 四点共圆,即证 $\angle BMC = \angle BGC$;陈苗卓同学的解题突破口是利用割线定理的逆定理,通过推理证得三次四点共圆,从而得出三个割线定理,进而推出 $TG \cdot TM = TB \cdot TC$.

面积问题的证明
——2016 届叶班数学问题征解 083 解析

1. 问题征解 083

如图 83.1 所示,已知圆 O 为 $\triangle ABC$ 的外接圆,AR 为 $\angle BAC$ 的角平分线,点 R 在圆 O 上,LQ,PK 分别为 AB,AC 边上的中垂线.求证:$S_{\triangle RQL} = S_{\triangle RPK}$.

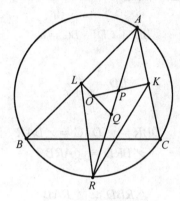

图 83.1

(《数学爱好者通讯》编辑部提供,2018 年 4 月 28 日.)

2. 问题 083 解析

证法一　因为
$$\angle AQL = 90° - \angle BAR = 90° - \angle CAR = \angle APK = \angle OPQ$$
所以
$$OP = OQ$$
故
$$AP = RQ, AQ = RP$$
由
$$\angle ALQ = \angle AKP = 90°, \angle LAQ = \angle KAP$$
可知
$$\triangle AQL \backsim \triangle APK$$
因此
$$\frac{QL}{PK} = \frac{AQ}{AP} = \frac{RP}{RQ}$$
也即
$$RQ \cdot QL = RP \cdot PK$$
又

$$\angle LQR = \angle RPK$$

故由正弦三角形面积公式可知 $S_{\triangle RQL} = S_{\triangle RPK}$.

(此证法由金磊提供.)

证法二　先给出一个引理,若 $\angle BAC$ 的角平分线交 $\triangle ABC$ 的外接圆于点 R,则

$$AR = \frac{b+c}{2\cos\dfrac{A}{2}}$$

引理的证明:设 AR 交 BC 于点 D,联结 BR.

由角平分线定理知

$$\frac{BD}{CD} = \frac{AB}{AC} = \frac{c}{b}$$

又

$$BD + CD = BC = a$$

故

$$BD = \frac{ac}{b+c}$$

因为

$$\angle DBR = \angle DAC = \angle BAR$$
$$\angle BRD = \angle ARB$$

所以

$$\triangle RBD \backsim \triangle RAB$$

故

$$\frac{AR}{AB} = \frac{BR}{BD}$$

所以

$$AR = \frac{AB \cdot BR}{BD} = c \cdot \frac{a}{2\cos\dfrac{A}{2}} \cdot \frac{b+c}{ac} = \frac{b+c}{2\cos\dfrac{A}{2}}$$

下面回到原题.

在 $\mathrm{Rt}\triangle APK$ 中

$$AP = \frac{b}{2\cos\dfrac{A}{2}}$$

所以

$$PR = AR - AP = \frac{c}{2\cos\dfrac{A}{2}}$$

所以

$$\frac{AP}{PR} = \frac{b}{c}$$

故

$$S_{\triangle RPK} = \frac{c}{b+c} S_{\triangle AKR}$$

同理

$$S_{\triangle RQL} = \frac{b}{b+c} S_{\triangle ALR}$$

故

$$\frac{S_{\triangle RPK}}{S_{\triangle RQL}} = \frac{c}{b} \cdot \frac{S_{\triangle AKR}}{S_{\triangle ALR}}$$

又

$$\frac{S_{\triangle AKR}}{S_{\triangle ALR}} = \frac{AK}{AL} = \frac{b}{c}$$

所以

$$\frac{S_{\triangle RPK}}{S_{\triangle RQL}} = 1$$

即

$$S_{\triangle RQL} = S_{\triangle RPK}$$

（此证法由陈苗卓提供.）

3. 叶军教授点评

（1）正弦三角形面积计算公式是处理几何问题特别是面积问题的一大解题利器，注意到 $S_{\triangle RQL} = \frac{1}{2} QL \cdot QR \cdot \sin \angle RQL$，$S_{\triangle RPK} = \frac{1}{2} PK \cdot PR \cdot \sin \angle RPK$，并且易证得 $\angle LQR = \angle RPK$，故要证 $S_{\triangle RQL} = S_{\triangle RPK}$，只需证 $RQ \cdot QL = RP \cdot PK$. 西安交通大学附中金磊老师的这一方法不仅快速，而且十分简洁，值得大家学习.

（2）除正弦面积公式之外，三共定理在面积问题中的运用也非常大. 陈苗卓同学在解题时主要利用共高定理，并且引理的提出及其证明非常巧妙，也用得恰到好处，值得点赞.

线段比例问题的证明
——2016 届叶班数学问题征解 084 解析

1. 问题征解 084

如图 84.1 所示,已知在 $\triangle ABC$ 中,$AB = AC$,点 D 为 BC 边上一点,点 E 为线段 AD 上的一点,且满足 $\angle BED = 2\angle CED = \angle BAC$. 求证:$BD = 2CD$.

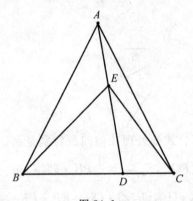

图 84.1

(《数学爱好者通讯》编辑部提供,2018 年 5 月 5 日.)

2. 问题 084 解析

证法一　如图 84.2 所示,在 EB 上取点 T,使得 $ET = EA$,联结 AT,则

$$\angle ATE = \angle TAE = \frac{1}{2}\angle BED$$

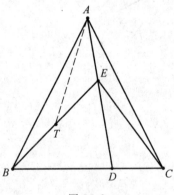

图 84.2

因为

$$\angle CED = \frac{1}{2}\angle BED$$

所以
$$\angle ATE = \angle CED$$

所以
$$\angle BTA = \angle AEC$$

因为
$$\angle CAE = \angle CAB - \angle BAE = \angle DEB - \angle BAE = \angle ABT$$

且
$$AB = AC$$

所以
$$\triangle ABT \cong \triangle CAE (\text{AAS})$$

所以
$$BT = AE = TE$$

所以
$$\frac{BD}{DC} = \frac{S_{\triangle ABE}}{S_{\triangle ACE}} = \frac{2S_{\triangle ABT}}{S_{\triangle ACE}} = 2$$

所以
$$BD = 2DC$$

（此证法由陈苗卓提供.）

证法二 因为
$$\angle EAC = \angle BAC - \angle BAE = \angle BED - \angle BAD = \angle ABE$$

所以可设
$$\angle EAC = \angle ABE = \alpha$$

则
$$\frac{BD}{DC} = \frac{S_{\triangle ABE}}{S_{\triangle ACE}} = \frac{\frac{1}{2} \cdot AB \cdot AD \cdot \sin \angle BAD}{\frac{1}{2} \cdot AD \cdot AC \cdot \sin \angle DAC} = \frac{\sin (\angle BAC - \alpha)}{\sin \alpha}$$

在 $\triangle ABE$ 中由正弦定理得
$$\frac{AE}{\sin \alpha} = \frac{AB}{\sin \angle BAC} \qquad \textcircled{1}$$

同理在 $\triangle ACE$ 中有
$$\frac{CE}{\sin \alpha} = \frac{AC}{\sin \dfrac{\angle BAC}{2}} \qquad \textcircled{2}$$

$\textcircled{1} \div \textcircled{2}$ 得
$$\frac{1}{2\cos \dfrac{\angle BAC}{2}} = \frac{AE}{CE} = \frac{\sin (\dfrac{\angle BAC}{2} - \alpha)}{\sin \alpha}$$

所以
$$\sin \alpha = 2\cos \frac{\angle BAC}{2} \cdot \sin (\frac{\angle BAC}{2} - \alpha) = \sin (\angle BAC - \alpha) - \sin \alpha$$

所以

$$\sin(\angle BAC - \alpha) = 2\sin\alpha$$

所以

$$\frac{BD}{DC} = \frac{\sin(\angle BAC - \alpha)}{\sin\alpha} = 2$$

所以

$$BD = 2DC$$

（此证法由陈苗卓提供.）

证法三　如图 84.3 所示，延长 ED 至点 F，使得 $BE = EF$，联结 BF，CF. 令 $\angle CEF = \alpha$，则 $\angle BED = \angle BEF = \angle BAC = 2\alpha$.

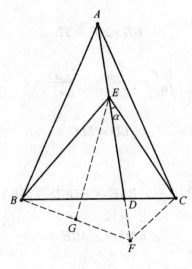

图 84.3

因为

$$AB = AC, BE = EF$$

所以

$$\triangle ABC \backsim \triangle EBF$$

所以

$$\angle AFB = \angle ACB = 90° - \alpha$$

所以 A，B，F，C 四点共圆.

所以

$$\angle BFC + \angle BAC = 180°$$

因为

$$\angle AFB = 90° - \alpha$$
$$\angle BAC = 2\alpha$$

所以

$$\angle AFC = 90° - \alpha$$

也即 FA 平分 $\angle BFC$.

因为

$$\angle AFC + \angle FEC = 90°$$

所以

$$\angle ECF = 90°$$

即

$$EC \perp CF$$

过点 E 作 $EG \perp BF$，则

$$\triangle EGF \cong \triangle ECF (\text{AAS})$$

所以

$$GF = CF$$

所以

$$BF = 2GF = 2CF$$

即

$$\frac{BF}{CF} = 2$$

由角平分线定理

$$\frac{BD}{DC} = \frac{BF}{FC}$$

所以

$$\frac{BD}{DC} = 2$$

即

$$BD = 2DC$$

（此证法由黄云轲提供.）

证法四 如图 84.4 所示，过点 D 作 AB 的平行线交 AC 于点 F，则

$$\angle DFC = \angle BAC = 2\angle CED$$

故以点 F 为圆心、FC 为半径的圆过点 D，E.

设该圆与 AC 的另一个交点为 G.

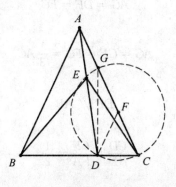

图 84.4

所以

$$FC = FG$$
$$\angle ADG = \angle ECA$$

因为

$$\angle ABE + \angle BAE = \angle BED = \angle BAC = \angle DAF + \angle BAE$$

所以

$$\angle ABE = \angle DAF$$

又

$$\angle BEA = 180° - \angle BED = 180° - \angle DFC = \angle AFD$$

所以

$$\triangle ABE \backsim \triangle DAF$$

所以

$$\frac{AB}{AE} = \frac{AD}{DF}$$

因为

$$\angle ADG = \angle ACE$$
$$\angle DAG = \angle CAE$$

所以

$$\triangle ADG \backsim \triangle ACE$$

所以

$$\frac{AC}{AE} = \frac{AD}{AG}$$

因为

$$\frac{AC}{AE} = \frac{AB}{AE}$$

则

$$\frac{AD}{DF} = \frac{AD}{AG}$$

所以

$$AG = DF = FC$$

所以

$$AG = GF = FC = \frac{1}{3}AC$$

又

$$DF \ /\!/ \ AB$$

则

$$\frac{CD}{BD} = \frac{CF}{FA} = \frac{1}{2}$$

故 $BD = 2CD$,得证.

（此证法由石方梦圆提供.）

3. 叶军教授点评

（1）陈苗卓同学提供的方法一的核心思想是利用面积法即共边定理，将 $BD = 2CD$ 转化为 $\dfrac{BD}{DC} = 2$，观察到 $\dfrac{BD}{DC} = \dfrac{S_{\triangle ABE}}{S_{\triangle ACE}}$ 加以解决，而方法二是使用了三角法，思路同样是将线段比转化为面积比，利用正弦三角形面积公式和正弦定理加以解决，三角功夫了得！

（2）黄云轲同学的辅助线则添加的十分巧妙，也非常独到，利用两次全等、一次四点共圆和角平分线定理完美解决，彰显了其扎实的几何功底和清晰的几何逻辑！

四点共圆的证明
——2016 届叶班数学问题征解 085 解析

1. 问题征解 085

如图 85.1 所示,在 $\triangle ABC$ 中,$\angle A$ 为直角,角平分线 BE,CF 交于点 I,P,Q 分别在 CA,CB 上,且 $IP = IE$,$IQ = IF$.

求证:B,C,P,Q 四点共圆.

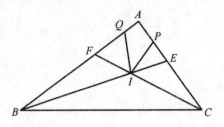

图 85.1

（《数学爱好者通讯》编辑部提供,2018 年 5 月 12 日.)

2. 问题 085 解析

证明　如图 85.2 所示,联结 AI,则由内心张角公式可知

$$\angle AIB = 90° + \frac{1}{2}\angle BCA$$

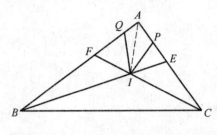

图 85.2

所以

$$\angle AIE = 90° - \frac{1}{2}\angle BCA$$

因为

$$IE = IP$$

所以

$$\angle IPE = \angle IEP = \frac{1}{2}\angle ABC + \angle BCA$$

所以

$$\angle PIE = 180° - \angle ABC - 2\angle BCA = \angle BAC - \angle BCA$$

所以

$$\angle AIP = \angle AIE - \angle PIE = 90° - \frac{1}{2}\angle BCA - (\angle BAC - \angle BCA) = \frac{1}{2}\angle BCA$$

又

$$\angle API = 180° - \angle IPE = 180° - \frac{1}{2}\angle CBA - \angle BCA = 90° + \frac{1}{2}\angle CBA$$

在 $\triangle API$ 中由正弦定理得

$$\frac{AP}{\sin\angle AIP} = \frac{AI}{\sin\angle API}$$

所以

$$AP = AI \cdot \frac{\sin\dfrac{\angle BCA}{2}}{\cos\dfrac{\angle ABC}{2}} \qquad ①$$

同理可得

$$AQ = AI \cdot \frac{\sin\dfrac{\angle ABC}{2}}{\cos\dfrac{\angle BCA}{2}} \qquad ②$$

①÷② 得

$$\frac{AP}{AQ} = \frac{\sin\dfrac{C}{2} \cdot \cos\dfrac{C}{2}}{\sin\dfrac{B}{2} \cdot \cos\dfrac{B}{2}} = \frac{\sin C}{\sin B} = \frac{AB}{AC}$$

即 $AP \cdot AC = AQ \cdot AB$.

由割线定理的逆定理可知,B,C,P,Q 四点共圆.

（此证法由陈苗卓提供.）

3. 叶军教授点评

本题相对而言思路比较直接，由 $IP = IE$ 可知 $\triangle IPE$ 为等腰三角形，进而可以用 $\angle ABC,\angle BCA$ 表示出其中所有的角，涉及内心的我们往往会联系到用内心张角公式. 陈苗卓同学以割线定理的逆定理即往证 $AP \cdot AC = AQ \cdot AB$ 为出发点进行判断四点共圆，其间利用正弦定理巧妙将边之比转化为正余弦之比，最终完美解决，做得漂亮！

绝对值方程问题
——2016 届叶班数学问题征解 086 解析

1. 问题征解 086

求方程 $|x| + |x+1| + \cdots + |x+2\,018| = x^2 + 2\,018x - 2\,019$ 的实数根的个数.

(《数学爱好者通讯》编辑部提供,2018 年 5 月 19 日.)

2. 问题 086 解析

证明　由于

$$|a_1| + |a_2| + \cdots + |a_n| \geqslant |a_1 + a_2 + \cdots + a_n|$$

故

$$x^2 + 2\,018x - |x| - 2\,019 = |-x-1| + |x+2| + |-x-3| + |x+4| + \cdots + |x+2\,018| \geqslant$$
$$|(-x-1+x+2) + \cdots + (-x-2\,017+x+2\,018)| =$$
$$1\,009$$

即

$$x^2 + 2\,018x - |x| - 3\,028 \geqslant 0 \qquad \text{①}$$

(1)

$$\begin{cases} x \geqslant 0 \\ x^2 + 2\,017x - 3\,028 \geqslant 0 \end{cases} \Leftrightarrow x \geqslant \frac{\sqrt{2\,017^2 + 4 \times 3\,028} - 2\,017}{2} \qquad \text{②}$$

则原方程化简为

$$x^2 - x - 2\,019 \times 1\,010 = 0$$

$$x_1 = \frac{1 + \sqrt{1 + 2\,019 \times 4\,040}}{2} \text{(符合 ②)}$$

$$x_2 = \frac{1 - \sqrt{1 + 2\,019 \times 4\,040}}{2} < 0 \text{(舍)}$$

此时有一个实根.

(2)

$$\begin{cases} x < 0 \\ x^2 + 2\,019x - 3\,028 \geqslant 0 \end{cases} \Leftrightarrow x \leqslant \frac{-2\,019 - \sqrt{2\,019^2 + 4 \times 3\,028}}{2} \qquad \text{③}$$

则原方程化简为

$$x^2 + 4\,037x + 2\,019 \times 1\,008 = 0$$

$$x_3 = \frac{-4\,037 - \sqrt{4\,037^2 - 2\,019 \times 4\,032}}{2} \text{(符合 ③)}$$

$$x_4 = \frac{-4\,037 + \sqrt{4\,037^2 - 2\,019 \times 4\,032}}{2} \text{(不符合 ③)}$$

此时有一个实根.

综上所述,方程所有实根的个数为 2.

(此证法由熊昌进提供.)

熊昌进,男,汉族,1964 年出生.1984 年毕业于西南师范大学(西南大学)数学系,理学学士. 任教于凉山州民族中学,正高级教师,四川省数学特级教师.

他致力于中学数学教育、高考数学和竞赛数学的实践与研究,主要研究高考数学、竞赛中的代数与平面几何等方向.

3. 叶军教授点评

本题是一道绝对值方程问题,从熊老师的解题过程来看,等式左边利用绝对值不等式去掉绝对值,接下来就是解一元二次方程的过程,这样的处理方式巧妙、清晰,值得学习!

巧证线段相等问题
——2016 届叶班数学问题征解 087 解析

1. 问题征解 087

如图 87.1 所示,设 M 为 $\triangle ABC$ 的边 BC 的中点,Γ 是以 AM 为直径的圆,点 D,E 分别是 Γ 与 AB,AC 的交点.过点 D,E 分别作 Γ 的切线,两切线交于点 P,证明:$PB = PC$.

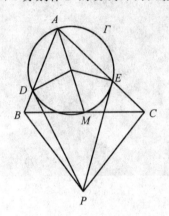

图 87.1

(《数学爱好者通讯》编辑部提供,2018 年 5 月 26 日.)

2. 问题 087 解析

证明　如图 87.2 所示,联结 MD,ME,设 $\angle MDP = \angle MAD = \alpha$,$\angle MEP = \angle MAE = \beta$.

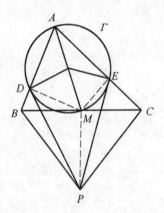

图 87.2

因为 M 为 BC 的中点,所以

$$\frac{\sin \alpha}{\sin \beta} = \frac{AC}{AB} = \frac{\sin \angle ABC}{\sin \angle ACB}$$

反向延长 PM，设 $\angle DMP$ 的补角为 $\angle 1$，$\angle EMP$ 的补角为 $\angle 2$，则

$$\angle 1 + \angle 2 = 180° - \angle DAE = \angle ABC + \angle ACB \qquad ①$$

而

$$\frac{DP}{\sin \angle 1} = \frac{MP}{\sin \alpha} \qquad ②$$

同理

$$\frac{EP}{\sin \angle 2} = \frac{MP}{\sin \beta} \qquad ③$$

②÷③ 得

$$\frac{\sin \angle 2}{\sin \angle 1} = \frac{\sin \beta}{\sin \alpha} = \frac{\sin \angle ABC}{\sin \angle BCA} \qquad ④$$

联立 ①④ 可知

$$\angle 1 = \angle ABC, \angle 2 = \angle ACB$$

所以

$$\angle DMP = 180° - \angle ABC$$

又

$$\angle DMB = 90° - \angle ABC$$

所以

$$\angle BMP = 90°$$

即

$$PM \perp BC$$

因为 M 为 BC 的中点，所以 $PB = PC$。

（此证法由陈苗卓提供.）

3. 叶军教授点评

本题是一道证明线段相等的问题，从陈苗卓同学的解题过程来看，利用正弦定理、角度联系线段，这样的处理方式巧妙、清晰，值得点赞！

巧用配方法证三角不等式
——2016 届叶班数学问题征解 088 解析

1. 问题征解 088

如图 88.1 所示,设点 G 是 $\triangle ABC$ 的重心,记 $\angle BAG = \alpha$,$\angle BCG = \beta$,求证:$\sin \alpha + \sin \beta \leqslant \dfrac{2}{\sqrt{3}}$.

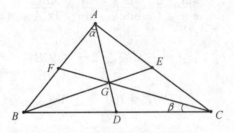

图 88.1

(《数学爱好者通讯》编辑部提供,2018 年 6 月 2 日.)

2. 问题 088 解析

证明 设 $BC = a$,$CA = b$,$AB = c$,m_a,m_b,m_c;h_a,h_b,h_c 分别表示 $\triangle ABC$ 相应边上的中线和高线,S 表示 $\triangle ABC$ 的面积,则

$$\sin \alpha = \frac{h_c}{2m_a} = \frac{S}{cm_a}$$

$$\sin \beta = \frac{h_a}{2m_c} = \frac{S}{am_c}$$

所证不等式等价于

$$\frac{S}{cm_a} + \frac{S}{am_c} \leqslant \frac{2}{\sqrt{3}} \Leftrightarrow \sqrt{3}\,S(am_c + cm_a) \leqslant 2acm_cm_a$$

根据三角形中线公式得

$$2m_a = \sqrt{2b^2 + 2c^2 - a^2}, \quad 2m_c = \sqrt{2a^2 + 2b^2 - c^2}$$

根据海伦公式得

$$16S^2 = 2(b^2c^2 + c^2a^2 + a^2b^2) - (a^4 + b^4 + c^4)$$

上式两边平方得

$$48S^2\left[a^2(2a^2 + 2b^2 - c^2) + c^2(2b^2 + 2c^2 - a^2) + 8cam_cm_a\right] \leqslant$$
$$16c^2a^2(2a^2 + 2b^2 - c^2)(2b^2 + 2c^2 - a^2)$$

再由均值不等式得

$$8cam_cm_a \leqslant c^2(2a^2 + 2b^2 - c^2) + a^2(2b^2 + 2c^2 - a^2)$$

注意到

$$[c^2(2a^2 + 2b^2 - c^2) + a^2(2b^2 + 2c^2 - a^2)]^2 - (8cam_cm_a)^2 =$$
$$[c^2(2a^2 + 2b^2 - c^2) - a^2(2b^2 + 2c^2 - a^2)]^2 =$$
$$(a^2 - c^2)^2(2b^2 - c^2 - a^2) \geqslant 0$$

取等条件为 $2b^2 = c^2 + a^2$ 或 $a^2 = c^2$. 故只需证

$$3[2(b^2c^2 + c^2a^2 + a^2b^2) - (a^4 + b^4 + c^4)](a^2 + c^2)(4b^2 + a^2 + c^2) \leqslant$$
$$16c^2a^2(2a^2 + 2b^2 - c^2)(2b^2 + 2c^2 - a^2)$$

为简化计算,设

$$2x = b^2 + c^2 - a^2, 2y = c^2 + a^2 - b^2, 2z = a^2 + b^2 - c^2$$

则

$$a^2 = y + z, b^2 = z + x, c^2 = x + y, 4S^2 = yz + zx + xy$$

故上式转化为

$$3(yz + zx + xy)(2y + z + x)(2y + 5z + 5x) \leqslant$$
$$4(x + y)(y + z)(4z + x + y)(4x + y + z)$$

上式展开整理得

$$4y^4 + 12(z + x)y^3 + 28xy^2z + y(z^3 + x^3) + 23xyz(z + x) + zx(z^2 + 38zx + x^2) \geqslant 0$$

上式配方得

$$4(y^2 + 3zx + xy + yz)^2 + (yz + zx + xy)(2y - z - x)^2 \geqslant 0$$

等号成立当且仅当

$$\begin{cases} y^2 + 3zx + xy + yz = 0 \\ 2y - z - x = 0 \end{cases} \Rightarrow x : y : z = (-\sqrt{2}) : (2 + \sqrt{2}) : (4 + 3\sqrt{2})$$

即

$$\begin{cases} b^4 - a^4 - c^4 + 4a^2c^2 = 0 \\ a^2 + c^2 - 2b^2 = 0 \end{cases} \Rightarrow a^2 : b^2 : c^2 = (3 + 2\sqrt{2}) : (2 + \sqrt{2}) : 1$$

不等式取等号,从而命题得证.

(此证法由潘成华提供.)

3. 叶军教授点评

本题是证明三角不等式的问题,从潘成华老师的解题过程来看,利用中线长公式、海伦公式解题,巧妙、清晰,值得学习!

艾森斯坦判别法的证明
——2016 届叶班数学问题征解 089 解析

1. 问题征解 089

设 $f(x) = a_0 + a_1 x + \cdots + a_n x^n (a_n \neq 0)$ 是整系数多项式,若存在质数 p 同时满足下面三个条件:

(1) $p \mid a_j (j = 0, 1, 2, \cdots, n-1)$;

(2) $p^2 \nmid a_0$;

(3) $p \nmid a_n$,

则 $f(x)$ 在有理数集内是不可约多项式.

(《数学爱好者通讯》编辑部提供,2018 年 6 月 9 日.)

2. 问题 089 解析

解 假设 $f(x)$ 在有理数集内可约,则存在两个整系数多项式 $g(x), h(x)$,使得

$$g(x) \cdot h(x) = f(x)$$

可令

$$g(x) = m_0 + m_1 x + \cdots + m_i x^i$$
$$h(x) = d_0 + d_1 x + \cdots + d_{n-i} x^{n-i}$$

其中 $n > i \geqslant n - i > 0$.

则由多项式乘法公式得

$$f(x) = \left(\sum_{r=0}^{i} m_r x^r \right) \cdot \left(\sum_{t=0}^{n-i} d_t x^t \right) =$$
$$\sum_{j=0}^{n} \left(\sum_{r+t=j} m_r d_t \right) x^j$$

其中 $0 \leqslant r \leqslant i; 0 \leqslant t \leqslant n-i$.

比较 x^0 的系数得 $(j = 0, 1, 2, \cdots, n)$

$$\begin{cases} a_0 = d_0 m_0 \\ a_1 = d_1 m_0 + d_0 m_1 \\ \vdots \\ a_j = \sum_{r+t=j} m_r d_t (0 \leqslant r \leqslant i, 0 \leqslant t \leqslant n-i) \\ \vdots \\ a_{n-1} = m_i d_{n-i-1} + m_{i-1} d_{n-i} \\ a_n = m_i d_{n-i} \end{cases} \qquad (*)$$

由 $p \mid a_0$ 知,$p \mid d_0 m_0 \Rightarrow p \mid d_0$ 或 $p \mid m_0$.

① 若 $p \mid d_0$,由 $p^2 \nmid a_0$ 知 $p \nmid m_0$.

又 $p \mid d_1$,$p \mid d_0$ 有 $p \mid d_1 m_0$,但 $p \nmid m_0$,故 $p \mid d_1$.由式($*$)依次递推可得 $p \mid d_{n-i}$,从而 $p \mid a_n$,矛盾.

② 若 $p \mid m_0$,由 $p^2 \nmid a_0$ 知 $p \nmid d_0$.

又 $p \mid a_1$,$p \mid m_0$ 有 $p \mid d_0 m_1$,但 $p \nmid d_0$,故 $p \mid m_1$.由式($*$)依次递推可得 $p \mid m_i$,从而 $p \mid a_n$,矛盾.

综上所述,命题得证.

（此解法由吴洋昊提供.）

3. 叶军教授点评

本题是艾森斯坦判别法证明的问题,从吴洋昊同学的解题过程来看,利用反证法,这样的处理方式,思路巧妙、清晰,值得学习!

最值问题
——2016 届叶班数学问题征解 090 解析

1. 问题征解 090

设 $x_1, x_2, \cdots, x_n$ 是 $1, 2, \cdots, n$ 的任一排列,求 $\max \min\limits_{1 \leqslant i \leqslant n-1} |x_i - x_{i+1}|$.

（《数学爱好者通讯》编辑部提供,2018 年 6 月 16 日.）

2. 问题 090 解析

解　分两种情况讨论:

(1) 当 n 为偶数时,令 $n = 2k$,且 $x_{j+1} = k$,则
$$1 \leqslant x_j \leqslant n$$
$$\min\limits_{1 \leqslant i \leqslant n-1} |x_i - x_{i+1}| \leqslant |x_j - k| \leqslant n - k = k$$
又当 $(x_1, x_2, \cdots, x_n) = (k+1, 1, k+2, 2, \cdots, 2k, k)$ 时
$$\min\limits_{1 \leqslant i \leqslant n-1} |x_i - x_{i+1}| = k$$
所以
$$\max \min\limits_{1 \leqslant i \leqslant n-1} |x_i - x_{i+1}| = k = \frac{n}{2} = \left[\frac{n}{2}\right]$$

(2) 当 n 为奇数时,令 $n = 2k+1$,且 $x_{j+1} = k+1$,则
$$1 \leqslant x_j \leqslant n$$
$$\min\limits_{1 \leqslant i \leqslant n-1} |x_i - x_{i+1}| \leqslant |x_j - (k+1)| \leqslant n - (k+1) = k$$
又当 $(x_1, x_2, \cdots, x_n) = (2k+1, k+1, 1, k+2, 2, \cdots, 2k, k)$ 时
$$\min\limits_{1 \leqslant i \leqslant n-1} |x_i - x_{i+1}| = k = \frac{n-1}{2} = \left[\frac{n}{2}\right]$$

综上所述,$\max \min\limits_{1 \leqslant i \leqslant n-1} |x_i - x_{i+1}| = \left[\frac{n}{2}\right]$.

（此解法由石方梦圆提供.）

3. 叶军教授点评

本题是一道最值问题,从石方梦圆老师的解答过程来看,采用分类讨论的方法,思路清晰、严谨,值得大家学习!

圆中的线段乘积问题
——2016 届叶班数学问题征解 091 解析

1. 问题征解 091

如图 91.1 所示,设 AB 和 CD 为圆 ω 中两条不相交的弦,点 P 为 $\overset{\frown}{AB}$ 内一点,点 E, F 分别为线段 PC, PD 与线段 AB 的交点,证明:

(1) $AE \cdot BF \cdot CD = AC \cdot BD \cdot EF$.

(2) $AF \cdot BE \cdot CD = AD \cdot BC \cdot EF$.

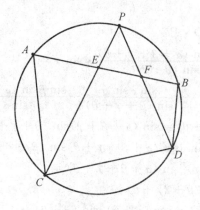

图 91.1

(《数学爱好者通讯》编辑部提供,2018 年 6 月 23 日.)

2. 问题 091 解析

证明 (1) 设圆的半径为 $\dfrac{1}{2}$,如图 91.2 所示,设角度分别为 $\alpha, \beta, \gamma, \theta$,则

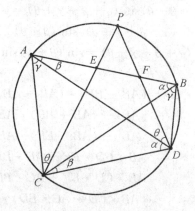

图 91.2

$$AC = \sin \alpha, BD = \sin \beta, CD = \sin \gamma$$

由正弦定理得

$$\frac{AC}{\sin (\beta + \gamma + \theta)} = \frac{AE}{\sin \theta}$$

所以

$$AE = \frac{\sin \alpha \sin \theta}{\sin (\beta + \gamma + \theta)}$$

同理

$$BF = \frac{\sin \beta \sin (\alpha + \beta + \gamma + \theta)}{\sin (\beta + \theta)}$$

所以

$$EF = AB - AE - BF = \sin (\alpha + \beta + \gamma) - \frac{\sin \alpha \sin \theta}{\sin (\beta + \gamma + \theta)} - \frac{\sin \beta \sin (\alpha + \beta + \gamma + \theta)}{\sin (\beta + \theta)}$$

故

$$AE \cdot BF \cdot CD = AC \cdot BD \cdot EF$$

$$\Leftrightarrow \frac{\sin \alpha \sin \theta}{\sin (\beta + \gamma + \theta)} \cdot \frac{\sin \beta \sin (\alpha + \beta + \gamma + \theta)}{\sin (\beta + \theta)} \cdot \sin \gamma =$$

$$\sin \alpha \sin \beta \left[\sin (\alpha + \beta + \gamma) - \frac{\sin \alpha \sin \theta}{\sin (\beta + \gamma + \theta)} - \frac{\sin \beta \sin (\alpha + \beta + \gamma + \theta)}{\sin (\beta + \theta)} \right]$$

$$\Leftrightarrow \sin \theta \sin \gamma \sin (\alpha + \beta + \gamma + \theta) = \sin (\alpha + \beta + \gamma) \sin (\beta + \gamma + \theta) \sin (\beta + \theta) -$$

$$\sin \alpha \sin \theta \sin (\beta + \theta) - \sin \beta \sin (\alpha + \beta + \gamma + \theta) \sin (\beta + \gamma + \theta)$$

$$\Leftrightarrow [\cos (\theta - \gamma) - \cos (\theta + \gamma)] \sin (\alpha + \beta + \gamma + \theta) =$$

$$[\cos (\alpha - \theta) - \cos (\alpha + 2\beta + 2\gamma + \theta)] \cdot$$

$$\sin (\beta + \theta) - [\cos (\alpha - \theta) - \cos (\alpha + \theta)] \sin (\beta + \theta) -$$

$$[\cos (\gamma + \theta) - \cos (2\beta + \gamma + \theta)] \sin (\alpha + \beta + \gamma + \theta)$$

$$\Leftrightarrow [\cos (\theta - \gamma) - \cos (2\beta + \gamma + \theta)] \sin (\alpha + \beta + \gamma + \theta) =$$

$$[\cos (\alpha - \theta) - \cos (\alpha + 2\beta + 2\gamma + \theta)] \sin (\beta + \theta)$$

$$\Leftrightarrow [\cos (\theta - \gamma) + \cos (180° - (2\beta + \gamma + \theta))] \sin (\alpha + \beta + \gamma + \theta) =$$

$$[\cos (\alpha + \theta) + \cos (180° - (\alpha + 2\beta + 2\gamma + \theta))] \sin (\beta + \theta)$$

$$\Leftrightarrow \cos (90° - \beta - \gamma) \cos (90° - \beta - \theta) \sin (\alpha + \beta + \gamma + \theta) =$$

$$\cos (90° - \beta - \gamma) \cos (90° - (\alpha + \beta + \gamma + \theta)) \sin (\beta + \theta)$$

$$\Leftrightarrow \sin (\beta + \gamma) \sin (\beta + \theta) \sin (\alpha + \beta + \gamma + \theta) = \sin (\beta + \gamma) \sin (\alpha + \beta + \gamma + \theta) \sin (\beta + \theta)$$

(2)

$$AF \cdot BE \cdot CD = (AB - BF) \cdot (AB - AE) \cdot CD =$$

$$[AB^2 - (AE + BF) \cdot AB + AE \cdot BF] \cdot CD =$$

$$[AB^2 - (AB - EF) \cdot AB + AE \cdot BF] \cdot CD =$$

$$AB \cdot CD \cdot EF + AE \cdot BF \cdot CD =$$

$$AB \cdot CD \cdot EF + AC \cdot BD \cdot EF =$$

$$(AB \cdot CD + AC \cdot BD) \cdot EF =$$

$$AD \cdot BC \cdot EF$$

（此证法由一剑难求提供.）

3. 叶军教授点评

本题是一道圆中线段关系的证明题，从解答过程来看，第(1)小题利用三角解法，思路环环相扣、过程优美，值得点赞！

函数方程问题
——2016 届叶班数学问题征解 092 解析

1. 问题征解 092

求所有函数 $f: \mathbf{N}^* \to \mathbf{N}^*$，使得对于所有的正整数 m, n，均有

$$(m^2 + f(n)) \mid (mf(m) + n)$$

（《数学爱好者通讯》编辑部提供，2018 年 6 月 30 日.）

2. 问题 092 解析

解 （1）当 $n \geqslant 2$ 时，令 $m = n$ 可得

$$n^2 + f(n) \leqslant nf(n) + n$$

进而可得

$$n^2 - n \leqslant nf(n) - f(n) \Rightarrow n(n-1) \leqslant (n-1)f(n) \Rightarrow f(n) \geqslant n$$

（2）令 $m = 1, n \geqslant 2$ 可得

$$1 + f(n) \leqslant f(1) + n$$

则

$$0 \leqslant f(n) - n \leqslant f(1) - 1$$

可得

$$f(1) \geqslant 1$$

令

$$f(1) - 1 = k$$

可得当 $n \geqslant 2$ 时

$$f(n) \leqslant n + k$$

（3）令 $m = 1$，当 $m > \max(2, k)$ 时，可得

$$\frac{mf(m) + 1}{m^2 + f(1)} \leqslant \frac{mf(m) + 1}{m^2 + 1} \leqslant \frac{mf(m)}{m^2} = \frac{f(m)}{m} \leqslant \frac{m + k}{m} = 1 + \frac{k}{m} < 2$$

所以只能

$$\frac{mf(m) + 1}{m^2 + f(1)} = 1$$

则

$$m \leqslant f(m) = m + \frac{f(1) - 1}{m} = m + \frac{k}{m} < m + 1$$

可得

$$f(m) = m$$

（4）取 $m_0 > \max(2, k), n \geqslant 2$，由（3）知

$$f(m_0) = m_0$$

由

$$m_0^2 + f(n) \leqslant m_0 f(m_0) + n = m_0^2 + n$$

得

$$f(n) \leqslant n$$

由(1)和(4)可得,对于 $n \geqslant 2$ 都有

$$f(n) = n$$

（此解法由彭泽提供.）

3. 叶军教授点评

本题是一道求解函数方程问题,彭老师利用分类讨论的方法解题,思路清晰,值得学习!

巧用相似证线段相等
——2016 届叶班数学问题征解 093 解析

1. 问题征解 093

如图 93.1 所示,设 M 为 $\triangle ABC$ 的边 BC 的中点,Γ 是以 AM 为直径的圆,点 D,E 分别是 Γ 与 AB,AC 的交点.过点 D,E 分别作 Γ 的切线,两切线交于点 P,证明:$PB = PC$.

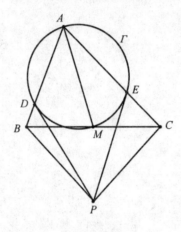

图 93.1

(《数学爱好者通讯》编辑部提供,2018 年 7 月 7 日.)

2. 问题 093 解析

证明 如图 93.2 所示,联结 PM 并延长交圆 Γ 于另一点 F,联结 AF,DF,EF,DM,EM.

要证 $PB = PC$,只需证 $PM \perp BC$.

又 $\angle AFM = 90°$,故只需证 $AF \parallel BC$.

易证

$$\triangle PMD \backsim \triangle PDE, \triangle PME \backsim \triangle PEF$$

故

$$\frac{DM}{DF} = \frac{PM}{PD} = \frac{PM}{PE} = \frac{EM}{EF}$$

故

$$\frac{DF}{EF} = \frac{DM}{EM} = \frac{S_{\triangle ABM}}{S_{\triangle ACM}} \cdot \frac{AC}{AB} = \frac{AC}{AB}$$

又

$$\angle EFD = \angle BAC$$

故

$$\triangle FED \backsim \triangle ABC$$

故

$$\angle FAE = \angle FDE = \angle ACB$$

故 $AF /\!\!/ BC$,得证.

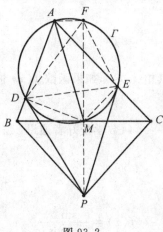

图 93.2

（此证法由徐斌提供.）

3. 叶军教授点评

本题是一道证明线段相等的题目,徐斌老师利用三角形相似,由比例关系,进一步证明线段相等,这种解法值得学习!

函数恒成立问题
——2016 届叶班数学问题征解 094 解析

1. 问题征解 094

设函数 $f(x) = \dfrac{\sin x}{2 + \cos x}$，其中 $x > 0$，如果函数 $f(x)$ 恒在直线 $y = kx$ 的下方，求实数 k 的取值范围.

（《数学爱好者通讯》编辑部提供，2018 年 7 月 14 日.）

2. 问题 094 解析

解 因为

$$f(x) = \frac{\sin x}{2 + \cos x}$$

所以

$$f'(x) = \frac{2\cos x + 1}{(2 + \cos x)^2}$$

当 $x = 0$ 时

$$f'(0) = \frac{1}{3}$$

即 $f(x)$ 在原点处的切线方程为 $y = \dfrac{1}{3}x$.

因为

$$\frac{1}{2 + \cos x} \in \left[\frac{1}{3}, 1\right]$$

所以

$$\left|\frac{\sin x}{2 + \cos x}\right| \leqslant |\sin x| \leqslant 1$$

故当 $x \in (\pi, +\infty)$ 时

$$y = \frac{1}{3}x > 1$$

所以当 $x \in (\pi, +\infty)$ 时

$$\frac{1}{3}x > f(x)$$

因为

$$f''(x) = \frac{2\sin x(2 + \cos x)(\cos x - 1)}{2 + \cos x} \leqslant 0, x \in (0, \pi]$$

所以 $f(x)$ 在 $x \in (0, \pi]$ 为上凸函数，即切线斜率变小的函数.

故

$$f(x) = \frac{\sin x}{2 + \cos x} < \frac{1}{3}x, x > 0$$

所以

$$k \in \left[\frac{1}{3}, +\infty\right)$$

(此解法由李月梅提供.)

3. 叶军教授点评

本题是一道函数恒成立问题,从李月梅老师的解题过程来看,巧妙利用函数的导数,确定函数的切线斜率变化趋势,从而求得所需求,思路清晰,值得点赞!

换元法证不等式问题
——2016 届叶班数学问题征解 095 解析

1. 问题征解 095

若 a,b,c 均为正数，且 $abc=1$，试证：$\dfrac{1}{a+b+1}+\dfrac{1}{b+c+1}+\dfrac{1}{c+a+1}\leqslant 1.$

（《数学爱好者通讯》编辑部提供，2018 年 7 月 21 日.）

2. 问题 095 解析

解　设 $a=x^3,b=y^3,c=z^3$，则 $xyz=1$，于是

$$a+b+1=x^3+y^3+xyz=(x+y)(x^2+y^2-xy)+xyz\geqslant$$
$$(x+y)(2xy-xy)+xyz=$$
$$xy(x+y)+xyz=xy(x+y+z)$$

所以

$$\frac{1}{a+b+1}\leqslant\frac{1}{xy(x+y+z)}=\frac{z}{xyz(x+y+z)}=\frac{z}{x+y+z}$$

同理可证

$$\frac{1}{b+c+1}\leqslant\frac{x}{x+y+z},\frac{1}{c+a+1}\leqslant\frac{y}{x+y+z}$$

以上三式相加，得

$$\frac{1}{a+b+1}+\frac{1}{b+c+1}+\frac{1}{c+a+1}\leqslant 1$$

（此解法由石方梦圆提供.）

3. 叶军教授点评

本题是一道不等式证明问题，石方梦圆老师利用换元法解题，过程简洁、思路清晰，值得大家学习！

一道数论中的最小值问题
——2016 届叶班数学问题征解 096 解析

1. 问题征解 096

已知 n 为正整数，$n \geq 2$，且使得 $T = \dfrac{1^2 + 2^2 + \cdots + n^2}{n}$ 为一个完全平方数，试求出满足条件的 n 的最小值.

（《数学爱好者通讯》编辑部提供，2018 年 7 月 28 日.）

2. 问题 096 解析

解　由题意，有

$$T = \frac{\dfrac{n(n+1)(2n+1)}{6}}{n} = \frac{(n+1)(2n+1)}{6}$$

$2n+1$ 是奇数，$n+1$ 必须是 2 的倍数，$n+1$ 和 $2n+1$ 必须有一个是 3 的倍数，而 $(n+1, 2n+1) = (n+1, n) = 1$，有如下两种情况：

(1) 由 $\begin{cases} n+1 = 6a^2 \\ 2n+1 = b^2 \end{cases}$ 得 $12a^2 - 1 = b^2$. 故 $b^2 \equiv 3 \pmod 4$ 不成立；

(2) 由 $\begin{cases} n+1 = 2a^2 \\ 2n+1 = 3b^2 \end{cases}$ 得 $4a^2 - 1 = 3b^2$，即 $(2a-1)(2a+1) = 3b^2$.

而 $(2a-1, 2a+1) = (2a-1, 2) = 1$.

所以 $2a-1$ 和 $2a+1$ 有一个是平方数，另一个是平方数的 3 倍.

若 $\begin{cases} 2a+1 = n^2 \\ 2a-1 = 3m^2 \end{cases}$，则 $3m^2 + 2 = n^2$，得 $n^2 \equiv 2 \pmod 3$，不成立.

故只能 $\begin{cases} 2a+1 = 3m^2 \\ 2a-1 = n^2 \end{cases}$，得 $3m^2 - 2 = n^2$.

满足条件的最小值为 $m = 3, n = 5$.

此时，$a = \dfrac{n^2 + 1}{2} = \dfrac{5^2 + 1}{2} = 13, n = 2a^2 - 1 = 2 \times 13^2 - 1 = 337$.

所以

$$n_{\min} = 337$$

（此解法由彭泽提供.）

3. 叶军教授点评

本题是一道数论的最小值问题，从解题过程来看，彭泽老师利用奇偶性，分类建立方程组，进一步确定未知数，从而确定符合题意的最小值，思路巧妙，值得大家学习！

函数法证集合问题
——2016 届叶班数学问题征解 097 解析

1. 问题征解 097

已知 n 为正整数,正实数 $a_1, a_2, \cdots, a_n$ 满足:$a_1 + a_2 + \cdots + a_n = \dfrac{1}{a_1^2} + \dfrac{1}{a_2^2} + \cdots + \dfrac{1}{a_n^2}$. 证明:对任意的 $m \in \{1, 2, 3, \cdots, n\}$,存在集合 $\{a_1, a_2, \cdots, a_n\}$ 的一个 m 元子集,满足其全体元素之和不小于 m.

(《数学爱好者通讯》编辑部提供,2018 年 8 月 4 日.)

2. 问题 097 解析

证明　不妨设

$$a_1 \geqslant a_2 \geqslant a_3 \geqslant \cdots \geqslant a_n$$

构造

$$f(x) = x - \frac{1}{x^2}, \quad f(1) = 0$$

则

$$f(a_1) + f(a_2) + \cdots + f(a_n) = 0$$

因为

$$f'(x) = 1 + \frac{2}{x^3} > 0, \quad f''(x) = -\frac{6}{x^4} < 0$$

所以 $f(x)$ 是上凸函数

$$f(a_1) \geqslant f(a_2) \geqslant f(a_3) \geqslant \cdots \geqslant f(a_n)$$

对于任意的 $1 \leqslant m \leqslant n$,有:

① 若 $a_m \geqslant 1$,则

$$a_1 \geqslant a_2 \geqslant a_3 \geqslant \cdots \geqslant a_m \geqslant 1$$
$$f(a_1) \geqslant f(a_2) \geqslant \cdots \geqslant f(a_m) \geqslant f(1) = 0$$

则

$$f(a_1) + f(a_2) + \cdots + f(a_m) \geqslant 0$$

② 若 $a_m < 1$,则

$$1 > a_m \geqslant a_{m+1} \geqslant a_{m+2} \geqslant \cdots \geqslant a_n$$
$$f(a_n) \leqslant f(a_{n-1}) \leqslant \cdots \leqslant f(a_{m+1}) < f(1) = 0$$

则

$$f(a_1) + f(a_2) + \cdots + f(a_m) = -f(a_{m+1}) - f(a_{m+2}) - \cdots - f(a_n) > 0$$

即对于任意的 $1 \leqslant m \leqslant n$ 都有

$$f(a_1) + f(a_2) + \cdots + f(a_m) \geqslant 0$$

由琴生不等式得

$$f(\frac{a_1 + a_2 + \cdots + a_m}{m}) \geqslant \frac{1}{m}[f(a_1) + f(a_2) + \cdots + f(a_m)] \geqslant 0 = f(1)$$

所以

$$\frac{a_1 + a_2 + \cdots + a_m}{m} \geqslant 1$$

即

$$a_1 + a_2 + \cdots + a_m \geqslant m$$

证毕.

（此证法由彭泽提供.）

3. 叶军教授点评

本题的关键在于如何利用 $a_1 + a_2 + \cdots + a_n = \frac{1}{a_1^2} + \frac{1}{a_2^2} + \cdots + \frac{1}{a_n^2}$ 这一条件，彭泽老师通过构造函数 $f(x) = x - \frac{1}{x^2}$，并结合琴生不等式完美地解决了本题，非常漂亮！

梅涅劳斯逆定理的应用
——2016 届叶班数学问题征解 098 解析

1. 问题征解 098

如图 98.1 所示,在 △ABC 中,AB = AC,圆 O 的圆心是边 BC 的中点,且与 AB,AC 分别相切于点 E,F. 点 G 在圆 O 上,使得 AG ⊥ EG. 过点 G 作圆 O 的切线,与 AC 相交于点 K. 证明:直线 BK 平分线段 EF.

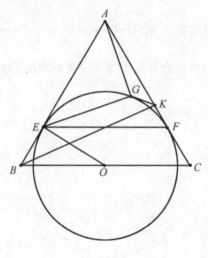

图 98.1

(《数学爱好者通讯》编辑部提供,2018 年 8 月 11 日.)

2. 问题 098 解析

证明   如图 98.2 所示,延长 AG 交圆 O 于点 M,联结 KM 交圆 O 于点 N(不同于点 M).

因为

$$AM \perp EG$$

所以 EM 是圆 O 的直径.

由点 O 是 EM,BC 的中点,可知四边形 BECM 是平行四边形.

从而

$$\angle OMC = \angle OEB = 90°$$

故 MC 是圆 O 的切线. 因为

$$\triangle KGN \backsim \triangle KMG$$

所以

$$\frac{GN}{MG} = \frac{KG}{KM} \qquad\qquad ①$$

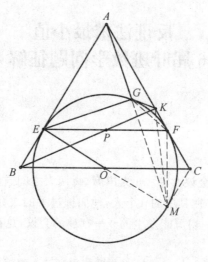

图 98.2

因为

$$\triangle KFN \backsim \triangle KMF$$

所以

$$\frac{FN}{MF} = \frac{KF}{KM} \qquad ②$$

由 ①② 以及 $KG = KF$ 可知

$$\frac{GN}{MG} = \frac{FN}{MF} \qquad ③$$

因为

$$\frac{FK}{KA} = \frac{S_{\triangle MFK}}{S_{\triangle MKA}} = \frac{MF \cdot \sin \angle FMN}{MA \cdot \sin \angle GMN} = \frac{MF}{MA} \cdot \frac{FN}{GN} \qquad ④$$

$$\frac{FC}{CA} = \frac{S_{\triangle MFC}}{S_{\triangle MCA}} = \frac{MF \cdot \sin \angle FMC}{MA \cdot \sin \angle AMC} = \frac{MF}{MA} \cdot \frac{\sin \angle FEM}{\sin \angle GEM} = \frac{AF}{MA} \cdot \frac{MF}{MG} \qquad ⑤$$

所以结合式 ③④⑤ 可知

$$\frac{FK}{KA} = \frac{FC}{CA}$$

设 EF 的中点为 P,因为

$$\frac{FK}{KA} \cdot \frac{AB}{BE} \cdot \frac{EP}{PF} = \frac{FC}{CA} \cdot \frac{AB}{BE} = \frac{FC}{BE} \cdot \frac{AB}{CA} = 1$$

所以根据梅涅劳斯逆定理可知 K, P, B 三点共线,即 BK 平分线段 EF.

(此证法由陈煜提供.)

3. 叶军教授点评

本题即为 2018 年东南地区数学奥林匹克高二年级组第二天的第 5 题,不得不说这道几何题虽然难度不是特别的大,但是题目的质量确实不错.

反证法求最小值
——2016 届叶班数学问题征解 099 解析

1. 问题征解 099

给定整数 $m \geq 2$，一次会议共有 $3m$ 人出席，每两人之间或者握手一次，或者不握手，对正整数 $n(n \leq 3m-1)$，若存在其中的 n 个人，他们握过手的次数分别为 $1,2,\cdots,n$，则称这次会议是"$n-$有趣的"，若对一切可能发生的 $n-$有趣的会议，总存在 3 名参与者两两握过手，求 n 的最小值.

（《数学爱好者通讯》编辑部提供，2018 年 8 月 18 日.）

2. 问题 099 解析

解 n 的最小值是 $2m+1$.

用点表示人，两人之间握过手当且仅当他们对应的两点之间有边，得到图 99.1.

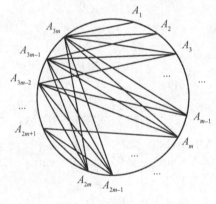

图 99.1

先证明：当 $n \leq 2m$ 时，存在 $n-$有趣的会议，使得没有 3 名参与者两两握过手.

记图 99.1 的 $3m$ 个点为 $A_1, A_2, \cdots, A_m; B_1, B_2, \cdots, B_{2m}$.

B_i 与 $A_j (m \leq i \leq 2m, 1 \leq j \leq m)$ 有边，B_k 与 $A_1, A_2, \cdots, A_k (1 \leq k \leq m-1)$ 有边，则点 $B_1, B_2, \cdots, B_m, A_m, A_{m-1}, \cdots, A_1$ 的度数分别为 $1, 2, \cdots, m, m+1, m+2, \cdots, 2m$，并且图中不存在三角形.

由 $n \leq 2m$，可从 $B_1, B_2, \cdots, B_m, A_m, A_{m-1}, \cdots, A_1$ 中取出前 n 个点，他们可以形成"有趣的"，在此种情形下，没有 3 名参与者两两握过手.

再证明：对一切可能发生的"$2m+1$ 有趣的"会议，总存在 3 名参与者两两握过手.

用反证法证明：假设存在"$2m+1$ 有趣的"会议，没有 3 名参与者两两握过手. 设对应的图为图 99.1，则图 99.1 可划分为 $\{X, Y\}$ 的二部分图（xy 是图 99.1 的边当且仅当 $x \in X$，$y \in Y$）. 记 $|X| = p$，则 $|Y| = 3m - p$，不妨设 $p \leq \dfrac{3m}{2}$.

考虑图 99.1 中度数大于 p 的点,它们都属于 X(因为 Y 中任意点的度数不大于 $|X| = p$),从而度数为 $p+1, p+2, \cdots, 2m+1$ 的点都属于 X,故有

$$2m+1-p \leqslant |Y| = 3m-p \qquad \text{①}$$

设 $x \in X$ 且点 x 的度数为 $2m+1$. 由于 x 只能与 Y 中的点有边,所以 $2m+1 \leqslant |Y| = 3m-p$,即 $p \leqslant m-1$. 而由 ① 得 $p \geqslant m+\dfrac{1}{2}$,矛盾,故假设不成立.

综上所述,$n_{\min} = 2m+1$.

(此解法由陈煜提供.)

3. 叶军教授点评

本题即为 2018 年东南地区数学奥林匹克高二年级组第二天的第 6 题,对学生的数学功底要求较高. 该题比较典型,往往利用反证法的思想加以处理.

求解图形面积问题
——2016 届叶班数学问题征解 100 解析

1. 问题征解 100

试求下面方程表示的"爱你之心"图形的面积

$$\left| \sqrt{1-(1-|x|)^2} - y \right| + \left| \arccos(1-|x|) - y - \pi \right| = 0$$

（《数学爱好者通讯》编辑部提供,2018 年 8 月 25 日.）

2. 问题 100 解析

解　由绝对值的性质可知

$$\left| \sqrt{1-(1-|x|)^2} - y \right| + \left| \arccos(1-|x|) - y - \pi \right| = 0$$

$$\Leftrightarrow \begin{cases} y_1 = \sqrt{1-(1-|x|)^2} \\ y_2 = \arccos(1-|x|) - \pi \end{cases} \quad (-2 \leqslant x \leqslant 2)$$

问题转化为求如图 100.1 所示的"爱你之心"的图形的面积.

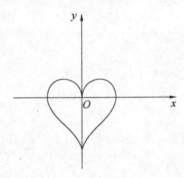

图 100.1

事实上,令 $t = 1 - |x|$, $t \in [-1,1]$,则

$$y_1 = \sqrt{1-t^2}, y_2 = \arccos t - \pi$$

因为

$$\int \arccos t \, dt = t \arccos t - \int t \, d\arccos t =$$

$$t \arccos t + \int \frac{t}{\sqrt{1-t^2}} dt =$$

$$t \arccos t - \frac{1}{2} \int (1-t^2)^{-\frac{1}{2}} d(1-t^2) =$$

$$t \arccos t - \frac{1}{4} (1-t^2)^{\frac{1}{2}}$$

所以

$$S = \int_{-2}^{2} (y_1 - y_2)\mathrm{d}x = 2\int_{0}^{2}(y_1 - y_2)\mathrm{d}x =$$

$$2\int_{-1}^{1}(\sqrt{1 - t^2} - \arccos t + \pi)\mathrm{d}t =$$

$$2\int_{-1}^{1}\sqrt{1 - t^2}\,\mathrm{d}t - 2\int_{-1}^{1}\arccos t\,\mathrm{d}t + 2\pi\int_{-1}^{1}\mathrm{d}t =$$

$$\pi - 2\left[t\arccos t - \frac{1}{4}(1 - t^2)\right]_{-1}^{1} + 4\pi =$$

$$5\pi - 2\times\left[-(-1)\pi\right] = 3\pi$$

（此解法由徐斌提供.）

3. 叶军教授点评

(1) 数学也有数学自身的浪漫,在数学中有许多函数和方程的图像描绘出来即为一颗颗美丽的爱心,如 $r = 1 - \sin\theta$,$(x^2 + y^2 - 1)^3 - x^2y^3 = 0$ 等.

(2) 在本题中,不定方程 $\left|\sqrt{1 - (1 - |x|)^2} - y\right| + \left|\arccos(1 - |x|) - y - \pi\right| = 0$ 特征比较明显,根据绝对值的性质可等价转化为 $\begin{cases} y_1 = \sqrt{1 - (1 - |x|)^2} \\ y_2 = \arccos(1 - |x|) - \pi \end{cases}$, $-2 \leqslant x \leqslant 2$. 作出函数图像之后,求图形面积只需借助定积分便可轻松化解.

刘培杰数学工作室
已出版(即将出版)图书目录——初等数学

书 名	出版时间	定 价	编号
新编中学数学解题方法全书(高中版)上卷(第2版)	2018—08	58.00	951
新编中学数学解题方法全书(高中版)中卷(第2版)	2018—08	68.00	952
新编中学数学解题方法全书(高中版)下卷(一)(第2版)	2018—08	58.00	953
新编中学数学解题方法全书(高中版)下卷(二)(第2版)	2018—08	58.00	954
新编中学数学解题方法全书(高中版)下卷(三)(第2版)	2018—08	68.00	955
新编中学数学解题方法全书(初中版)上卷	2008—01	28.00	29
新编中学数学解题方法全书(初中版)中卷	2010—07	38.00	75
新编中学数学解题方法全书(高考复习卷)	2010—01	48.00	67
新编中学数学解题方法全书(高考真题卷)	2010—01	38.00	62
新编中学数学解题方法全书(高考精华卷)	2011—03	68.00	118
新编平面解析几何解题方法全书(专题讲座卷)	2010—01	18.00	61
新编中学数学解题方法全书(自主招生卷)	2013—08	88.00	261
数学奥林匹克与数学文化(第一辑)	2006—05	48.00	4
数学奥林匹克与数学文化(第二辑)(竞赛卷)	2008—01	48.00	19
数学奥林匹克与数学文化(第二辑)(文化卷)	2008—07	58.00	36'
数学奥林匹克与数学文化(第三辑)(竞赛卷)	2010—01	48.00	59
数学奥林匹克与数学文化(第四辑)(竞赛卷)	2011—08	58.00	87
数学奥林匹克与数学文化(第五辑)	2015—06	98.00	370
世界著名平面几何经典著作钩沉——几何作图专题卷(上)	2009—06	48.00	49
世界著名平面几何经典著作钩沉——几何作图专题卷(下)	2011—01	88.00	80
世界著名平面几何经典著作钩沉(民国平面几何老课本)	2011—03	38.00	113
世界著名平面几何经典著作钩沉(建国初期平面三角老课本)	2015—08	38.00	507
世界著名解析几何经典著作钩沉——平面解析几何卷	2014—01	38.00	264
世界著名数论经典著作钩沉(算术卷)	2012—01	28.00	125
世界著名数学经典著作钩沉——立体几何卷	2011—02	28.00	88
世界著名三角学经典著作钩沉(平面三角卷Ⅰ)	2010—06	28.00	69
世界著名三角学经典著作钩沉(平面三角卷Ⅱ)	2011—01	38.00	78
世界著名初等数论经典著作钩沉(理论和实用算术卷)	2011—07	38.00	126
发展你的空间想象力	2017—06	38.00	785
空间想象力进阶	2019—05	68.00	1062
走向国际数学奥林匹克的平面几何试题诠释.第1卷	即将出版		1043
走向国际数学奥林匹克的平面几何试题诠释.第2卷	即将出版		1044
走向国际数学奥林匹克的平面几何试题诠释.第3卷	2019—03	78.00	1045
走向国际数学奥林匹克的平面几何试题诠释.第4卷	即将出版		1046
平面几何证明方法全书	2007—08	35.00	1
平面几何证明方法全书习题解答(第2版)	2006—12	18.00	10
平面几何天天练上卷·基础篇(直线型)	2013—01	58.00	208
平面几何天天练中卷·基础篇(涉及圆)	2013—01	28.00	234
平面几何天天练下卷·提高篇	2013—01	58.00	237
平面几何专题研究	2013—07	98.00	258

刘培杰数学工作室
已出版(即将出版)图书目录——初等数学

书　名	出版时间	定　价	编号
最新世界各国数学奥林匹克中的平面几何试题	2007—09	38.00	14
数学竞赛平面几何典型题及新颖解	2010—07	48.00	74
初等数学复习及研究(平面几何)	2008—09	58.00	38
初等数学复习及研究(立体几何)	2010—06	38.00	71
初等数学复习及研究(平面几何)习题解答	2009—01	48.00	42
几何学教程(平面几何卷)	2011—03	68.00	90
几何学教程(立体几何卷)	2011—07	68.00	130
几何变换与几何证题	2010—06	88.00	70
计算方法与几何证题	2011—06	28.00	129
立体几何技巧与方法	2014—04	88.00	293
几何瑰宝——平面几何500名题暨1000条定理(上、下)	2010—07	138.00	76,77
三角形的解法与应用	2012—07	18.00	183
近代的三角形几何学	2012—07	48.00	184
一般折线几何学	2015—08	48.00	503
三角形的五心	2009—06	28.00	51
三角形的六心及其应用	2015—10	68.00	542
三角形趣谈	2012—08	28.00	212
解三角形	2014—01	28.00	265
三角学专门教程	2014—09	28.00	387
图天下几何新题试卷.初中(第2版)	2017—11	58.00	855
圆锥曲线习题集(上册)	2013—06	68.00	255
圆锥曲线习题集(中册)	2015—01	78.00	434
圆锥曲线习题集(下册·第1卷)	2016—10	78.00	683
圆锥曲线习题集(下册·第2卷)	2018—01	98.00	853
论九点圆	2015—05	88.00	645
近代欧氏几何学	2012—03	48.00	162
罗巴切夫斯基几何学及几何基础概要	2012—07	28.00	188
罗巴切夫斯基几何学初步	2015—06	28.00	474
用三角、解析几何、复数、向量计算解数学竞赛几何题	2015—03	48.00	455
美国中学几何教程	2015—04	88.00	458
三线坐标与三角形特征点	2015—04	98.00	460
平面解析几何方法与研究(第1卷)	2015—05	18.00	471
平面解析几何方法与研究(第2卷)	2015—06	18.00	472
平面解析几何方法与研究(第3卷)	2015—07	18.00	473
解析几何研究	2015—01	38.00	425
解析几何学教程.上	2016—01	38.00	574
解析几何学教程.下	2016—01	38.00	575
几何学基础	2016—01	58.00	581
初等几何研究	2015—02	58.00	444
十九和二十世纪欧氏几何学中的片段	2017—01	58.00	696
平面几何中考.高考.奥数一本通	2017—07	28.00	820
几何学简史	2017—08	28.00	833
四面体	2018—01	48.00	880
平面几何证明方法思路	2018—12	68.00	913
平面几何图形特性新析.上篇	2019—01	68.00	911
平面几何图形特性新析.下篇	2018—06	88.00	912
平面几何范例多解探究.上篇	2018—04	48.00	910
平面几何范例多解探究.下篇	2018—12	68.00	914
从分析解题过程学解题:竞赛中的几何问题研究	2018—07	68.00	946
二维、三维欧氏几何的对偶原理	2018—12	38.00	990
星形大观及闭折线论	2019—03	68.00	1020

刘培杰数学工作室
已出版（即将出版）图书目录——初等数学

书　名	出版时间	定　价	编号
俄罗斯平面几何问题集	2009—08	88.00	55
俄罗斯立体几何问题集	2014—03	58.00	283
俄罗斯几何大师——沙雷金论数学及其他	2014—01	48.00	271
来自俄罗斯的5000道几何习题及解答	2011—03	58.00	89
俄罗斯初等数学问题集	2012—05	38.00	177
俄罗斯函数问题集	2011—03	38.00	103
俄罗斯组合分析问题集	2011—01	48.00	79
俄罗斯初等数学万题选——三角卷	2012—11	38.00	222
俄罗斯初等数学万题选——代数卷	2013—08	68.00	225
俄罗斯初等数学万题选——几何卷	2014—01	68.00	226
俄罗斯《量子》杂志数学征解问题100题选	2018—08	48.00	969
俄罗斯《量子》杂志数学征解问题又100题选	2018—08	48.00	970
463个俄罗斯几何老问题	2012—01	28.00	152
《量子》数学短文精粹	2018—09	38.00	972
谈谈素数	2011—03	18.00	91
平方和	2011—03	18.00	92
整数论	2011—05	38.00	120
从整数谈起	2015—10	28.00	538
数与多项式	2016—01	38.00	558
谈谈不定方程	2011—05	28.00	119
解析不等式新论	2009—06	68.00	48
建立不等式的方法	2011—03	98.00	104
数学奥林匹克不等式研究	2009—08	68.00	56
不等式研究（第二辑）	2012—02	68.00	153
不等式的秘密（第一卷）	2012—02	28.00	154
不等式的秘密（第一卷）（第2版）	2014—02	38.00	286
不等式的秘密（第二卷）	2014—01	38.00	268
初等不等式的证明方法	2010—06	38.00	123
初等不等式的证明方法（第二版）	2014—11	38.00	407
不等式·理论·方法（基础卷）	2015—07	38.00	496
不等式·理论·方法（经典不等式卷）	2015—07	38.00	497
不等式·理论·方法（特殊类型不等式卷）	2015—07	48.00	498
不等式探究	2016—03	38.00	582
不等式探秘	2017—01	88.00	689
四面体不等式	2017—01	68.00	715
数学奥林匹克中常见重要不等式	2017—09	38.00	845
三正弦不等式	2018—09	98.00	974
函数方程与不等式：解法与稳定性结果	2019—04	68.00	1058
同余理论	2012—05	38.00	163
[x]与{x}	2015—04	48.00	476
极值与最值.上卷	2015—06	28.00	486
极值与最值.中卷	2015—06	38.00	487
极值与最值.下卷	2015—06	28.00	488
整数的性质	2012—11	38.00	192
完全平方数及其应用	2015—08	78.00	506
多项式理论	2015—10	88.00	541
奇数、偶数、奇偶分析法	2018—01	98.00	876
不定方程及其应用.上	2018—12	58.00	992
不定方程及其应用.中	2019—01	78.00	993
不定方程及其应用.下	2019—02	98.00	994

刘培杰数学工作室
已出版(即将出版)图书目录——初等数学

书　名	出版时间	定　价	编号
历届美国中学生数学竞赛试题及解答(第一卷)1950—1954	2014—07	18.00	277
历届美国中学生数学竞赛试题及解答(第二卷)1955—1959	2014—04	18.00	278
历届美国中学生数学竞赛试题及解答(第三卷)1960—1964	2014—06	18.00	279
历届美国中学生数学竞赛试题及解答(第四卷)1965—1969	2014—04	28.00	280
历届美国中学生数学竞赛试题及解答(第五卷)1970—1972	2014—06	18.00	281
历届美国中学生数学竞赛试题及解答(第六卷)1973—1980	2017—07	18.00	768
历届美国中学生数学竞赛试题及解答(第七卷)1981—1986	2015—01	18.00	424
历届美国中学生数学竞赛试题及解答(第八卷)1987—1990	2017—05	18.00	769
历届 IMO 试题集(1959—2005)	2006—05	58.00	5
历届 CMO 试题集	2008—09	28.00	40
历届中国数学奥林匹克试题集(第 2 版)	2017—03	38.00	757
历届加拿大数学奥林匹克试题集	2012—08	38.00	215
历届美国数学奥林匹克试题集:多解推广加强	2012—08	38.00	209
历届美国数学奥林匹克试题集:多解推广加强(第 2 版)	2016—03	48.00	592
历届波兰数学竞赛试题集.第 1 卷,1949～1963	2015—03	18.00	453
历届波兰数学竞赛试题集.第 2 卷,1964～1976	2015—03	18.00	454
历届巴尔干数学奥林匹克试题集	2015—05	38.00	466
保加利亚数学奥林匹克	2014—10	38.00	393
圣彼得堡数学奥林匹克试题集	2015—01	38.00	429
匈牙利奥林匹克数学竞赛题解.第 1 卷	2016—05	28.00	593
匈牙利奥林匹克数学竞赛题解.第 2 卷	2016—05	28.00	594
历届美国数学邀请赛试题集(第 2 版)	2017—10	78.00	851
全国高中数学竞赛试题及解答.第 1 卷	2014—07	38.00	331
普林斯顿大学数学竞赛	2016—06	38.00	669
亚太地区数学奥林匹克竞赛题	2015—07	18.00	492
日本历届(初级)广中杯数学竞赛试题及解答.第 1 卷 (2000～2007)	2016—05	28.00	641
日本历届(初级)广中杯数学竞赛试题及解答.第 2 卷 (2008～2015)	2016—05	38.00	642
360 个数学竞赛问题	2016—08	58.00	677
奥数最佳实战题.上卷	2017—06	38.00	760
奥数最佳实战题.下卷	2017—05	58.00	761
哈尔滨市早期中学数学竞赛试题汇编	2016—07	28.00	672
全国高中数学联赛试题及解答:1981—2017(第 2 版)	2018—05	98.00	920
20 世纪 50 年代全国部分城市数学竞赛试题汇编	2017—07	28.00	797
高中数学竞赛培训教程:平面几何问题的求解方法与策略.上	2018—05	68.00	906
高中数学竞赛培训教程:平面几何问题的求解方法与策略.下	2018—06	78.00	907
高中数学竞赛培训教程:整除与同余以及不定方程	2018—01	88.00	908
高中数学竞赛培训教程:组合计数与组合极值	2018—04	48.00	909
高中数学竞赛培训教程:初等代数	2019—04	78.00	1042
国内外数学竞赛题及精解:2016～2017	2018—07	45.00	922
许康华竞赛优学精选集.第一辑	2018—08	68.00	949
高考数学临门一脚(含密押三套卷)(理科版)	2017—01	45.00	743
高考数学临门一脚(含密押三套卷)(文科版)	2017—01	45.00	744
新课标高考数学题型全归纳(文科版)	2015—05	72.00	467
新课标高考数学题型全归纳(理科版)	2015—05	82.00	468
洞穿高考数学解答题核心考点(理科版)	2015—11	49.80	550
洞穿高考数学解答题核心考点(文科版)	2015—11	46.80	551

刘培杰数学工作室
已出版(即将出版)图书目录——初等数学

书　名	出版时间	定　价	编号
高考数学题型全归纳:文科版.上	2016－05	53.00	663
高考数学题型全归纳:文科版.下	2016－05	53.00	664
高考数学题型全归纳:理科版.上	2016－05	58.00	665
高考数学题型全归纳:理科版.下	2016－05	58.00	666
王连笑教你怎样学数学:高考选择题解题策略与客观题实用训练	2014－01	48.00	262
王连笑教你怎样学数学:高考数学高层次讲座	2015－02	48.00	432
高考数学的理论与实践	2009－08	38.00	53
高考数学核心题型解题方法与技巧	2010－01	28.00	86
高考思维新平台	2014－03	38.00	259
30分钟拿下高考数学选择题、填空题(理科版)	2016－10	39.80	720
30分钟拿下高考数学选择题、填空题(文科版)	2016－10	39.80	721
高考数学压轴题解题诀窍(上)(第2版)	2018－01	58.00	874
高考数学压轴题解题诀窍(下)(第2版)	2018－01	48.00	875
北京市五区文科数学三年高考模拟题详解:2013～2015	2015－08	48.00	500
北京市五区理科数学三年高考模拟题详解:2013～2015	2015－09	68.00	505
向量法巧解数学高考题	2009－08	28.00	54
高考数学万能解题法(第2版)	即将出版	38.00	691
高考物理万能解题法(第2版)	即将出版	38.00	692
高考化学万能解题法(第2版)	即将出版	28.00	693
高考生物万能解题法(第2版)	即将出版	28.00	694
高考数学解题金典(第2版)	2017－01	78.00	716
高考物理解题金典(第2版)	2019－05	68.00	717
高考化学解题金典(第2版)	2019－05	58.00	718
我一定要赚分:高中物理	2016－01	38.00	580
数学高考参考	2016－01	78.00	589
2011～2015年全国及各省市高考数学文科精品试题审题要津与解法研究	2015－10	68.00	539
2011～2015年全国及各省市高考数学理科精品试题审题要津与解法研究	2015－10	88.00	540
最新全国及各省市高考数学试卷解法研究及点拨评析	2009－02	38.00	41
2011年全国及各省市高考数学试题审题要津与解法研究	2011－10	48.00	139
2013年全国及各省市高考数学试题解析与点评	2014－01	48.00	282
全国及各省市高考数学试题审题要津与解法研究	2015－02	48.00	450
新课标高考数学——五年试题分章详解(2007～2011)(上、下)	2011－10	78.00	140,141
全国中考数学压轴题审题要津与解法研究	2013－04	78.00	248
新编全国及各省市中考数学压轴题审题要津与解法研究	2014－05	58.00	342
全国及各省市5年中考数学压轴题审题要津与解法研究(2015版)	2015－04	58.00	462
中考数学专题总复习	2007－04	28.00	6
中考数学较难题、难题常考题型解题方法与技巧.上	2016－01	48.00	584
中考数学较难题、难题常考题型解题方法与技巧.下	2016－01	58.00	585
中考数学较难题常考题型解题方法与技巧	2016－09	48.00	681
中考数学难题常考题型解题方法与技巧	2016－09	48.00	682
中考数学中档题常考题型解题方法与技巧	2017－08	68.00	835
中考数学选择填空压轴好题妙解365	2017－05	38.00	759

书　名	出版时间	定　价	编号
中考数学小压轴汇编初讲	2017—07	48.00	788
中考数学大压轴专题微言	2017—09	48.00	846
北京中考数学压轴题解题方法突破(第4版)	2019—01	58.00	1001
助你高考成功的数学解题智慧:知识是智慧的基础	2016—01	58.00	596
助你高考成功的数学解题智慧:错误是智慧的试金石	2016—04	58.00	643
助你高考成功的数学解题智慧:方法是智慧的推手	2016—04	68.00	657
高考数学奇思妙解	2016—04	38.00	610
高考数学解题策略	2016—05	48.00	670
数学解题泄天机(第2版)	2017—10	48.00	850
高考物理压轴题全解	2017—04	48.00	746
高中物理经典问题25讲	2017—05	28.00	764
高中物理教学讲义	2018—01	48.00	871
2016年高考文科数学真题研究	2017—04	58.00	754
2016年高考理科数学真题研究	2017—04	78.00	755
2017年高考理科数学真题研究	2018—01	58.00	867
2017年高考文科数学真题研究	2018—01	48.00	868
初中数学、高中数学脱节知识补缺教材	2017—06	48.00	766
高考数学小题抢分必练	2017—10	48.00	834
高考数学核心素养解读	2017—09	38.00	839
高考数学客观题解题方法和技巧	2017—10	38.00	847
十年高考数学精品试题审题要津与解法研究.上卷	2018—01	68.00	872
十年高考数学精品试题审题要津与解法研究.下卷	2018—01	58.00	873
中国历届高考数学试题及解答.1949—1979	2018—01	38.00	877
历届中国高考数学试题及解答.第二卷,1980—1989	2018—10	28.00	975
历届中国高考数学试题及解答.第三卷,1990—1999	2018—10	48.00	976
数学文化与高考研究	2018—03	48.00	882
跟我学解高中数学题	2018—07	58.00	926
中学数学研究的方法及案例	2018—05	58.00	869
高考数学抢分技能	2018—07	68.00	934
高一新生常用数学方法和重要数学思想提升教材	2018—06	38.00	921
2018年高考数学真题研究	2019—01	68.00	1000
高考数学全国卷16道选择、填空题常考题型解题诀窍:理科	2018—09	88.00	971
新编640个世界著名数学智力趣题	2014—01	88.00	242
500个最新世界著名数学智力趣题	2008—06	48.00	3
400个最新世界著名数学最值问题	2008—09	48.00	36
500个世界著名数学征解问题	2009—06	48.00	52
400个中国最佳初等数学征解老问题	2010—01	48.00	60
500个俄罗斯数学经典老题	2011—01	28.00	81
1000个国外中学物理好题	2012—04	48.00	174
300个日本高考数学题	2012—05	38.00	142
700个早期日本高考数学试题	2017—02	88.00	752
500个前苏联早期高考数学试题及解答	2012—05	28.00	185
546个早期俄罗斯大学生数学竞赛题	2014—03	38.00	285
548个来自美苏的数学好问题	2014—11	28.00	396
20所苏联著名大学早期入学试题	2015—02	18.00	452
161道德国工科大学生必做的微分方程习题	2015—05	28.00	469
500个德国工科大学生必做的高数习题	2015—06	28.00	478
360个数学竞赛问题	2016—08	58.00	677
200个趣味数学故事	2018—02	48.00	857
470个数学奥林匹克中的最值问题	2018—10	88.00	985
德国讲义日本考题.微积分卷	2015—04	48.00	456
德国讲义日本考题.微分方程卷	2015—04	38.00	457
二十世纪中叶中、英、美、日、法、俄高考数学试题精选	2017—06	38.00	783

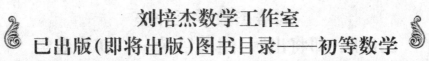

刘培杰数学工作室
已出版(即将出版)图书目录——初等数学

书　名	出版时间	定　价	编号
中国初等数学研究　2009卷(第1辑)	2009—05	20.00	45
中国初等数学研究　2010卷(第2辑)	2010—05	30.00	68
中国初等数学研究　2011卷(第3辑)	2011—07	60.00	127
中国初等数学研究　2012卷(第4辑)	2012—07	48.00	190
中国初等数学研究　2014卷(第5辑)	2014—02	48.00	288
中国初等数学研究　2015卷(第6辑)	2015—06	68.00	493
中国初等数学研究　2016卷(第7辑)	2016—04	68.00	609
中国初等数学研究　2017卷(第8辑)	2017—01	98.00	712
几何变换(Ⅰ)	2014—07	28.00	353
几何变换(Ⅱ)	2015—06	28.00	354
几何变换(Ⅲ)	2015—01	38.00	355
几何变换(Ⅳ)	2015—12	38.00	356
初等数论难题集(第一卷)	2009—05	68.00	44
初等数论难题集(第二卷)(上、下)	2011—02	128.00	82,83
数论概貌	2011—03	18.00	93
代数数论(第二版)	2013—08	58.00	94
代数多项式	2014—06	38.00	289
初等数论的知识与问题	2011—02	28.00	95
超越数论基础	2011—03	28.00	96
数论初等教程	2011—03	28.00	97
数论基础	2011—03	18.00	98
数论基础与维诺格拉多夫	2014—03	18.00	292
解析数论基础	2012—08	28.00	216
解析数论基础(第二版)	2014—01	48.00	287
解析数论问题集(第二版)(原版引进)	2014—05	88.00	343
解析数论问题集(第二版)(中译本)	2016—04	88.00	607
解析数论基础(潘承洞,潘承彪著)	2016—07	98.00	673
解析数论导引	2016—07	58.00	674
数论入门	2011—03	38.00	99
代数数论入门	2015—03	38.00	448
数论开篇	2012—07	28.00	194
解析数论引论	2011—03	48.00	100
Barban Davenport Halberstam 均值和	2009—01	40.00	33
基础数论	2011—03	28.00	101
初等数论100例	2011—05	18.00	122
初等数论经典例题	2012—07	18.00	204
最新世界各国数学奥林匹克中的初等数论试题(上、下)	2012—01	138.00	144,145
初等数论(Ⅰ)	2012—01	18.00	156
初等数论(Ⅱ)	2012—01	18.00	157
初等数论(Ⅲ)	2012—01	28.00	158

刘培杰数学工作室
已出版(即将出版)图书目录——初等数学

书 名	出版时间	定 价	编号
平面几何与数论中未解决的新老问题	2013—01	68.00	229
代数数论简史	2014—11	28.00	408
代数数论	2015—09	88.00	532
代数、数论及分析习题集	2016—11	98.00	695
数论导引提要及习题解答	2016—01	48.00	559
素数定理的初等证明.第2版	2016—09	48.00	686
数论中的模函数与狄利克雷级数(第二版)	2017—11	78.00	837
数论:数学导引	2018—01	68.00	849
范式大代数	2019—02	98.00	1016
解析数学讲义.第一卷,导来式及微分、积分、级数	2019—04	88.00	1021
解析数学讲义.第二卷,关于几何的应用	2019—04	68.00	1022
解析数学讲义.第三卷,解析函数论	2019—04	78.00	1023
分析·组合·数论纵横谈	2019—04	58.00	1039
数学精神巡礼	2019—01	58.00	731
数学眼光透视(第2版)	2017—06	78.00	732
数学思想领悟(第2版)	2018—01	68.00	733
数学方法溯源(第2版)	2018—08	68.00	734
数学解题引论	2017—05	58.00	735
数学史话览胜(第2版)	2017—01	48.00	736
数学应用展观(第2版)	2017—08	68.00	737
数学建模尝试	2018—04	48.00	738
数学竞赛采风	2018—01	68.00	739
数学测评探营	2019—05	58.00	740
数学技能操握	2018—03	48.00	741
数学欣赏拾趣	2018—02	48.00	742
从毕达哥拉斯到怀尔斯	2007—10	48.00	9
从迪利克雷到维斯卡尔迪	2008—01	48.00	21
从哥德巴赫到陈景润	2008—05	98.00	35
从庞加莱到佩雷尔曼	2011—08	138.00	136
博弈论精粹	2008—03	58.00	30
博弈论精粹.第二版(精装)	2015—01	88.00	461
数学 我爱你	2008—01	28.00	20
精神的圣徒 别样的人生——60位中国数学家成长的历程	2008—09	48.00	39
数学史概论	2009—06	78.00	50
数学史概论(精装)	2013—03	158.00	272
数学史选讲	2016—01	48.00	544
斐波那契数列	2010—02	28.00	65
数学拼盘和斐波那契魔方	2010—07	38.00	72
斐波那契数列欣赏(第2版)	2018—08	58.00	948
Fibonacci 数列中的明珠	2018—06	58.00	928
数学的创造	2011—02	48.00	85
数学美与创造力	2016—01	48.00	595
数海拾贝	2016—01	48.00	590
数学中的美(第2版)	2019—04	68.00	1057
数论中的美学	2014—12	38.00	351

书　名	出版时间	定价	编号
数学王者　科学巨人——高斯	2015－01	28.00	428
振兴祖国数学的圆梦之旅:中国初等数学研究史话	2015－06	98.00	490
二十世纪中国数学史料研究	2015－10	48.00	536
数字谜、数阵图与棋盘覆盖	2016－01	58.00	298
时间的形状	2016－01	38.00	556
数学发现的艺术:数学探索中的合情推理	2016－07	58.00	671
活跃在数学中的参数	2016－07	48.00	675
数学解题——靠数学思想给力(上)	2011－07	38.00	131
数学解题——靠数学思想给力(中)	2011－07	48.00	132
数学解题——靠数学思想给力(下)	2011－07	38.00	133
我怎样解题	2013－01	48.00	227
数学解题中的物理方法	2011－06	28.00	114
数学解题的特殊方法	2011－06	48.00	115
中学数学计算技巧	2012－01	48.00	116
中学数学证明方法	2012－01	58.00	117
数学趣题巧解	2012－03	28.00	128
高中数学教学通鉴	2015－05	58.00	479
和高中生漫谈:数学与哲学的故事	2014－08	28.00	369
算术问题集	2017－03	38.00	789
张教授讲数学	2018－07	38.00	933
自主招生考试中的参数方程问题	2015－01	28.00	435
自主招生考试中的极坐标问题	2015－04	28.00	463
近年全国重点大学自主招生数学试题全解及研究.华约卷	2015－02	38.00	441
近年全国重点大学自主招生数学试题全解及研究.北约卷	2016－05	38.00	619
自主招生数学解证宝典	2015－09	48.00	535
格点和面积	2012－07	18.00	191
射影几何趣谈	2012－04	28.00	175
斯潘纳尔引理——从一道加拿大数学奥林匹克试题谈起	2014－01	28.00	228
李普希兹条件——从几道近年高考数学试题谈起	2012－10	18.00	221
拉格朗日中值定理——从一道北京高考试题的解法谈起	2015－10	18.00	197
闵科夫斯基定理——从一道清华大学自主招生试题谈起	2014－01	28.00	198
哈尔测度——从一道冬令营试题的背景谈起	2012－08	28.00	202
切比雪夫逼近问题——从一道中国台北数学奥林匹克试题谈起	2013－04	38.00	238
伯恩斯坦多项式与贝齐尔曲面——从一道全国高中数学联赛试题谈起	2013－03	38.00	236
卡塔兰猜想——从一道普特南竞赛试题谈起	2013－06	18.00	256
麦卡锡函数和阿克曼函数——从一道前南斯拉夫数学奥林匹克试题谈起	2012－08	18.00	201
贝蒂定理与拉姆贝莫斯尔定理——从一个拣石子游戏谈起	2012－08	18.00	217
皮亚诺曲线和豪斯道夫分球定理——从无限集谈起	2012－08	18.00	211
平面凸图形与凸多面体	2012－10	28.00	218
斯坦因豪斯问题——从一道二十五省市自治区中学数学竞赛试题谈起	2012－07	18.00	196

刘培杰数学工作室
已出版(即将出版)图书目录——初等数学

书　名	出版时间	定　价	编号
纽结理论中的亚历山大多项式与琼斯多项式——从一道北京市高一数学竞赛试题谈起	2012—07	28.00	195
原则与策略——从波利亚"解题表"谈起	2013—04	38.00	244
转化与化归——从三大尺规作图不能问题谈起	2012—08	28.00	214
代数几何中的贝祖定理(第一版)——从一道 IMO 试题的解法谈起	2013—08	18.00	193
成功连贯理论与约当块理论——从一道比利时数学竞赛试题谈起	2012—04	18.00	180
素数判定与大数分解	2014—08	18.00	199
置换多项式及其应用	2012—10	18.00	220
椭圆函数与模函数——从一道美国加州大学洛杉矶分校(UCLA)博士资格考题谈起	2012—10	28.00	219
差分方程的拉格朗日方法——从一道 2011 年全国高考理科试题的解法谈起	2012—08	28.00	200
力学在几何中的一些应用	2013—01	38.00	240
高斯散度定理、斯托克斯定理和平面格林定理——从一道国际大学生数学竞赛试题谈起	即将出版		
康托洛维奇不等式——从一道全国高中联赛试题谈起	2013—03	28.00	337
西格尔引理——从一道第 18 届 IMO 试题的解法谈起	即将出版		
罗斯定理——从一道前苏联数学竞赛试题谈起	即将出版		
拉克斯定理和阿廷定理——从一道 IMO 试题的解法谈起	2014—01	58.00	246
毕卡大定理——从一道美国大学数学竞赛试题谈起	2014—07	18.00	350
贝齐尔曲线——从一道全国高中联赛试题谈起	即将出版		
拉格朗日乘子定理——从一道 2005 年全国高中联赛试题的高等数学解法谈起	2015—05	28.00	480
雅可比定理——从一道日本数学奥林匹克试题谈起	2013—04	48.00	249
李天岩—约克定理——从一道波兰数学竞赛试题谈起	2014—06	28.00	349
整系数多项式因式分解的一般方法——从克朗耐克算法谈起	即将出版		
布劳维不动点定理——从一道前苏联数学奥林匹克试题谈起	2014—01	38.00	273
伯恩赛德定理——从一道英国数学奥林匹克试题谈起	即将出版		
布查特—莫斯特定理——从一道上海市初中竞赛试题谈起	即将出版		
数论中的同余数问题——从一道普特南竞赛试题谈起	即将出版		
范·德蒙行列式——从一道美国数学奥林匹克试题谈起	即将出版		
中国剩余定理:总数法构建中国历史年表	2015—01	28.00	430
牛顿程序与方程求根——从一道全国高考试题解法谈起	即将出版		
库默尔定理——从一道 IMO 预选试题谈起	即将出版		
卢丁定理——从一道冬令营试题的解法谈起	即将出版		
沃斯滕霍姆定理——从一道 IMO 预选试题谈起	即将出版		
卡尔松不等式——从一道莫斯科数学奥林匹克试题谈起	即将出版		
信息论中的香农熵——从一道近年高考压轴题谈起	即将出版		
约当不等式——从一道希望杯竞赛试题谈起	即将出版		
拉比诺维奇定理	即将出版		
刘维尔定理——从一道《美国数学月刊》征解问题的解法谈起	即将出版		
卡塔兰恒等式与级数求和——从一道 IMO 试题的解法谈起	即将出版		
勒让德猜想与素数分布——从一道爱尔兰竞赛试题谈起	即将出版		
天平称重与信息论——从一道基辅市数学奥林匹克试题谈起	即将出版		
哈密尔顿—凯莱定理:从一道高中数学联赛试题的解法谈起	2014—09	18.00	376
艾思特曼定理——从一道 CMO 试题的解法谈起	即将出版		

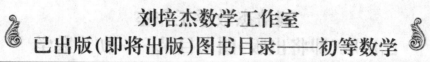

书 名	出版时间	定 价	编号
阿贝尔恒等式与经典不等式及应用	2018—06	98.00	923
迪利克雷除数问题	2018—07	48.00	930
贝克码与编码理论——从一道全国高中联赛试题谈起	即将出版		
帕斯卡三角形	2014—03	18.00	294
蒲丰投针问题——从2009年清华大学的一道自主招生试题谈起	2014—01	38.00	295
斯图姆定理——从一道"华约"自主招生试题的解法谈起	2014—01	18.00	296
许瓦兹引理——从一道加利福尼亚大学伯克利分校数学系博士生试题谈起	2014—08	18.00	297
拉姆塞定理——从王诗宬院士的一个问题谈起	2016—04	48.00	299
坐标法	2013—12	28.00	332
数论三角形	2014—04	38.00	341
毕克定理	2014—07	18.00	352
数林掠影	2014—09	48.00	389
我们周围的概率	2014—10	38.00	390
凸函数最值定理:从一道华约自主招生题的解法谈起	2014—10	28.00	391
易学与数学奥林匹克	2014—10	38.00	392
生物数学趣谈	2015—01	18.00	409
反演	2015—01	28.00	420
因式分解与圆锥曲线	2015—01	18.00	426
轨迹	2015—01	28.00	427
面积原理:从常庚哲命的一道CMO试题的积分解法谈起	2015—01	48.00	431
形形色色的不动点定理:从一道28届IMO试题谈起	2015—01	38.00	439
柯西函数方程:从一道上海交大自主招生的试题谈起	2015—02	28.00	440
三角恒等式	2015—02	28.00	442
无理性判定:从一道2014年"北约"自主招生试题谈起	2015—01	38.00	443
数学归纳法	2015—03	18.00	451
极端原理与解题	2015—04	28.00	464
法雷级数	2014—08	18.00	367
摆线族	2015—01	38.00	438
函数方程及其解法	2015—05	38.00	470
含参数的方程和不等式	2012—09	28.00	213
希尔伯特第十问题	2016—01	38.00	543
无穷小量的求和	2016—01	28.00	545
切比雪夫多项式:从一道清华大学金秋营试题谈起	2016—01	38.00	583
泽肯多夫定理	2016—03	38.00	599
代数等式证题法	2016—01	28.00	600
三角等式证题法	2016—01	28.00	601
吴大任教授藏书中的一个因式分解公式:从一道美国数学邀请赛试题的解法谈起	2016—06	28.00	656
易卦——类万物的数学模型	2017—08	68.00	838
"不可思议"的数与数系可持续发展	2018—01	38.00	878
最短线	2018—01	38.00	879
幻方和魔方(第一卷)	2012—05	68.00	173
尘封的经典——初等数学经典文献选读(第一卷)	2012—07	48.00	205
尘封的经典——初等数学经典文献选读(第二卷)	2012—07	38.00	206
初级方程式论	2011—03	28.00	106
初等数学研究(Ⅰ)	2008—09	68.00	37
初等数学研究(Ⅱ)(上、下)	2009—05	118.00	46,47

刘培杰数学工作室
已出版(即将出版)图书目录——初等数学

书　名	出版时间	定　价	编号
趣味初等方程妙题集锦	2014—09	48.00	388
趣味初等数论选美与欣赏	2015—02	48.00	445
耕读笔记(上卷):一位农民数学爱好者的初数探索	2015—04	28.00	459
耕读笔记(中卷):一位农民数学爱好者的初数探索	2015—05	28.00	483
耕读笔记(下卷):一位农民数学爱好者的初数探索	2015—05	28.00	484
几何不等式研究与欣赏.上卷	2016—01	88.00	547
几何不等式研究与欣赏.下卷	2016—01	48.00	552
初等数列研究与欣赏·上	2016—01	48.00	570
初等数列研究与欣赏·下	2016—01	48.00	571
趣味初等函数研究与欣赏.上	2016—09	48.00	684
趣味初等函数研究与欣赏.下	2018—09	48.00	685
火柴游戏	2016—05	38.00	612
智力解谜.第1卷	2017—07	38.00	613
智力解谜.第2卷	2017—07	38.00	614
故事智力	2016—07	48.00	615
名人们喜欢的智力问题	即将出版		616
数学大师的发现、创造与失误	2018—01	48.00	617
异曲同工	2018—09	48.00	618
数学的味道	2018—01	58.00	798
数学千字文	2018—10	68.00	977
数贝偶拾——高考数学题研究	2014—04	28.00	274
数贝偶拾——初等数学研究	2014—04	38.00	275
数贝偶拾——奥数题研究	2014—04	48.00	276
钱昌本教你快乐学数学(上)	2011—12	48.00	155
钱昌本教你快乐学数学(下)	2012—03	58.00	171
集合、函数与方程	2014—01	28.00	300
数列与不等式	2014—01	38.00	301
三角与平面向量	2014—01	28.00	302
平面解析几何	2014—01	38.00	303
立体几何与组合	2014—01	28.00	304
极限与导数、数学归纳法	2014—01	38.00	305
趣味数学	2014—03	28.00	306
教材教法	2014—04	68.00	307
自主招生	2014—05	58.00	308
高考压轴题(上)	2015—01	48.00	309
高考压轴题(下)	2014—10	68.00	310
从费马到怀尔斯——费马大定理的历史	2013—10	198.00	I
从庞加莱到佩雷尔曼——庞加莱猜想的历史	2013—10	298.00	II
从切比雪夫到爱尔特希(上)——素数定理的初等证明	2013—07	48.00	III
从切比雪夫到爱尔特希(下)——素数定理100年	2012—12	98.00	III
从高斯到盖尔方特——二次域的高斯猜想	2013—10	198.00	IV
从库默尔到朗兰兹——朗兰兹猜想的历史	2014—01	98.00	V
从比勃巴赫到德布朗斯——比勃巴赫猜想的历史	2014—02	298.00	VI
从麦比乌斯到陈省身——麦比乌斯变换与麦比乌斯带	2014—02	298.00	VII
从布尔到豪斯道夫——布尔方程与格论漫谈	2013—10	198.00	VIII
从开普勒到阿诺德——三体问题的历史	2014—05	298.00	IX
从华林到华罗庚——华林问题的历史	2013—10	298.00	X

刘培杰数学工作室
已出版(即将出版)图书目录——初等数学

书　名	出版时间	定　价	编号
美国高中数学竞赛五十讲.第1卷(英文)	2014—08	28.00	357
美国高中数学竞赛五十讲.第2卷(英文)	2014—08	28.00	358
美国高中数学竞赛五十讲.第3卷(英文)	2014—09	28.00	359
美国高中数学竞赛五十讲.第4卷(英文)	2014—09	28.00	360
美国高中数学竞赛五十讲.第5卷(英文)	2014—10	28.00	361
美国高中数学竞赛五十讲.第6卷(英文)	2014—11	28.00	362
美国高中数学竞赛五十讲.第7卷(英文)	2014—12	28.00	363
美国高中数学竞赛五十讲.第8卷(英文)	2015—01	28.00	364
美国高中数学竞赛五十讲.第9卷(英文)	2015—01	28.00	365
美国高中数学竞赛五十讲.第10卷(英文)	2015—02	38.00	366
三角函数(第2版)	2017—04	38.00	626
不等式	2014—01	38.00	312
数列	2014—01	38.00	313
方程(第2版)	2017—04	38.00	624
排列和组合	2014—01	28.00	315
极限与导数(第2版)	2016—04	38.00	635
向量(第2版)	2018—08	58.00	627
复数及其应用	2014—08	28.00	318
函数	2014—01	38.00	319
集合	即将出版		320
直线与平面	2014—01	28.00	321
立体几何(第2版)	2016—04	38.00	629
解三角形	即将出版		323
直线与圆(第2版)	2016—11	38.00	631
圆锥曲线(第2版)	2016—09	48.00	632
解题通法(一)	2014—07	38.00	326
解题通法(二)	2014—07	38.00	327
解题通法(三)	2014—05	38.00	328
概率与统计	2014—01	28.00	329
信息迁移与算法	即将出版		330
IMO 50 年.第1卷(1959—1963)	2014—11	28.00	377
IMO 50 年.第2卷(1964—1968)	2014—11	28.00	378
IMO 50 年.第3卷(1969—1973)	2014—09	28.00	379
IMO 50 年.第4卷(1974—1978)	2016—04	38.00	380
IMO 50 年.第5卷(1979—1984)	2015—04	38.00	381
IMO 50 年.第6卷(1985—1989)	2015—04	58.00	382
IMO 50 年.第7卷(1990—1994)	2016—01	48.00	383
IMO 50 年.第8卷(1995—1999)	2016—06	38.00	384
IMO 50 年.第9卷(2000—2004)	2015—04	58.00	385
IMO 50 年.第10卷(2005—2009)	2016—01	48.00	386
IMO 50 年.第11卷(2010—2015)	2017—03	48.00	646

刘培杰数学工作室
已出版(即将出版)图书目录——初等数学

书　　名	出版时间	定　价	编号
数学反思(2006—2007)	即将出版		915
数学反思(2008—2009)	2019—01	68.00	917
数学反思(2010—2011)	2018—05	58.00	916
数学反思(2012—2013)	2019—01	58.00	918
数学反思(2014—2015)	2019—03	78.00	919
历届美国大学生数学竞赛试题集.第一卷(1938—1949)	2015—01	28.00	397
历届美国大学生数学竞赛试题集.第二卷(1950—1959)	2015—01	28.00	398
历届美国大学生数学竞赛试题集.第三卷(1960—1969)	2015—01	28.00	399
历届美国大学生数学竞赛试题集.第四卷(1970—1979)	2015—01	18.00	400
历届美国大学生数学竞赛试题集.第五卷(1980—1989)	2015—01	28.00	401
历届美国大学生数学竞赛试题集.第六卷(1990—1999)	2015—01	28.00	402
历届美国大学生数学竞赛试题集.第七卷(2000—2009)	2015—08	18.00	403
历届美国大学生数学竞赛试题集.第八卷(2010—2012)	2015—01	18.00	404
新课标高考数学创新题解题诀窍:总论	2014—09	28.00	372
新课标高考数学创新题解题诀窍:必修1~5分册	2014—08	38.00	373
新课标高考数学创新题解题诀窍:选修2-1,2-2,1-1,1-2分册	2014—09	38.00	374
新课标高考数学创新题解题诀窍:选修2-3,4-4,4-5分册	2014—09	18.00	375
全国重点大学自主招生英文数学试题全攻略:词汇卷	2015—07	48.00	410
全国重点大学自主招生英文数学试题全攻略:概念卷	2015—01	28.00	411
全国重点大学自主招生英文数学试题全攻略:文章选读卷(上)	2016—09	38.00	412
全国重点大学自主招生英文数学试题全攻略:文章选读卷(下)	2017—01	58.00	413
全国重点大学自主招生英文数学试题全攻略:试题卷	2015—07	38.00	414
全国重点大学自主招生英文数学试题全攻略:名著欣赏卷	2017—03	48.00	415
劳埃德数学趣题大全.题目卷.1:英文	2016—01	18.00	516
劳埃德数学趣题大全.题目卷.2:英文	2016—01	18.00	517
劳埃德数学趣题大全.题目卷.3:英文	2016—01	18.00	518
劳埃德数学趣题大全.题目卷.4:英文	2016—01	18.00	519
劳埃德数学趣题大全.题目卷.5:英文	2016—01	18.00	520
劳埃德数学趣题大全.答案卷:英文	2016—01	18.00	521
李成章教练奥数笔记.第1卷	2016—01	48.00	522
李成章教练奥数笔记.第2卷	2016—01	48.00	523
李成章教练奥数笔记.第3卷	2016—01	38.00	524
李成章教练奥数笔记.第4卷	2016—01	38.00	525
李成章教练奥数笔记.第5卷	2016—01	38.00	526
李成章教练奥数笔记.第6卷	2016—01	38.00	527
李成章教练奥数笔记.第7卷	2016—01	38.00	528
李成章教练奥数笔记.第8卷	2016—01	48.00	529
李成章教练奥数笔记.第9卷	2016—01	28.00	530

刘培杰数学工作室
已出版(即将出版)图书目录——初等数学

书　名	出版时间	定　价	编号
第19~23届"希望杯"全国数学邀请赛试题审题要津详细评注(初一版)	2014—03	28.00	333
第19~23届"希望杯"全国数学邀请赛试题审题要津详细评注(初二、初三版)	2014—03	38.00	334
第19~23届"希望杯"全国数学邀请赛试题审题要津详细评注(高一版)	2014—03	28.00	335
第19~23届"希望杯"全国数学邀请赛试题审题要津详细评注(高二版)	2014—03	38.00	336
第19~25届"希望杯"全国数学邀请赛试题审题要津详细评注(初一版)	2015—01	38.00	416
第19~25届"希望杯"全国数学邀请赛试题审题要津详细评注(初二、初三版)	2015—01	58.00	417
第19~25届"希望杯"全国数学邀请赛试题审题要津详细评注(高一版)	2015—01	48.00	418
第19~25届"希望杯"全国数学邀请赛试题审题要津详细评注(高二版)	2015—01	48.00	419
物理奥林匹克竞赛大题典——力学卷	2014—11	48.00	405
物理奥林匹克竞赛大题典——热学卷	2014—04	28.00	339
物理奥林匹克竞赛大题典——电磁学卷	2015—07	48.00	406
物理奥林匹克竞赛大题典——光学与近代物理卷	2014—06	28.00	345
历届中国东南地区数学奥林匹克试题集(2004~2012)	2014—06	18.00	346
历届中国西部地区数学奥林匹克试题集(2001~2012)	2014—07	18.00	347
历届中国女子数学奥林匹克试题集(2002~2012)	2014—08	18.00	348
数学奥林匹克在中国	2014—06	98.00	344
数学奥林匹克问题集	2014—01	38.00	267
数学奥林匹克不等式散论	2010—06	38.00	124
数学奥林匹克不等式欣赏	2011—09	38.00	138
数学奥林匹克超级题库(初中卷上)	2010—01	58.00	66
数学奥林匹克不等式证明方法和技巧(上、下)	2011—08	158.00	134,135
他们学什么:原民主德国中学数学课本	2016—09	38.00	658
他们学什么:英国中学数学课本	2016—09	38.00	659
他们学什么:法国中学数学课本.1	2016—09	38.00	660
他们学什么:法国中学数学课本.2	2016—09	28.00	661
他们学什么:法国中学数学课本.3	2016—09	38.00	662
他们学什么:苏联中学数学课本	2016—09	28.00	679
高中数学题典——集合与简易逻辑·函数	2016—07	48.00	647
高中数学题典——导数	2016—07	48.00	648
高中数学题典——三角函数·平面向量	2016—07	48.00	649
高中数学题典——数列	2016—07	58.00	650
高中数学题典——不等式·推理与证明	2016—07	38.00	651
高中数学题典——立体几何	2016—07	48.00	652
高中数学题典——平面解析几何	2016—07	78.00	653
高中数学题典——计数原理·统计·概率·复数	2016—07	48.00	654
高中数学题典——算法·平面几何·初等数论·组合数学·其他	2016—07	68.00	655

刘培杰数学工作室

已出版(即将出版)图书目录——初等数学

书　名	出版时间	定　价	编号
台湾地区奥林匹克数学竞赛试题.小学一年级	2017－03	38.00	722
台湾地区奥林匹克数学竞赛试题.小学二年级	2017－03	38.00	723
台湾地区奥林匹克数学竞赛试题.小学三年级	2017－03	38.00	724
台湾地区奥林匹克数学竞赛试题.小学四年级	2017－03	38.00	725
台湾地区奥林匹克数学竞赛试题.小学五年级	2017－03	38.00	726
台湾地区奥林匹克数学竞赛试题.小学六年级	2017－03	38.00	727
台湾地区奥林匹克数学竞赛试题.初中一年级	2017－03	38.00	728
台湾地区奥林匹克数学竞赛试题.初中二年级	2017－03	38.00	729
台湾地区奥林匹克数学竞赛试题.初中三年级	2017－03	28.00	730
不等式证题法	2017－04	28.00	747
平面几何培优教程	即将出版		748
奥数鼎级培优教程.高一分册	2018－09	88.00	749
奥数鼎级培优教程.高二分册.上	2018－04	68.00	750
奥数鼎级培优教程.高二分册.下	2018－04	68.00	751
高中数学竞赛冲刺宝典	2019－04	68.00	883
初中尖子生数学超级题典.实数	2017－07	58.00	792
初中尖子生数学超级题典.式、方程与不等式	2017－08	58.00	793
初中尖子生数学超级题典.圆、面积	2017－08	38.00	794
初中尖子生数学超级题典.函数、逻辑推理	2017－08	48.00	795
初中尖子生数学超级题典.角、线段、三角形与多边形	2017－07	58.00	796
数学王子——高斯	2018－01	48.00	858
坎坷奇星——阿贝尔	2018－01	48.00	859
闪烁奇星——伽罗瓦	2018－01	58.00	860
无穷统帅——康托尔	2018－01	48.00	861
科学公主——柯瓦列夫斯卡娅	2018－01	48.00	862
抽象代数之母——埃米·诺特	2018－01	48.00	863
电脑先驱——图灵	2018－01	58.00	864
昔日神童——维纳	2018－01	48.00	865
数坛怪侠——爱尔特希	2018－01	68.00	866
当代世界中的数学.数学思想与数学基础	2019－01	38.00	892
当代世界中的数学.数学问题	2019－01	38.00	893
当代世界中的数学.应用数学与数学应用	2019－01	38.00	894
当代世界中的数学.数学王国的新疆域(一)	2019－01	38.00	895
当代世界中的数学.数学王国的新疆域(二)	2019－01	38.00	896
当代世界中的数学.数林撷英(一)	2019－01	38.00	897
当代世界中的数学.数林撷英(二)	2019－01	48.00	898
当代世界中的数学.数学之路	2019－01	38.00	899

刘培杰数学工作室
已出版(即将出版)图书目录——初等数学

书　　名	出版时间	定　价	编号
105 个代数问题:来自 AwesomeMath 夏季课程	2019—02	58.00	956
106 个几何问题:来自 AwesomeMath 夏季课程	即将出版		957
107 个几何问题:来自 AwesomeMath 全年课程	即将出版		958
108 个代数问题:来自 AwesomeMath 全年课程	2019—01	68.00	959
109 个不等式:来自 AwesomeMath 夏季课程	2019—04	58.00	960
国际数学奥林匹克中的 110 个几何问题	即将出版		961
111 个代数和数论问题	2019—05	58.00	962
112 个组合问题:来自 AwesomeMath 夏季课程	2019—05	58.00	963
113 个几何不等式:来自 AwesomeMath 夏季课程	即将出版		964
114 个指数和对数问题:来自 AwesomeMath 夏季课程	即将出版		965
115 个三角问题:来自 AwesomeMath 夏季课程	即将出版		966
116 个代数不等式:来自 AwesomeMath 全年课程	2019—04	58.00	967
紫色慧星国际数学竞赛试题	2019—02	58.00	999
澳大利亚中学数学竞赛试题及解答(初级卷)1978～1984	2019—02	28.00	1002
澳大利亚中学数学竞赛试题及解答(初级卷)1985～1991	2019—02	28.00	1003
澳大利亚中学数学竞赛试题及解答(初级卷)1992～1998	2019—02	28.00	1004
澳大利亚中学数学竞赛试题及解答(初级卷)1999～2005	2019—02	28.00	1005
澳大利亚中学数学竞赛试题及解答(中级卷)1978～1984	2019—03	28.00	1006
澳大利亚中学数学竞赛试题及解答(中级卷)1985～1991	2019—03	28.00	1007
澳大利亚中学数学竞赛试题及解答(中级卷)1992～1998	2019—03	28.00	1008
澳大利亚中学数学竞赛试题及解答(中级卷)1999～2005	2019—03	28.00	1009
澳大利亚中学数学竞赛试题及解答(高级卷)1978～1984	即将出版		1010
澳大利亚中学数学竞赛试题及解答(高级卷)1985～1991	即将出版		1011
澳大利亚中学数学竞赛试题及解答(高级卷)1992～1998	即将出版		1012
澳大利亚中学数学竞赛试题及解答(高级卷)1999～2005	即将出版		1013
天才中小学生智力测验题.第一卷	2019—03	38.00	1026
天才中小学生智力测验题.第二卷	2019—03	38.00	1027
天才中小学生智力测验题.第三卷	2019—03	38.00	1028
天才中小学生智力测验题.第四卷	2019—03	38.00	1029
天才中小学生智力测验题.第五卷	2019—03	38.00	1030
天才中小学生智力测验题.第六卷	2019—03	38.00	1031
天才中小学生智力测验题.第七卷	2019—03	38.00	1032
天才中小学生智力测验题.第八卷	2019—03	38.00	1033
天才中小学生智力测验题.第九卷	2019—03	38.00	1034
天才中小学生智力测验题.第十卷	2019—03	38.00	1035
天才中小学生智力测验题.第十一卷	2019—03	38.00	1036
天才中小学生智力测验题.第十二卷	2019—03	38.00	1037
天才中小学生智力测验题.第十三卷	2019—03	38.00	1038

刘培杰数学工作室
已出版(即将出版)图书目录——初等数学

书　名	出版时间	定　价	编号
重点大学自主招生数学备考全书:函数	即将出版		1047
重点大学自主招生数学备考全书:导数	即将出版		1048
重点大学自主招生数学备考全书:数列与不等式	即将出版		1049
重点大学自主招生数学备考全书:三角函数与平面向量	即将出版		1050
重点大学自主招生数学备考全书:平面解析几何	即将出版		1051
重点大学自主招生数学备考全书:立体几何与平面几何	即将出版		1052
重点大学自主招生数学备考全书:排列组合.概率统计.复数	即将出版		1053
重点大学自主招生数学备考全书:初等数论与组合数学	即将出版		1054
重点大学自主招生数学备考全书:重点大学自主招生真题.上	2019—04	68.00	1055
重点大学自主招生数学备考全书:重点大学自主招生真题.下	2019—04	58.00	1056

联系地址:哈尔滨市南岗区复华四道街 10 号　哈尔滨工业大学出版社刘培杰数学工作室
网　　址:http://lpj.hit.edu.cn/
邮　　编:150006
联系电话:0451—86281378　　13904613167
E-mail:lpj1378@163.com